高等学校计算机教材

Oracle 实用教程

（第 5 版）（Oracle 11g 版）

（含视频教学）

郑阿奇　主编

周　敏　张　洁　编著

电子工业出版社
Publishing House of Electronics Industry
北京·BEIJING

内 容 简 介

本书以 Oracle 11g（中文版）为平台，分别介绍 Oracle 基础和在流行平台上开发 Oracle 数据库应用系统，共为 3 部分。实用教程部分比较系统地介绍了 Oracle 11g 的主要功能，包括数据库基础、Oracle 11g 数据库介绍、数据库的创建和操作、数据库的查询和视图、索引与数据完整性、PL/SQL、存储过程和触发器、系统安全管理，以及表空间、备份和恢复等概念。实验部分包含了 7 个实验案例，可帮助读者理解和掌握相关知识。Oracle 11g 综合应用部分使用的流行平台包括 PHP 5、JavaEE 7、Python 3.7、Visual C#和 ASP.NET 4，运用不同平台操作同样的数据库，实现功能基本相同，可给读者应用带来极大的方便。

本书提供 PPT 课件、教学微视频、6 种应用开发工程源文件及其配套数据库，读者可在华信教育资源网（www.hxedu.com.cn）上免费下载。

本书既可作为大学本科、高职高专有关课程的教材，也可供广大 Oracle 数据库应用开发人员使用或参考。

图书在版编目（CIP）数据

Oracle 实用教程：第 5 版：Oracle 11g 版：含视频教学/郑阿奇主编. —北京：电子工业出版社，2020.5
ISBN 978-7-121-38817-0

Ⅰ. ①O… Ⅱ. ①郑… Ⅲ. ①关系数据库系统－高等学校－教材 Ⅳ. ①TP311.138

中国版本图书馆 CIP 数据核字（2020）第 047145 号

责任编辑：程超群 文字编辑：底 波
印　　刷：涿州市般润文化传播有限公司
装　　订：涿州市般润文化传播有限公司
出版发行：电子工业出版社
　　　　　北京市海淀区万寿路 173 信箱　邮编　100036
开　　本：787×1 092　1/16　印张：23　字数：680 千字
版　　次：2003 年 10 月第 1 版
　　　　　2020 年 5 月第 5 版
印　　次：2023 年 4 月第 6 次印刷
定　　价：69.00 元

凡所购买电子工业出版社图书有缺损问题，请向购买书店调换。若书店售缺，请与本社发行部联系，联系及邮购电话：（010）88254888，88258888。

质量投诉请发邮件至 zlts@phei.com.cn，盗版侵权举报请发邮件至 dbqq@phei.com.cn。

本书咨询联系方式：（010）88254577，ccq@phei.com.cn。

前　言

Oracle 是目前最流行的关系数据库管理系统之一，广泛应用于信息系统管理、企业数据处理、Internet、电子商务网站、大数据、人工智能等领域。

本书以 Oracle 11g（中文版）为平台，分别介绍 Oracle 基础和在流行平台上开发 Oracle 数据库应用系统，分为 3 部分。实用教程部分比较系统地介绍了 Oracle 11g 数据库的主要功能，包括数据库基础、Oracle 11g 数据库介绍、数据库的创建和操作、数据库的查询和视图、索引与数据完整性、PL/SQL、存储过程和触发器、系统安全管理，以及表空间、备份和恢复等概念。实验部分包含了 7 个实验案例，可帮助读者理解和掌握相关知识。Oracle 11g 综合应用部分使用的流行平台包括 PHP 5、JavaEE 7、Python 3.7、Visual C#和 ASP.NET 4，运用不同平台操作同样的数据库，实现功能基本相同，可给读者应用带来极大的方便。

本书主要特点如下。

（1）介绍数据库最基本的原理、驱动、接口，从总体上理清思路，并使用加粗字体标出重点内容，便于读者理解。

（2）Oracle 基础部分中文命令格式使语法描述变得简洁，更容易掌握。为方便教学，实例数据库表的字段名均为汉字。

（3）运行结果屏幕化，一般不会出现命令错误，使教学内容层次更加清楚，易于掌握。

（4）使用了目前流行的 PHP 5、JavaEE 7、Python 3.7、Visual C#和 ASP.NET 4 等平台操作 Oracle 11g 数据库。每个平台都介绍了连接 Oracle 数据库的基本知识和操作的主要方法，并且构成了一个小的应用系统。

华信教育资源网上提供 PPT 课件、教学微视频、6 种应用开发工程源文件及其数据库免费下载，很容易让读者模仿和掌握开发 Oracle 数据库应用系统的方法。

本教程不仅适合教学，也适合 Oracle 的各类培训，以及用 Oracle 编程开发应用程序的用户学习和参考。

本书由南京师范大学郑阿奇担任主编，周敏、张洁担任编著。参加本书编写的还有周何骏、孙德荣、刘美芳等。

由于作者水平有限，不当之处在所难免，恳请读者批评指正。

邮箱：easybooks@163.com。

作　者

本书视频目录

（建议在 WiFi 环境下扫码观看）

序　号	视频内容及所在章节	序　号	视频内容及所在章节
1	1.1.1 数据库	28	6.5 系统内置函数
2	1.2　数据库设计	29	6.6 用户定义函数
3	2.1 Oracle 简介与安装	30	6.7 游标
4	2.2 Oracle 数据库内部结构	31	7.1 存储过程
5	2.2.2 Oracle 数据库外部结构	32	7.2 触发器
6	2.2.3 数据库实例	33	8.1 用户
7	2.3 Oracle 数据库工具	34	8.2 权限管理.
8	3.2.1 界面操作表	35	8.3 角色管理
9	3.2.2 界面操作数据	36	8.4 概要文件和数据字典
10	3.3.1 命令操作表	37	9.1 表空间
11	3.3.4 命令操作数据	38	9.2 备份恢复概述
12	4.1 选择投影连接	39	9.3.1 导出(备份).
13	4.2.1 选择列	40	9.3.2 导入(恢复)
14	4.2.2 选择行	41	10.1.1 事务(1)
15	4.2.4 连接	42	10.1.2 事务(2)
16	4.2.5 汇总排序合并	43	10.3.1 闪回(1)
17	4.3 视图	44	10.3.2 闪回(2)
18	4.4 替换变量	45	11.1 同义词
19	5.1 索引的概念	46	11.2 数据库链接
20	5.1.3 索引的创建和维护	47	实习 0
21	5.2.1 完整性的分类	48	实习 1
22	5.2.2 域完整性的实现	49	实习 2
23	5.2.3 实体完整性的实现	50	实习 3
24	6.1 PLSQL 概述	51	实习 4
25	6.2 PLSQL 字符集	52	实习 5
26	6.3 变量常量数据类型	53	实习 6
27	6.4 程序结构和语句		

目　录

第1部分　实 用 教 程

第2部分　实验

第 3 部分　Oracle 11g 综合应用

第1部分　实用教程

第1章　数据库基础

Oracle 是甲骨文软件系统有限公司（以下简称甲骨文公司）开发的数据库管理系统，Oracle 11g 是目前最流行的 Oracle 数据库管理系统版本之一。在介绍 Oracle 数据库之前，首先介绍数据库基本概念。

1.1　数据库基本概念

1.1.1　数据库系统

1. 数据库

数据库（DB）是存放数据的仓库，这些数据是相关联并按一定的格式存放在计算机内的。例如，把一个学校的学生、课程、成绩等数据有序地组织并存放在计算机内，就可以构成一个数据库。

2. 数据库管理系统

数据库管理系统（DBMS）是按一定的数据模型组织数据形成数据库，并对数据库进行管理的系统。简单地说，DBMS 就是管理数据库的系统（软件）。数据库系统管理员（DataBase Administrator，DBA）通过 DBMS 对数据库进行管理。

目前比较流行的 DBMS 有：Oracle、SQL Server、MySQL、Access 等。其中，Oracle 是大型关系数据库管理系统，本书介绍的是当前应用最广泛的 Oracle 11g 版。

3. 数据库系统

数据、数据库、数据库管理系统与操作数据库的应用程序，加上支撑它们的硬件平台、软件平台和与数据库有关的人员一起构成了一个完整的数据库系统。如图 1.1 所示为数据库系统的构成。

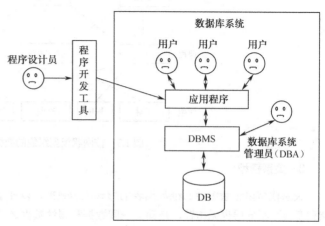

图 1.1　数据库系统的构成

1.1.2   数据模型

数据库管理系统根据数据模型对数据进行存储和管理，数据模型主要有层次模型、网状模型和关系模型。随着信息管理内容的不断扩展和新技术的层出不穷，数据库技术面临着前所未有的挑战，面对新的数据形式，人们提出了丰富的数据模型，如面向对象模型、半结构化模型等。

1. 层次模型

层次模型将数据组织成一对多关系的结构，可采用关键字来访问其中每个层次的每个部分。它的优点：存取方便且速度快；结构清晰，容易理解；数据修改和数据库扩展容易实现；检索关键属性十分方便。它的缺点：结构不够灵活；同一属性数据要存储多次，数据冗余大；不适合于拓扑空间数据的组织。

如图 1.2 所示为按层次模型组织的数据示例。

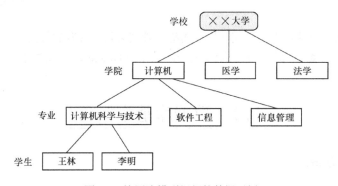

图 1.2   按层次模型组织的数据示例

2. 网状模型

网状模型具有多对多类型的数据组织方式。它的优点：能明确而方便地表示数据间的复杂关系；数据冗余小。它的缺点：网状结构的复杂性增加了用户查询和定位的困难；需要存储数据间联系的指针，使得数据量增大；数据的修改不方便。

如图 1.3 所示为按网状模型组织的数据示例。

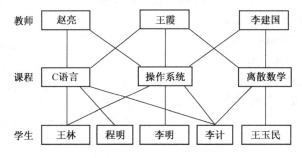

图 1.3   按网状模型组织的数据示例

3. 关系模型

关系模型以记录组或二维数据表的形式组织数据，以便于利用各种实体与属性之间的关系进行存储和变换，不分层也无指针，是建立空间数据和属性数据之间关系的一种非常有效的数据组织方法。它的优点：结构特别灵活，概念单一，能满足所有布尔逻辑运算和数学运算规则形成的查询要求；能搜索、组合和比较不同类型的数据；增加和删除数据的操作非常方便；具有更高的数据独立性、更好的安全保密性。它的缺点：当数据库大时，查找满足特定关系的数据会很费时，且无法表达空间关系。

例如，在学生成绩管理系统所涉及的"学生"表、"课程"表和"成绩"表中，"学生"表的主要信息有学号、姓名、性别、出生时间、专业、总学分、备注；"课程"表的主要信息有课程号、课程名、开课学期、学时和学分；"成绩"表的主要信息有学号、课程号和成绩。如表 1.1～表 1.3 所示分别描述了学生成绩管理系统中"学生"表、"课程"表和"成绩"表的部分数据。

表 1.1 "学生"表

学 号	姓 名	性 别	出生时间	专 业	总 学 分	备 注
151101	王林	男	1997-02-10	计算机	50	
151103	王燕	女	1996-10-06	计算机	50	
151108	林一帆	男	1996-08-05	计算机	52	已提前修完一门课
151202	王林	男	1996-01-29	通信工程	40	有一门课不及格，待补考
151204	马琳琳	女	1996-02-10	通信工程	42	

表 1.2 "课程"表

课 程 号	课 程 名	开 课 学 期	学 时	学 分
0101	计算机基础	1	80	5
0102	程序设计与语言	2	68	4
0206	离散数学	4	68	4

表 1.3 "成绩"表

学 号	课程号	成 绩	学 号	课程号	成 绩
151101	101	80	151108	101	85
151101	102	78	151108	102	64
151101	206	76	151108	206	87
151103	101	62	151202	101	65
151103	102	70	151204	101	91

表格中的一行称为一个记录，一列称为一个字段，每列的标题称为字段名。如果给每个关系表取一个名字，则有 n 个字段的关系表结构可表示为：关系表名（字段名 1，…，字段名 n），通常把关系表的结构称为关系模式。

在关系表中，如果一个字段或几个字段组合的值可唯一标识其对应记录，则称该字段或字段组合为码。

例如，表 1.1 中的"学号"可唯一标识每一个学生，表 1.2 中的"课程号"可唯一标识每一门课程。表 1.3 中的"学号"和"课程号"可唯一标识每一个学生一门课程的成绩。

有时，一个表可能有多个码，如表 1.1 中，姓名不允许重名，则"学号"、"姓名"均是学生信息表码。对于每一个关系表，通常可指定一个码为"主码"，在关系模式中，一般用下画线标出主码。

设表 1.1 的名字为 xsb，关系模式可表示为：xsb（<u>学号</u>，姓名，性别，出生时间，专业，总学分，备注）。

设表 1.2 的名字为 kcb，关系模式可表示为：kcb（<u>课程号</u>，课程名，开课学期，学时，学分）。

设表 1.3 的名字为 cjb，关系模式可表示为：cjb（<u>学号</u>，<u>课程号</u>，成绩，学分）。

通过上面的分析可以看出，关系模型更适合组织数据，所以使用最广泛。Oracle 是流行的大型关系数据库管理系统。

关系数据库分为两类：桌面数据库和客户-服务器数据库。

一般而言，桌面数据库用于小型的、单机的应用程序，它不需要网络和服务器，实现起来比较方便，但它只提供数据的存取功能。如 Access、FoxPro 和 Excel 等。

客户-服务器数据库主要适用于大型的、多用户的数据库管理系统，包括两部分：一部分驻留在客户机上，用于向用户显示信息及实现与用户的交互；另一部分驻留在服务器中，主要用来实现对数据库的操作和对数据的计算处理。在开发数据库应用程序时，也可以将其放在一台计算机上进行调试，调试完成后再把数据库放到服务器上。

大型关系数据库管理系统一般为 Oracle、SQL Server、DB2、Ingers、Informix 和 Sybase 等。小型关系数据库管理系统一般为 MySQL 和 SQLite。其中 SQLite 是一个强大的嵌入式关系数据库管理系统；MySQL 是流行的 RDBMS，目前 Oracle 11g 仍然是使用最多的数据库版本。

1.1.3 关系数据库语言

结构化查询语言（Structured Query Language，SQL）是用于关系数据库查询的结构化语言。它的功能包括数据定义语言、数据操纵语言、数据控制语言和数据查询语言。

（1）数据定义语言（DDL）。DDL 用于执行数据库的任务，对数据库及数据库中的各种对象进行创建、删除、修改等操作。如前所述，数据库对象主要包括表、默认约束、规则、视图、触发器、存储过程。DDL 包括的主要语句及功能如表 1.4 所示。

表 1.4 DDL 包括的主要语句及功能

语　句	功　能
CREATE	创建数据库或数据库对象
ALTER	对数据库或数据库对象进行修改
DROP	删除数据库或数据库对象

（2）数据操纵语言（DML）。DML 用于操纵数据库中的各种对象，以及检索和修改数据。DML 包括的主要语句及功能如表 1.5 所示。

表 1.5 DML 包括的主要语句及功能

语　句	功　能
SELECT	从表或视图中检索数据
INSERT	将数据插入到表或视图中
UPDATE	修改表或视图中的数据
DELETE	从表或视图中删除数据

（3）数据控制语言（DCL）。DCL 用于安全管理，可确定哪些用户可以查看或修改数据库中的数据。DCL 包括的主要语句及功能如表 1.6 所示。

表 1.6　DCL 包括的主要语句及功能

语　句	功　能
GRANT	授予权限
REVOKE	收回权限
DENY	收回权限，并禁止从其他角色继承许可权限

（4）数据查询语言（DQL）。用户通过 SELECT 语言实现各种查询功能。

许多关系数据库管理系统均支持 SQL 语言，如 Oracle、SQL Server、MySQL 等。但不同数据库管理系统之间的 SQL 语言则不能完全通用。例如，甲骨文公司的 Oracle 数据库所使用的 SQL 语言是 Procedural Language/SQL（PL/SQL），而微软公司的 SQL Server 数据库系统支持的则是 Transact-SQL（T-SQL）。PL/SQL 是 ANSI SQL 的扩展加强版 SQL 语言，除了提供标准的 SQL 命令，还对 SQL 进行了许多补充。

1.2　数据库设计

数据模型按不同的应用层次分成三种类型：概念数据模型、逻辑数据模型、物理数据模型。

1.2.1　概念数据模型

概念数据模型（Conceptual Data Model）主要用来描述信息世界的概念化结构，它能使数据库的设计人员在设计的初始阶段，摆脱计算机系统及 DBMS 的具体技术问题，集中精力分析数据及数据之间的联系，与具体的数据管理系统无关。概念数据模型必须换成逻辑数据模型，才能在 DBMS 中实现。

概念数据模型的建模：一方面，具有较强的语义表达能力，能够方便直接表达应用中的各种语义知识；另一方面，简单、清晰、易于用户理解。在概念数据模型中最常用的是 E-R 模型、扩充的 E-R 模型、面向对象模型及谓词模型。

通常，E-R 模型把每类数据对象的个体称为"实体"，而每类对象个体的集合称为"实体集"，例如，在学生成绩管理系统中主要有"学生"和"课程"两个实体集。而其他非主要的实体可以有很多，如班级、班长、任课教师、辅导员等。

把每个实体集涉及的信息项称为属性，就"学生"实体集而言，它的属性有：学号、姓名、性别、出生时间、专业、总学分和备注。"课程"实体集属性有：课程号、课程名、开课学期、学时和学分。

实体集中的实体彼此是可区别的。如果实体集中的属性或最小属性组合的值能唯一标识其对应实体，则将该属性或属性组合称为码。码可能有多个，对于每一个实体集，可指定一个码为主码。

如果用矩形框表示实体集，用带半圆的矩形框表示属性，用线段连接实体集与属性，当一个属性或属性组合指定为主码时，在实体集与属性的连接线上标记一斜线，则可以用如图 1.4 所示的形式描述学生成绩管理系统中的实体集及每个实体集涉及的属性。

实体集 A 和实体集 B 之间存在各种关系，通常把这些关系称为"联系"。将实体集及实体集联系的图表示称为实体（Entity）-联系（Relationship）模型，即 E-R 模型。

E-R 图就是 E-R 模型的描述方法，即实体-联系图。通常，关系数据库的设计者使用 E-R 图来对信息世界建模。在 E-R 图中，用矩形表示实体型，用带半圆的矩形框表示属性，用菱形表示联系。从分析用户项目涉及的数据对象及数据对象之间的联系出发，到获取 E-R 图的这个过程称为概念结构设计。

两个实体集 A 和 B 之间的联系可能是以下三种情况之一。

1. 一对一的联系（1:1）

实体 A 中的一个实体最多与实体 B 中的一个实体相联系，实体 B 中的一个实体也最多与实体 A 中的一个实体相联系。例如，"班级"与"班长"这两个实体集之间是一对一的联系，因为一个班级只有一个班长，反过来，一个班长只属于一个班级。"班级"与"班长"两个实体集的 E-R 图如图 1.5 所示。

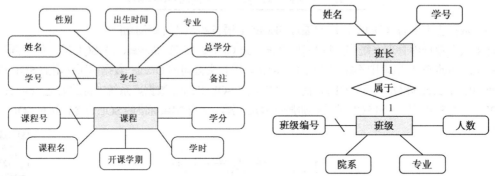

图 1.4　"学生"和"课程"实体集属性的描述　　图 1.5　"班级"与"班长"两个实体集的 E-R 图

2. 一对多的联系（1:n）

实体 A 中的一个实体可以与实体 B 中的多个实体相联系，而实体 B 中的一个实体最多与实体 A 中的一个实体相联系。例如，"班级"与"学生"这两个实体集之间是一对多的联系，因为一个班级可有若干个学生，反过来，一个学生只能属于一个班级。"班级"与"学生"两个实体集的 E-R 图如图 1.6 所示。

3. 多对多的联系（m:n）

实体 A 中的一个实体可以与实体 B 中的多个实体相联系，而实体 B 中的一个实体也可与实体 A 中的多个实体相联系。例如，"学生"与"课程"这两个实体集之间是多对多的联系，因为一个学生可选多门课程，反过来，一门课程可被多个学生选修。"学生"与"课程"两个实体集的 E-R 图如图 1.7 所示。

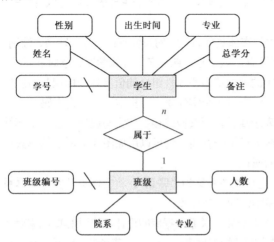
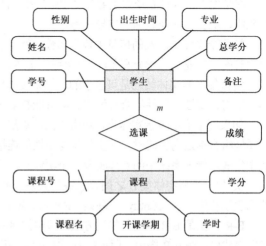

图 1.6　"班级"与"学生"两个实体集的 E-R 图　　图 1.7　"学生"与"课程"两个实体集的 E-R 图

1.2.2 逻辑数据模型

逻辑数据模型（Logical Data Model）是用户从数据库所看到的模型，是具体的数据库管理系统（DBMS）所支持的数据模型。此模型既要面向用户，又要面向系统，主要用于数据库管理系统的实现。

前面用 E-R 图描述学生成绩管理系统中实体集与实体集之间的联系，为了设计关系型的学生成绩管理数据库，需要确定包含哪些表呢？每个表的结构又是怎样的呢？

前面已介绍了实体集之间的联系，下面将根据三种联系从 E-R 图获得关系模式的方法。

1.（1∶1）联系的 E-R 图到关系模式的转换

对于（1∶1）的联系，既可以单独对应一个关系模式，也可以不单独对应一个关系模式。

（1）联系单独对应一个关系模式，则由联系属性、参与联系的各实体集的主码属性构成关系模式，其主码可选参与联系实体集的任一方主码。

例如，考虑图 1.5 描述的"班级"（bjb）与"班长"（bzb）实体集通过属于（syb）联系 E-R 模型，可设计如下关系模式（下画线表示该字段为主码）：

bjb（<u>班级编号</u>，院系，专业，人数）

bzb（<u>学号</u>，姓名）

syb（<u>学号</u>，班级编号）

（2）联系不单独对应一个关系模式，将联系的属性及一方的主码加入另一方实体集对应的关系模式中。

例如，考虑图 1.5 描述的"班级"（bjb）与"班长"（bzb）实体集通过属于（syb）联系 E-R 模型，可设计如下关系模式：

bjb（<u>班级编号</u>，院系，专业，人数）

bzb（<u>学号</u>，姓名，班级编号）

或者：

bjb（<u>班级编号</u>，院系，专业，人数，学号）

bzb（<u>学号</u>，姓名）

2.（1∶n）联系的 E-R 图到关系模式的转换

对于（1∶n）的联系，既可以单独对应一个关系模式，也可以不单独对应一个关系模式。

（1）联系单独对应一个关系模式，则由联系的属性、参与联系的各实体集的主码属性构成关系模式，n 端的主码作为该关系模式的主码。

例如，图 1.6 描述的"班级"（bjb）与"学生"（xsb）实体集 E-R 模型可设计如下关系模式：

bjb（<u>班级编号</u>，院系，专业，人数）

xsb（<u>学号</u>，姓名，性别，出生时间，专业，总学分，备注）

syb（<u>学号</u>，班级编号）

（2）联系不单独对应一个关系模式，则将联系的属性及 1 端的主码加入 n 端实体集对应的关系模式中，主码仍为 n 端的主码。

例如，图 1.6 描述的"班级"（bjb）与"学生"（xsb）实体集 E-R 模型可设计如下关系模式：

bjb（<u>班级编号</u>，院系，专业，人数）

xsb（<u>学号</u>，姓名，性别，出生时间，专业，总学分，备注，班级编号）

3.（m∶n）联系的 E-R 图到关系模式的转换

对于（m∶n）的联系，单独对应一个关系模式，该关系模式包括联系的属性、参与联系的各实体集的主码属性，该关系模式的主码由各实体集的主码属性共同组成。

例如，图 1.7 描述的"学生"（xsb）与"课程"（kcb）实体集之间的联系可设计如下关系模式：

xsb（<u>学号</u>，姓名，性别，出生时间，专业，总学分，备注）

kcb（<u>课程号</u>，课程名称，开课学期，学时，学分）

cjb（<u>学号</u>，<u>课程号</u>，成绩）

关系模式 cjb 的主码是由"学号"和"课程号"两个属性组合起来构成的，一个关系模式只能有一个主码。

至此，已介绍了根据 E-R 图设计关系模式的方法。通常，将这个设计过程称为逻辑结构设计。

在设计完成一个项目的关系模式后，就可以在数据库管理系统环境下创建数据库、关系表及其他数据库对象，输入相应数据，并根据需要对数据库中的数据进行各种操作。

1.2.3 物理数据模型

物理数据模型（Physical Data Model）是面向计算机物理表示的模型，描述了数据在储存介质上的组织结构，它不但与具体的 DBMS 有关，而且还与操作系统和硬件有关。每一种逻辑数据模型在实现时都有其对应的物理数据模型。DBMS 为了保证其独立性与可移植性，大部分物理数据模型的实现工作由系统自动完成，而设计者只要设计索引、聚集等特殊结构即可。

第2章 Oracle 11g 数据库介绍

Oracle 数据库系统是美国甲骨文公司提供的以分布式数据库为核心的一组软件产品，是目前世界上使用最为广泛的数据库管理系统之一，作为一个通用的数据库系统，它具有完整的数据管理功能；作为一个关系数据库，它是一个完备关系的产品；作为分布式数据库，它实现了分布式处理功能，因此，只要在一种机型上学习了 Oracle 的知识，便能在各种类型的机器上使用。

2.1 Oracle 11g 数据库简介与安装

2.1.1 Oracle 11g 数据库简介

2007 年 7 月，甲骨文公司发布了 Oracle 11g 数据库，它是数据库领域最优秀的产品之一，经过 1500 万个小时的测试，开发工作量达到了 3.6 万人·月。Oracle 11g 数据库能更方便地在由低成本服务器和存储设备组成的网格上运行，它在 Oracle 10g 数据库的基础上增加了 400 多项新特性，如改进本地 Java 和 PL/SQL 编译器、数据库修复向导等。

2013 年 6 月 26 日，甲骨文公司发布了 Oralce 12c 数据库，它面向云（Cloud）计算设计，在 Oracle 12c 数据库引入的多租用户环境（Multitenant Environment）中，允许一个数据库容器（CDB）承载多个可插拔数据库（PDB）。

2018 年 2 月 16 ，甲骨文公司发布了 Oracle 18c 数据库，它秉承 Cloud first 理念，在 Cloud 和 Engineered Systems 上推出。Oracle 18c 数据库是一款自治性的数据库，可以减少很多 DBA 的工作。

Oracle 18c 数据库是全球广受欢迎的新一代数据库产品，目前已在 Oracle Exadata 和 Oracle 数据库云上推出。它是甲骨文公司采用新的数据库软件发布模式后本年度发布的首个版本，是自治数据库云的核心组件。

2019 年，甲骨文公司又发布了 Oracle 12c 和 18c 这两个系列产品的最终（长期支持）版本 Oracle 19c（内部版本号 12.2.0.3）。

了解更多信息可进入甲骨文公司官方网站相关网页：

https://www.oracle.com/technetwork/cn/database/enterprise-edition/learnmore/index.html。

它所显示的内容如图 2.1（a）所示，包括概述、下载、文档、更多信息和社区等，选择有关选项可以进一步了解 Oracle 的有关内容。

尽管 Oracle 19c 数据库是目前最新的产品，但从教学实践中发现，用得最多的是 Oracle 11g 数据库，它仍然是当前流行的产品，下面将重点介绍 Oracle 11g 数据库。

2.1.2 Oracle 11g 数据库的安装

1. 安装前的准备

在 Oracle 技术网中选择"下载"选项，进入下列官方网站 https://www.oracle.com/technetwork/cn/database/enterprise-edition/downloads/index.html，其显示内容如图 2.1（b）所示。

单击对应操作系统，显示该操作系统对应下载文件网页，可免费下载 Oracle 11g 数据库的安装包（共两个文件，大小约 2.1GB）。下载得到的两个压缩包文件名为：win32_11gR2_database_1of2.zip 和 win32_11gR2_database_2of2.zip，将它们解压到同一个目录（database）下，然后双击解压目录中的 setup.exe，该软件会加载并初步校验系统是否达到 Oracle 11g 数据库安装的最低要求，只有达到要求，才会继续加载程序并开始安装。安装时，计算机要始终保持连接互联网的状态。

（a）Oracle 技术网网页

（b）下载 Oracle 11g 数据库的安装包

图 2.1 Oracle 技术网

2. 安装过程

（1）开始安装后，首先出现如图 2.2 所示的"配置安全更新"窗口，取消勾选"我希望通过 My Oracle Support 接收安全更新"复选项，在"电子邮件"栏中填写邮件地址（登录甲骨文公司官网时注册的），单击"下一步"按钮。

图 2.2 "配置安全更新"窗口

（2）在"选择安装选项"窗口中选择"创建和配置数据库"单选项，如图 2.3 所示，单击"下一步"按钮。

图 2.3 "选择安装选项"窗口

（3）在"系统类"窗口中选择软件安装的类型，如图 2.4 所示。因本书安装 Oracle 11g 数据库仅用于教学，故这里选中"桌面类"单选项，单击"下一步"按钮。

图2.4 "系统类"窗口

（4）在"典型安装配置"窗口中，设置 Oracle 基目录、安装软件位置和数据库文件位置，并选择要安装的数据库版本和字符集（一般采取默认选项，但必须记住以便日后使用），如图2.5所示。稍后安装时，系统会创建一个名为 orcl 的默认数据库，这里为它设置管理口令为 Mm123456，单击"下一步"按钮。

图2.5 "典型安装配置"窗口

⊙⊙注意:
Oracle 11g 数据库对用户的口令强度有严格要求，规范的标准口令组合为：小写字母＋数字＋大写字母（顺序不限），且字符长度还必须保持在 Oracle 数据库要求的范围之内。系统对此强制检查，用户只有输入了符合规范的口令字符串才会被允许继续进行操作。

设置好后将进行检查，在"执行先决条件检查"窗口中，单击"下一步"按钮。

（5）若上一步检查没有问题，就会生成安装设置概要信息，如图 2.6 所示，可保存这些信息到本地，方便以后查阅。在确认这些信息后，单击"完成"按钮，系统将依据这些配置开始执行整个安装进程。

图 2.6　"概要"窗口

（6）安装完成后，会弹出如图 2.7 所示的对话框。

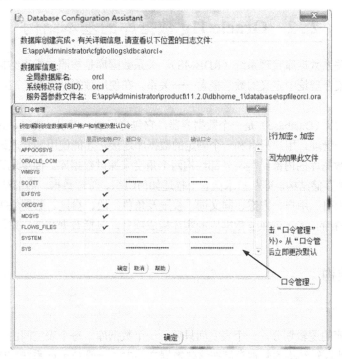

图 2.7　修改管理口令

单击"口令管理"按钮，在弹出的对话框中解锁以下用户账户并修改其口令。

① SYS（超级管理员），口令改为：Change_on_install123。

② SYSTEM（普通管理员），口令改为：Manager123。

③ SCOTT（普通用户），口令改为：Mm123456。

这里的口令也是需要符合 Oracle 口令规范的。修改完成后，单击"确定"按钮。

（7）若安装成功，会出现如图 2.8 所示的窗口，单击"关闭"按钮即可。

图 2.8　"完成"窗口

2.2　Oracle 11g 数据库的基本结构

Oracle 是一种关系数据库管理系统（RDBMS）。关系数据库是按照二维表结构方式组织的数据集合，每个表体现了集合理论中定义的数学概念——关系。在使用数据库之前，理解 Oracle 11g 数据库的基本结构很重要。

Oracle 11g 数据库（Database）是一个数据容器，它包含了表、索引、视图、过程、函数、包等对象，并对其进行统一管理。用户只有和一个确定的数据库连接，才能使用和管理该数据库中的数据。

下面将分别从数据库的内部结构与外部结构两个角度来探讨数据库。简单地说，内部结构描述了 Oracle 数据库的内部存储结构，即从技术概念上描述如何组织、管理数据。内部结构包括表空间、表、约束条件、分区、索引、用户、方案、同义词、权限及角色、段、盘区、数据块等。外部结构则是从"操作系统"角度来看的，Oracle 11g 数据库的实体构成项目，包括数据文件、重做日志文件和控制文件等。

2.2.1　内部结构

1．表空间

表空间是数据库的逻辑划分，一个表空间只属于一个数据库。每个表空间由一个或多个数据文件组成，表空间中其他逻辑结构的数据存储在这些数据文件中。一般 Oracle 系统完成安装后，会自动建立多个表空间。下面介绍 Oracle 11g 数据库默认创建的主要表空间。

（1）EXAMPLE 表空间。EXAMPLE 表空间是示例表空间，用于存放示例数据库的方案对象信息及其培训资料。

（2）SYSTEM 表空间。SYSTEM 表空间是系统表空间，用于存放 Oracle 系统内部表和数据字典的数据，如表名、列名和用户名等。一般不赞成将用户创建的表、索引等存放在 SYSTEM 表空间中。

（3）SYSAUX 表空间。SYSAUX 表空间是辅助系统表空间，主要存放 Oracle 系统内部的常用样例用户的对象，如存放 CMR 用户的表和索引等，从而减少系统表空间的负荷。SYSAUX 表空间一般不存储用户的数据，由 Oracle 系统内部自动维护。

（4）TEMP 表空间。TEMP 表空间是临时表空间，存放临时表和临时数据，用于排序和汇总等。

（5）UNDOTBS1 表空间。UNDOTBS1 表空间是重做表空间，存放数据库中有关重做的相关信息和数据。当用户对数据库表进行修改（包括 INSERT、UPDATE 和 DELETE 操作）时，Oracle 系统自动使用重做表空间来临时存放修改前的数据。当所做的修改完成并提交后，系统根据需要保留修改前数据的时间长短来释放重做表空间的部分空间。

（6）USERS 表空间。USERS 表空间是用户表空间，存放永久性用户对象的数据和私有信息，因此也被称为数据表空间。每个数据库都应该有一个用户表空间，以便在创建用户时将其分配给用户。

除了 Oracle 系统默认创建的表空间，用户还可以根据应用系统的规模及其所要存放对象的情况创建多个表空间，以区分用户数据和系统数据。

2. 表

表是数据库中存放用户数据的对象。它包含一组固定的列，用来描述该表所跟踪实体的属性，每个列都有一个名字和若干个属性。表结构的样例如图 2.9 所示。

图 2.9　表结构的样例

3. 约束条件

为一个表创建约束条件时，表中的每一行都必须满足约束条件所定义的规定，约束条件有以下 5 种。

（1）主键（PRIMARY KEY）。主键是表中的一列或多列。为表定义主键有如下几个作用：主键包含的列不能输入重复的值，以此来保证一个表的所有行的唯一性；主键也不允许定义此约束的列为 NULL 值；主键在定义此约束的列中创建了唯一性的索引，利用这个索引可更快地检索表中的行。

（2）默认（DEFAULT）。在表中插入一行数据，但没有为列生成一个在定义表时预先指定的值。

（3）检查（CHECK）。检查约束条件确保指定列中的值符合一定的条件。检查列约束条件不能引用一个独立表。非空值约束条件被数据库看成一个检查约束条件。

（4）唯一性（UNIQUE）。唯一性约束条件用于保证应具有唯一性而又不是主键的一部分的那些列的唯一性。

（5）外键（FOREIGN KEY）。外键约束条件规定表间的关系性质。一个外键使一个表的一列或多列与已定义为主键的表中的一批相同的列相关联。当在已定义主键约束的表中更新列值时，其他表中定义有外键约束的列会被自动更新。

主键约束和外键约束保证关联表的相应行持续匹配，以至于它们可以用在后面的关系连接中。在被定义为主键约束和外键约束后，不同表的相应列会自动更新，称为引用完整性声明。

数据库的约束条件有助于确保数据的引用完整性。引用完整性可保证数据库中的所有列引用都有效且全部约束条件都得到满足。

4. 分区

在非常大的数据库中，可以通过把一个大表的数据分成多个小表来简化数据库的管理，这些小表称为分区。除了对表分区，还可以对索引分区。分区不仅简化了数据库的管理，还改善了其应用性能。在 Oracle 中，能够细分分区，并创建子分区。例如，可以根据一组值分割一个表，然后再根据另一种分割方法分割分区。

5. 索引

在关系数据库表中，一个行数据的物理位置无关紧要。为了能够找到数据，表中的每一行都用一个 RowID 来标识。RowID 可以告诉数据库这一行的准确位置，包括所在的文件、该文件中的块和该块中的行地址。

索引是帮助用户在表中快速找到记录的数据库结构。它既可以提高数据库性能，又能够保证列值的唯一性。当 CREATE TABLE 命令中规定有 UNIQUE 或 PRIMARY KEY 约束条件子句时，Oracle 就会自动创建一个索引。也可以通过 CREATE INDEX 命令来手工创建索引。

6. 用户

用户账号虽然不是数据库中的一个物理结构，但它与数据库中的对象有着重要的关系，这是因为用户拥有数据库的对象。例如，用户 SYS 拥有数据字典表，这些表内存储了数据库中其他对象的所有信息；用户 SYSTEM 拥有访问数据字典表的视图，这些视图可供数据库其他用户使用。

为数据库创建对象（如表）必须在用户账户下进行。可以对每一个用户账户进行自定义，以便将一个特定的表空间作为其默认表空间。

把操作系统的账户和数据库账户联系在一起，这样可以不必既输入操作系统口令，又输入数据库口令。

7. 方案

用户账户拥有的对象集称为用户的方案，它可以创建不能注册到数据库的用户账户。用户账户提供一种方案，用来保存一组被其他用户方案分开的数据库对象。

8. 同义词

为了给不同的用户在使用数据库对象时，提供一个简单的、唯一标识数据库对象的名称，可以为数据库对象创建同义词。同义词有公用同义词和私有同义词两种。

9. 权限及角色

为了访问其他账户的所有对象，必须先被授予访问这个对象的权限。权限可以授予某个用户或 PUBLIC，PUBLIC 再把权限授予数据库中的全体用户。

创建角色即权限组来简化权限的管理，可以把一些权限授予一个角色，而这个角色又可以被授予多个用户。在应用程序中，角色可以被动态地启用或禁用。

10. 段、盘区和数据块

依照不同的数据处理性质，可能需要在数据表空间内划分出不同的区域，以存放不同的数据，将这些区域称为段。例如，存放数据的区域称为数据段、存放索引的区域称为索引段。

由于段是一个物理实体，所以必须把它分配到数据库的一个表空间（数据文件）中，段其实就是由许多盘区组合而成的。当段中的空间用完时，该段就会获取另外的盘区。

数据块是最小的储存单元，Oracle 数据库是操作系统块的倍数。如图 2.10 所示说明了段、盘区和数据块之间的关系。

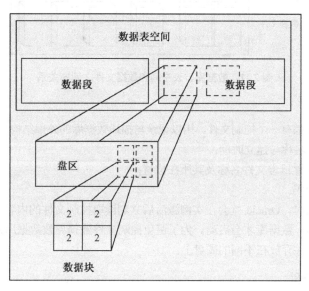

图 2.10　段、盘区和数据块之间的关系

2.2.2　外部结构

1. 数据文件

每个 Oracle 数据库都有一个或多个数据文件，且一个数据文件只能属于一个表空间。数据文件创建后可改变大小，创建新的表空间需要创建新的数据文件。数据文件一旦加入表空间，就不能再移走，也不能和其他表空间发生联系了。

如果数据库对象存储在多个表空间中，可以通过把它们各自的数据文件存放在不同的磁盘上来对其进行物理分割。数据库、表空间和数据文件之间的关系如图 2.11 所示。

2. 重做日志文件

除了数据文件，最重要的 Oracle 数据库实体档案就是重做日志文件。Oracle 数据库保存了所有数据库事务的日志。这些事务被记录在联机重做日志文件中。当数据库中的数据遭到破坏时，可以用这些日志来恢复数据库。

一个数据库至少需要两个重做日志文件。Oracle 数据库以循环方式向重做日志文件中写入。第一个日志被填满后，就向第二个日志文件中写入，然后以此类推。当所有日志文件都被写满时，就又会回到第一个日志文件，用新事务的数据对其进行重写。

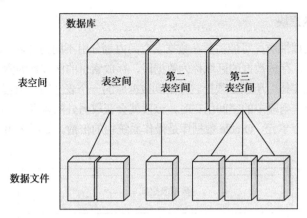

图 2.11　数据库、表空间和数据文件之间的关系

3．控制文件

每个 Oracle 数据库都有一个控制文件，用以记录与描述数据库的外部结构，包括：

（1）Oracle 数据库名称与建立时间；

（2）数据文件与重置日志文件名称及其所在位置；

（3）日志记录序列码。

每当数据库被激活时，Oracle 就会在实例激活后立刻读取控制文件的内容，待所有数据库外部结构文件信息都收集完毕，数据库才会启动。为了避免控制文件毁损导致数据库系统停止，建议用户至少配置两个控制文件，并存放在不同的硬盘上。

2.2.3　数据库实例

数据库实例（Instance）也称为服务器（Server），是指用来访问数据库文件集的存储结构系统全局区（System Global Area，SGA）及后台进程的集合。一个数据库可以被多个实例访问，这是 Oracle 数据库的并行服务器选项。实例与数据库之间的关系如图 2.12 所示。

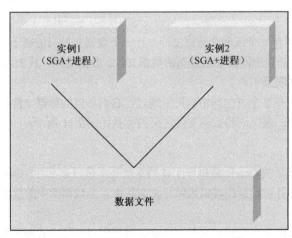

图 2.12　实例与数据库之间的关系

每当启动数据库时，系统全局区首先会被分配，并且有一个或多个 Oracle 进程被启动。一个实例的 SGA 和进程为管理数据库数据，以及为该数据库一个或多个用户服务而工作。在 Oracle 系统中，

首先启动实例，然后再由实例装配数据库。

1. 系统全局区

当激活 Oracle 11g 数据库时，系统会先在内存中规划一个固定区域，用来存储每位使用者所需存取的数据，以及 Oracle 数据库运作时必备的系统信息。这个区域就称为系统全局区（SGA）。

SGA 又包含数个重要区域，分别是数据块缓存区（Data Block Buffer Cache）、字典缓存区（Dictionary Cache）、重做日志缓冲区（Redo Log Buffer）和 SQL 共享池（Shared SQL Pool），如图 2.13 所示为 SGA 各重要区域之间的关系。

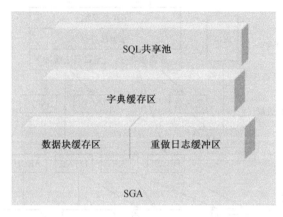

图 2.13　SGA 各重要区域之间的关系

（1）数据块缓存区。数据块缓存区为 SGA 的主要成员，用来存放读取数据文件的数据块副本，或是使用者曾经处理过的数据。它的用途在于有效减少存取数据时造成的磁盘读/写动作，进而提升数据存取的效率。数据块缓存区的大小由初始化参数 DB_BLOCK_BUFFERS 决定。数据块缓存区的大小是固定的，它不可能一次装载所有的数据库内容。通常，数据块缓存区大小只有数据库大小的 1%~2%，Oracle 系统使用最近最少使用（LRU）算法来管理可用空间。当存储区需要自由空间时，最近最少使用的块将被移出，释放的存储区空间被新调入的数据块占用。这种算法能够让最频繁使用的数据保留在存储区中。

（2）字典缓存区。数据库对象的信息存储在数据字典中，这些信息包括用户账户、数据文件名、盘区位置、表说明和权限等。当数据库需要这些信息（如验证用户账户）时，就要读取数据字典，从中获得需要的信息数据，并且将这些数据存储在 SGA 的字典缓存区中。

字典缓存区也是通过 LRU 算法来管理的，它的大小由数据库内部管理。字典缓存区是 SQL 共享池的一部分，SQL 共享池的大小由 SHARED_POOL_SIZE 参数设置。

字典缓存区的大小会影响数据库查询的速度。如果字典缓存区太小，数据库就不得不重复访问数据字典以获得数据库所需的信息，查询速度就会大幅降低。

（3）重做日志缓冲区。联机重做日志文件用于记录数据库的更改，以便在数据库恢复过程中用于向前滚动。但这些修改并不是马上写入日志文件中的，在被写入联机重做日志文件之前，事务首先被记录在称为重做日志缓冲区的 SGA 中。数据库可以周期性地分批向联机重做日志文件中写入修改的内容，从而优化这个操作。

（4）SQL 共享池。SQL 共享池存储数据字典缓存区及库缓存区（Library Cache），即对数据库进行操作的语句信息。当使用者将 SQL 共享池指令送至 Oracle 11g 数据库后，系统会先解析语法是否正确。解析时所需的系统信息，以及解析后的结果将被放置在共享区内。如果不同的使用者执行了相同的 SQL 共享池指令,就可以共享已解析的结果,加速 SQL 共享池指令的执行速度。

2. 后台进程

数据库的物理结构和存储结构之间的关系是由后台进程来维持的。数据库拥有多个后台进程,其数量取决于数据库的配置。这些进程由数据库进行很少的管理。每个进程在数据库中执行不同的任务,图 2.14 所示为后台进程在数据库外部结构、SGA 中的作用和地位。

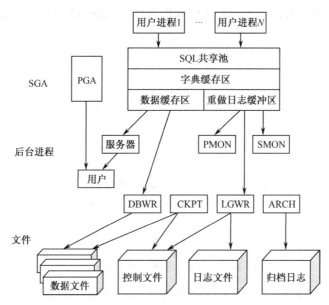

图 2.14   后台进程在数据库外部结构、SGA 中的作用和地位

下面介绍几个常用的后台进程。

(1)DBWR(数据库写入进程)。负责将数据缓存区内变动过的数据块回写至硬盘内的数据文件。Oracle 系统预设激活一个 DBWR 处理程序,但在大型数据库系统下,数据库变动情况可能十分频繁,应根据实际需求额外配置其他的 DBWR。

(2)LGWR(日志写入进程)。负责将重做日志缓冲区内的数据变动记录循序写入重做日志文件。重做日志缓冲区条目总是包含着数据库的最新状态,因为 DBWR 进程可以一直等待数据缓存区的修改数据块写入到数据文件中。

(3)SMON(系统监控进程)。如果因为停电或其他因素导致 Oracle 11g 数据库不正常关闭,下一次激活数据库时将由 SMON 进行必要的数据库修复。

(4)PMON(进程监控进程)。当某个处理程序异常终止时,PMON 清除数据缓存区内不再使用的空间,并释放该程序之前使用的系统资源。PMON 会定期检查各服务器处理程序,以及分配器的状态,如果某个处理程序因故停止,也由 PMON 负责将它重新激活。

(5)CKPT(检查点进程)。检查点是指一个事件或指定的时间。在产生一个检查点时,CKPT 可确保缓冲区内经常变动的数据被定期写入数据文件。在检查点之后,因为所有更新过的数据已经回写至磁盘数据文件,如果需要进行实例恢复时,就不再需要检查点之前的重置记录,这样,可缩短数据库重新激活的时间。检查点发生后,CKPT 会先通知 DBWR 将数据缓存区的改动数据回写到数据文件,然后更新数据文件与控制文件的检查点信息。

（6）RECO（恢复进程）。该进程是在具有分布式选项时所使用的一个进程，用于自动解决在分布式事务中的故障。在 Oracle 11g 分布式数据库环境中，RECO 进程会自动处理分布式操作失败时产生的问题。所谓分布式操作，简单地说，就是针对多个数据库同时进行数据处理动作。

（7）ARCH（归档进程）。LGWR 后台进程以循环方式向重做日志文件写入。当以 ARCHIVELOG 模式运行时，数据库在开始重写重做日志文件之前会先对其进行备份，将这些归档文件写入磁盘设备。这些归档功能由 ARCH 后台完成。

（8）LCKn（锁进程）。在 Oracle 系统并行服务器环境中，为了避免进程间在数据存取时发生冲突，在一个数据库实例访问一个数据库对象时，LCKn 进程会自动封锁访问的数据库对象，在访问结束之后再解锁。

（9）Dnnn（调度进程）。调度进程允许用户共享有限的服务器进程，该进程接收用户进程的要求，并将其放入请求队列中，然后为用户进程分配一个共享的服务器进程。一个数据库实例可以建立多个调度进程。

除了以上几个重要的后台进程，Oracle 11g 数据库运作时还有其他的后台进程互相配合运作。

2.3　Oracle 11g 数据库工具

安装成功后的 Oracle 11g 数据库系统集成了很多可以用来管理和操作数据库的工具，其中常用的有 DBCA、SQL Developer、OEM 和 SQL*Plus 等，下面分别进行介绍。

1. 数据库界面创建工具：DBCA

DBCA（Database Configuration Assistant）是 Oracle 11g 数据库提供的一个具有图形化用户界面的工具，用来帮助数据库管理员快速、直观地创建数据库。DBCA 可以通过"开始"菜单中的 Oracle 程序组选项来启动，如图 2.15 所示。也可以通过命令行方式（在 Windows 命令提示符下输入 dbca 后按回车键）启动。

图 2.15　启动 DBCA

第 3 章将会使用 DBCA 来创建 Oracle 数据库。

2. 数据库管理工具：SQL Developer

SQL Developer 是甲骨文公司出品的一个图形化、免费的集成开发环境。它操作直观、方便，可以轻松地创建、浏览、修改和删除数据库对象、运行 SQL 语句脚本、编辑和调试 PL/SQL 语句。另外，它还可以创建、执行和保存报表。该工具可连接至任何 Oracle 9.2.0.1 或以上版本的 Oracle 系统，且支持 Windows、Linux 和 Mac OS X 等多种操作系统平台。Oracle 11g 数据库本身就集成了 SQL Developer，故也可从 Oracle 程序组选项里直接启动它，如图 2.16 所示。

图 2.16　启动 SQL Developer

首先出现 SQL Developer 的启动画面，然后打开主界面，如图 2.17 所示。

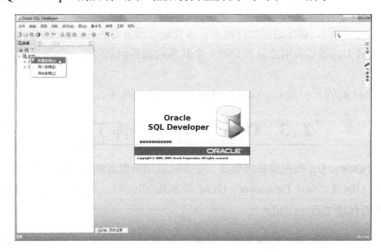

图 2.17　SQL Developer 的启动画面及主界面

在主界面左侧窗口中右击"连接"→"新建连接"，弹出如图 2.18 所示的"新建/选择数据库连接"对话框，在其中设置连接参数，这里设置连接名为 myorcl，用户名为 SCOTT，口令为 Mm123456，SID（数据库标识）为 XSCJ。设置完成后单击"测试"按钮，若连接成功则窗体左下角显示"状态：成功"，单击"连接"按钮，则成功连上 Oracle 11g 数据库。

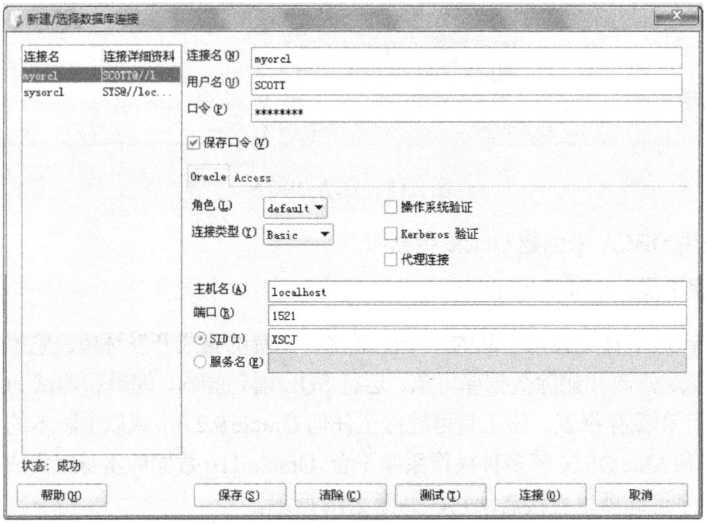

图 2.18　"新建/选择数据库连接"对话框

3. 数据库管理工具：OEM

Oracle 企业管理器（Oracle Enterprise Manager，OEM）是一个基于 Java 的框架系统。该系统集成了多个组件，为用户提供了功能强大的图形用户界面。OEM 提供可以用于管理单个 Oracle 数据库的工具，由于采用了基于 Web 的界面，它对数据库的访问也是通过 HTTP/HTTPS 协议的，即使用 B/S 模式访问 Oracle 11g 数据库管理系统。

使用 OEM 工具可以创建方案对象（表、视图等）、管理数据库的安全性（权限、角色、用户等）、管理数据库的内存和存储结构、备份和恢复数据库、导入和导出数据，以及查询数据库的执行情况和状态等。

但 Oracle 11g 数据库的产品默认并未集成 OEM，如果要使用 OEM，还需要到 Oracle 官网下载相应的安装包来单独安装。因此，本书不使用 OEM 作为演示例子的工具。

4. 命令管理工具：SQL*Plus

Oracle 11g 数据库的 SQL*Plus 是甲骨文公司独立的 SQL 语言工具产品，Plus 表示甲骨文公司在标准 SQL 语言基础上进行了扩充。在过去，SQL*Plus 曾被称为 UFI，即友好的用户接口（User Friendly Interface）。用户可以在 Oracle 11g 数据库提供的 SQL*Plus 窗口中编写程序，实现数据的处理和控制，完成制作报表等多种功能。

启动 SQL*Plus 有两种方式：通过 Oracle 程序组选项或 Windows 命令提示符。

（1）通过程序组启动

在桌面单击"开始"→"所有程序"→"Oracle - OraDb11g_home1"→"应用程序开发"→"SQL Plus"，进入"SQL Plus"命令行窗口，输入用户名 SCOTT，以及输入口令（输入的口令不在光标处显示）Mm123456，可连接到 Oracle 11g 数据库，显示软件相应的版本信息，如图 2.19 所示。

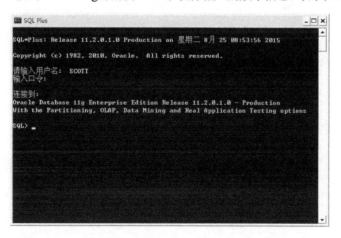

图 2.19　"SQL Plus"命令行窗口

在该窗口中还会看到 SQL*Plus 的提示符"SQL>"，在其后输入 SQL 语句即可运行。

（2）通过命令提示符启动

用程序组启动的 SQL*Plus 有个缺陷：不支持鼠标右击界面使用剪切、粘贴功能，此举是 Oracle 11g 数据库系统采取的安全措施，但对普通用户来说操作十分不方便（尤其在需要输入大段的 SQL 语句代码时），而改用 Windows 命令提示符窗口启动 SQL*Plus，则可以使用这些功能。

单击"开始"→"所有程序"→"附件"→"命令提示符"，进入"命令提示符"窗口。在该窗口中输入命令 sqlplus，会提示输入用户名和口令，如图 2.20 所示。

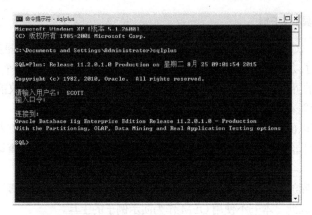

图 2.20　在"命令提示符"窗口中启动 SQL*Plus

为方便初学者，本书后面所有例子的演示操作主要是采用 Oracle 11g 数据库安装自带的 SQL Developer，以及通过命令提示符启动的 SQL*Plus。

第3章 数据库的创建和操作

本章主要介绍如何通过 Oracle 11g 的服务器组件以界面方式创建数据库。在 Oracle 11g 数据库环境下，操作数据库有两种方式：一种是通过图形界面管理工具；另一种是通过命令方式。

3.1 以界面方式创建数据库（采用 DBCA）

在 Oracle 11g 数据库中主要使用数据库配置向导（Database Configuration Assistant，DBCA）来创建数据库。下面使用 DBCA 创建学生成绩管理数据库 XSCJ，其步骤如下。

（1）启动 DBCA，出现"欢迎使用"窗口，如图 3.1 所示，单击"下一步"按钮进入创建数据库的向导。

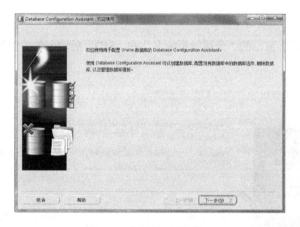

图 3.1 "欢迎使用"窗口

（2）在"操作"窗口中，用户可以选择要执行的操作，这里选中"创建数据库"选项，如图 3.2 所示，单击"下一步"按钮。

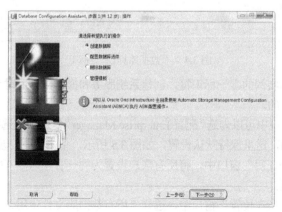

图 3.2 "操作"窗口

（3）在"数据库模板"窗口中，选择相应选项后单击"显示详细资料"按钮，可查看该数据库模板的各种信息。这里选择"一般用途或事务处理"选项，如图 3.3 所示，单击"下一步"按钮。

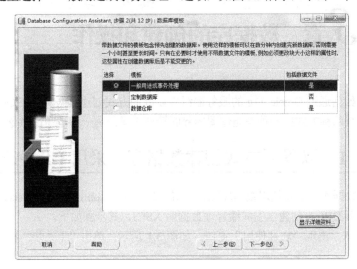

图 3.3　"数据库模板"窗口

（4）在"数据库标识"窗口的"全局数据库名"和"SID"后输入相关信息，如图 3.4 所示，单击"下一步"按钮。

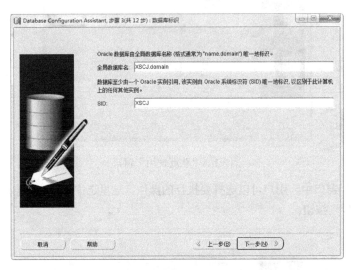

图 3.4　"数据库标识"窗口

说明：SID 是数据库实例的唯一标识符，创建系统服务和操作数据库时都要用到。SID 在同一数据库服务器中必须是唯一的。

（5）在"管理选项"窗口中可以勾选"配置 Enterprise Manager"复选项或选择"配置 Database Control 以进行本地管理"单选项，这里保持默认设置，如图 3.5 所示，单击"下一步"按钮。

（6）在"数据库身份证明"窗口中，将所有账户设置为同一管理口令（Mm123456），如图 3.6 所示，单击"下一步"按钮。

（7）在"数据库文件所在位置"窗口中，选择"所有数据库文件使用公共位置"选项，单击"浏览"按钮，选择数据库文件的存放路径，如图 3.7 所示，单击"下一步"按钮。

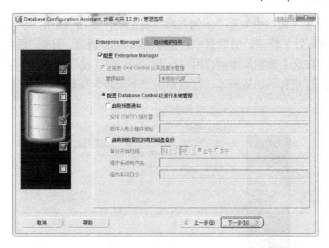

图 3.5　"管理选项"窗口

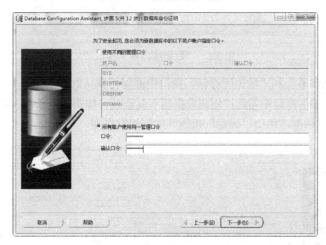

图 3.6　"数据库身份证明"窗口

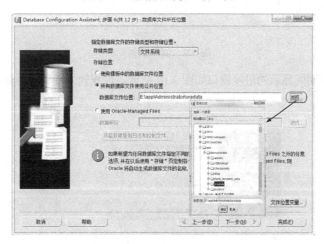

图 3.7　"数据库文件所在位置"窗口

（8）在"恢复配置"窗口中采取默认的配置，单击"下一步"按钮。

（9）在"数据库内容"窗口中勾选"示例方案"复选项，如图 3.8 所示，这样就可以在学习的过程中参考标准设置，也可以了解基础的数据库创建方法和 SQL 语言。另外，还可以在这一步加载 SQL 脚本，系统会根据脚本在这个数据库中创建用户、表空间、表、权限等，但要注意，加载 SQL 脚本的先后顺序一定要正确。这里暂不加载脚本，直接单击"下一步"按钮。

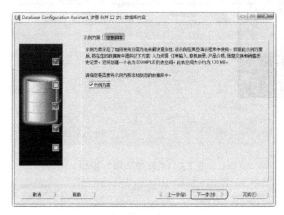

图 3.8　"数据库内容"窗口

（10）在"初始化参数"和"数据库存储"窗口中都保持默认配置，分别单击"下一步"按钮。

（11）在"创建选项"窗口中勾选"创建数据库"复选项，如图 3.9 所示，单击"完成"按钮，之后会弹出确认创建的对话框，单击"确定"按钮开始创建数据库。

图 3.9　创建数据库

（12）创建数据库期间显示的进度窗口如图 3.10 所示，过程较为漫长，需要耐心等待……

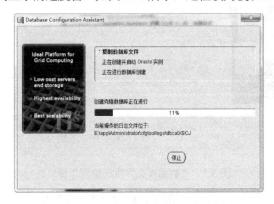

图 3.10　进度窗口

（13）创建数据库完毕后，系统会弹出窗口显示相关的提示信息，如图 3.11 所示，需要在这一步解锁 SCOTT、SYSTEM、SYS 账户并设置其口令，单击"口令管理"按钮，弹出"口令管理"对话框。

图 3.11　解锁账户并设置口令

找到以上三个用户账户，将"是否锁定账户？"一栏里的"√"去掉，口令均设为 Mm123456，该口令用于后面登录和操作数据库，请读者务必牢记！单击"确定"按钮返回后单击"退出"按钮。

至此，所有步骤都已全部完成。现在，系统服务中应该已经有 SID 为 XSCJ 的服务选项并已置为"自动"启动，服务正在运行，如图 3.12 所示，访问 XSCJ 数据库前必须保证已启动了这两个系统服务：OracleOraDb11g_home1TNSListener 和 OracleServiceXSCJ。

图 3.12　运行 XSCJ 数据库所必需的服务

3.2　以界面方式操作数据库（采用 SQL Developer）

3.2.1　表操作

表是 Oracle 系统中最主要的数据库对象，每个数据库都包含了若干个表。表是用来存储数据的一种逻辑结构，由行和列组成，故也称为二维表。

1. 表的概念

表是日常工作和生活中经常使用的一种表示数据及其关系的形式，如表 3.1 所示就是用来表示学生信息的学生表。

表3.1　学生表（XSB）

学　　号	姓　　名	性　　别	出 生 时 间	专　业	总 学 分	备　　注
151101	王林	男	1997-02-10	计算机	50	
151103	王燕	女	1996-10-06	计算机	50	
151108	林一帆	男	1996-08-05	计算机	52	已提前修完一门课
151202	王林	男	1996-01-29	通信工程	40	有一门课不及格，待补考
151204	马琳琳	女	1996-02-10	通信工程	42	

每个表都要有一个名字以标识该表，如表3.1所示的名字是XSB，它共有7列，每一列也都有一个名字即列名（一般就用标题作为列名），描述了学生某个方面的属性。表由若干行组成，第一行为各列的标题，其余各行都是数据。

关系数据库使用表（关系）来表示实体及其联系。表包含下列概念。

（1）**表结构**：每个表都包含一组固定的列，而列由数据类型（DATATYPE）和长度（LENGTH）两部分组成，以描述该表所代表的实体的属性。

（2）**记录**：每个表包含了若干行数据，它们是表的"值"，其中的一行称为一个记录，因此，表是记录的有限集合。

（3）**字段**：每个记录由若干个数据项构成，将构成记录的数据项称为字段。

例如，在XSB表中，其结构为（学号，姓名，性别，出生时间，专业，总学分，备注），包含7个字段，由5个记录组成。

（4）**关键字**：若表中记录的某个字段或字段组合能唯一标识记录，则称该字段（字段组合）为候选关键字（Candidate key）。若一个表有多个候选关键字，则选定其中的一个为主关键字（Primary key），也称为主键。当一个表仅有唯一的候选关键字时，该候选关键字就是主关键字。这里的主关键字与第1章中介绍的主码所起的作用是相同的，都用来唯一标识记录行。

例如，在XSB表中，两个及以上记录的姓名、性别、出生时间、专业、总学分和备注这6个字段的值都有可能相同，唯独"学号"字段的值对表中所有记录来说是不同的，即通过"学号"字段可将表中的不同记录区分开，故"学号"是唯一的候选关键字，也是主关键字。

2. 数据类型

在设计表的列时，必须为其指定数据类型，它决定了该列数据的取值、范围和存储格式。列的数据类型可以是Oracle系统的数据类型，如表3.2所示。除了表中所列，Oracle还提供可作为ANSI标准数据类型的替代类型。对于ANSI的CHARACTER及CHAR，使用Oracle的char类型；对于ANSI的CHARACTER VARYING及CHAR VARYING，使用Oracle的varchar2类型；对于ANSI的NUMERIC、DECIMAL、DEC、INTEGER、INT和SMALLINT，使用Oracle的number类型。用户还可以创建自己的抽象数据类型，也可以使用特定的REF数据类型，这些REF数据类型可引用数据库其他地方的行对象。

表3.2　Oracle系统的数据类型

数 据 类 型	格　　式	描　　述
char	CHAR[(<长度> [BYTE | CHAR])]	固定长度字符域，最大长度可为2000B。BYTE和CHAR关键字表示长度单位是字节还是字符，默认为BYTE

数据类型	格 式	描 述
nchar	NCHAR[(<长度>)]	多字节字符集的固定长度字符域，长度随字符集而定，最多为 2000 字符或 2000B
varchar2	VARCHAR2(<长度>[BYTE | CHAR])	可变长度字符域，最大长度可达 4000 字符
nvarchar2	NVARCHAR2[(长度>)]	多字节字符集的可变长度字符域，长度随字符集而定，最多为 4000 字符或 4000B
date	DATE	用于存储全部日期的固定长度（7B）字符域，时间作为日期的一部分存储其中。除非通过设置 NLS_DATE_FORMAT 参数来取代日期格式，否则查询时，日期以 DD-MON-RR 格式表示
timestamp	TIMESTAMP[(<位数>)]	用亚秒的粒度存储一个日期和时间。参数是亚秒粒度的位数，默认为 6，范围为 0~9
timestamp	TIMESTAMP[(<位数>)] WITH TIME ZONE	通过另外存储一个时区偏差来扩展 timestamp 数据类型，这个时区偏差定义本地时区与 UTC 之间的差值
timestamp	TIMESTAMP[(<位数>)] WITH LOCAL TIME ZONE	通过另外存储一个时区偏差来扩展 timestamp 数据类型，该类型不存储时区偏差，但存储时间作为数据库时区的标准形式，时间信息将从本地时区转换到数据库时区
interval year to month	INTERVAL YEAR [(<年的位数>)] TO MONTH	以年和月的形式存储一段时间，年的位数默认为 2
interval day to second	INTERVAL DAY [(<天的最大位数>)] TO SECOND[(<秒部分小数点右边的位数>)]	以天、时、分和秒的形式存储一段时间，天部分所要求的最大位数默认为 2。秒部分所要求的小数点右边的位数默认为 6
number	NUMBER[(<总位数>[, <小数点右边的位数>])]	可变长度数值列，允许值为 0、正数和负数。总位数默认为 38，小数点右边的位数默认为 0
float	FLOAT[(<数值位数>)]	浮点型数值列
long	LONG	可变长度字符域，最大长度可到 2GB
raw	RAW(<长度>)	表示二进制数据的可变长度字符域，最长为 2000B
long raw	LONG RAW	表示二进制数据的可变长度字符域，最长为 2GB
blob	BLOB	二进制大对象，最大长度为 4GB
clob	CLOB	字符大对象，最大长度为 4GB
nclob	NCLOB	多字节字符集的 CLOB 数据类型，最大长度为 4GB
bfile	BFILE	外部二进制文件，大小由操作系统决定
rowid	ROWID	表示 ROWID 的二进制数据，数值为 10B
urowid	UROWID[(<长度>)]	用于数据寻址的二进制数据，最大长度为 4000B
binary_float	BINARY_FLOAT	表示浮点类型，比 number 效率更高，其默认为 32 位
binary_double	BINARY_DOUBLE	表示双精度数字类型，其默认为 64 位

3. 表结构设计

创建表的实质就是定义表结构，以及设置表和列的属性。在创建表之前，先要确定表的名字和属性，同时确定表所包含的列名、列的数据类型、长度、是否可为空值、约束条件、默认值设置、规则，以及所需索引、哪些列是主键、哪些列是外键等属性，这些属性构成了表结构。

这里以学生成绩管理系统的三个表，即学生表（表名为 XSB）、课程表（表名为 KCB）和成绩表（表名为 CJB）为例介绍如何设计表的结构。

学生表（XSB）包含的列有学号、姓名、性别、出生时间、专业、总学分、备注。为便于理解，使用了中文的列名（实际开发应使用英文字母表示列名）。其中，"学号"列的数据是学生的学号，其值有一定的意义，如"151101"中"15"表示该生所在年级，"11"表示所属班级，"01"表示该生在班级中的序号，故"学号"列的数据类型是 6 位的定长字符型；"姓名"列记录学生的姓名，一般不超过 4 个中文字符，所以可以用 8 位定长字符型数据；"性别"列有"男"或"女"两种取值，用 2 位定长字符型数据，默认是"男"；"出生时间"是日期时间类型数据，列的数据类型定为 date；"专业"列为 12 位定长字符型数据；"总学分"列是整数型数据，列的数据类型定为 number，长度为 2（故值为 0~100，默认是 0）；"备注"列需要存放学生的备注信息，备注信息的内容为 0~200 个字，所以应该使用 varchar2 类型。在 XSB 表中，只有"学号"列能唯一标识一个学生，所以将该列设为主键。最终设计出 XSB 的表结构如表 3.3 所示。

表 3.3　XSB 的表结构

列　　名	数据类型	是否可空	默认值	说　　明
学号	char(6)	×	无	主键
姓名	char(8)	×	无	
性别	char(2)	×	"男"	
出生时间	date	×	无	
专业	char(12)	√	无	
总学分	number(2)	√	0	0≤总学分<100
备注	varchar2(200)	√	无	

当然，若包含学生的"照片"列，可以使用 blob 数据类型；若包含学生的"联系方式"列，可以使用 XML 类型。

参照 XSB 表结构的设计方法，同样可以设计出其他两个表的结构，如表 3.4 所示是 KCB 的表结构，表 3.5 所示是 CJB 的表结构。

表 3.4　KCB 的表结构

列　　名	数据类型	是否可空	默认值	说　　明
课程号	char(3)	×	无	主键
课程名	char(16)	×	无	
开课学期	number(1)	√	1	只能为 1~8
学时	number(2)	√	0	
学分	number(1)	×	0	

表 3.5　CJB 的表结构

列　　名	数据类型	是否可空	默认值	说　　明
学号	char(6)	×	无	主键
课程号	char(3)	×	无	主键
成绩	number(2)	√	无	

4. 创建表

用 Oracle 11g 数据库自带的 SQL Developer 工具可以十分灵活地创建表。这里以创建 XSB 表为例，操作的步骤如下。

（1）启动 SQL Developer，在"连接"节点下打开数据库连接 myorcl（已创建）。右击"表"节点，选择"新建表"菜单项。

（2）进入"创建表"窗口，在"名称"栏中填写表名 XSB，在"表"选项卡的"列名"、"类型"、"大小"、"非空"和"主键"栏中分别填入（选择）XSB 表中"学号"列的列名、数据类型、长度、非空性和是否为主键等信息，完成后单击"添加列"按钮输入下一列，直到输入完所有的列为止，如图 3.13 所示。

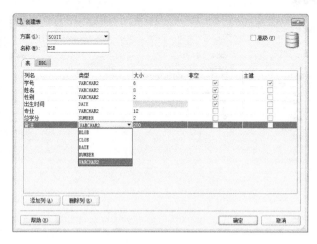

图 3.13　创建 XSB 表

（3）输入完最后一列的信息后，勾选右上角的"高级"复选项，这时会显示出更多的表选项，如图 3.14 所示，如要设置默认值可以在"列属性"的"默认"栏中输入默认值。这里暂不对其他选项进行设置，单击"确定"按钮完成表的创建。

图 3.14　"高级"选项

说明：如果数据类型选择中没有 char 类型可选，可在"高级"选项中将原来的 varchar2 类型修改为 char 类型。

5. 修改表

使用 SQL Developer 工具修改表的方法很简单。XSB 表创建完成后，在主界面的"表"目录下可以找到该表。右击 XSB 表，选择"编辑"菜单项，进入"编辑表"窗口（类似图 3.14 的界面），在该窗口中的"列"选项页右侧单击 ➕ 按钮可以添加新列，单击 ✖ 按钮可以删除列，在"列属性"选项页的各栏中可以修改列的属性。

表的主键列不能直接删除，要删除必须先取消主键。单击窗口左侧"主键"选项，在窗口右边的"所选列"栏中会显示已被设为主键的列，如图 3.15 所示。双击该列即可取消主键，如果要设某一列为主键，在"可用列"栏中双击该列或单击 ➡ 按钮即可添加该列为主键。

图 3.15　设置（取消）主键

6. 删除表

以删除 XSB 表为例，在"表"目录下右击 XSB 表选择"表"菜单下的"删除"子菜单项，如图 3.16 所示，之后弹出"删除"对话框，勾选"级联约束条件"复选项，单击"应用"按钮，弹出表已删除的提示消息，单击"确定"按钮即可。

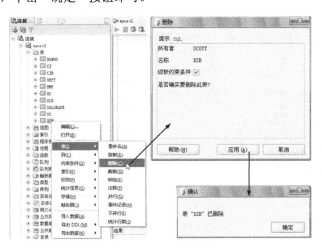

图 3.16　删除表

3.2.2　表数据操作

创建数据库和表后，需要对表中的数据进行操作，包括插入、删除和修改，这些操作可以直接在 SQL Developer 中实现。下面使用已创建的 XSCJ 数据库中的 XSB 表为例说明表数据操作的方法。

1. 插入记录

首先，启动 SQL Developer，打开 myorcl 连接（需要输入 SCOTT 用户口令），展开"表"目录，选择"XSB"表，在右边窗口中选择"数据"选项，切换到表数据窗口，如图 3.17 所示。在此窗口中，表中的记录按行显示，每个记录占一行，因为此时表中尚没有数据，故只能看到一行列标题。

图 3.17　表数据窗口

单击 （插入行）按钮，表中将增加一个新行，在新行中双击一列空白处后输入数据，一行数据输完后单击表数据窗口左边的行号，即选中该行，使之成为当前行。

说明：在输入"出生时间"列数据时，Oracle 11g 数据库默认的日期格式为"DD-MM 月-YY"，例如，日期"1997-02-10"应该输入"10-2 月-97"。为能使用日常习惯的输入方式，这里先要修改一下数据库默认的日期格式，在 SQL Developer 命令窗口中执行如下语句（具体操作详见第 3.2.3 节）：

```
ALTER SESSION
    SET NLS_DATE_FORMAT = "YYYY-MM-DD";
```

> **注意**：
> 该语句只能在当前会话中起作用，在下一次再打开 SQL Developer 窗口时，还需要重新执行该语句。

输入完一行数据后，单击 （提交）按钮将数据保存到数据库中，同时下方的"Data Editor - 日志"子窗口列出用于插入数据的 INSERT 语句，如图 3.18 所示。如果保存成功，还会显示"提交成功"信息；如果保存出错，则显示错误信息。接着再单击"插入行"按钮录入下一行，直到全部数据录完为止。

说明：读者可按上述方法向 XSB 表中插入几条记录做测试，样本数据请参考附录 A。

图 3.18　插入记录

2. 修改记录

修改记录的方法与插入记录类似，在"数据"选项页找到要修改的记录所在行，修改后该行的行号前会出现一个"*"号，如图 3.19 所示，更改完成单击"提交"按钮保存修改的数据。

图 3.19　修改记录

3. 删除记录

如果要删除一行记录，选中该行，单击 ✖ （删除所选行）按钮，之后该行的行号前会出现一个"–"号，如图 3.20 所示，单击"提交"按钮确认删除。

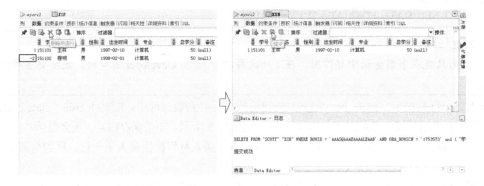

图 3.20　删除记录

4. 撤销操作

如果需要撤销之前对表中记录所做的操作，只需在单击"提交"按钮之前单击 （回退）按钮即可，图 3.21 所示为撤销上一步的删除操作。

图 3.21 撤销对记录的操作

3.2.3 执行 SQL 命令

使用 SQL Developer 不仅能以图形界面方式操作数据库表中的记录，还可以直接编辑和运行 SQL 语句。启动 SQL Developer，单击工具栏 按钮的右下箭头选择"myorcl"选项，界面上将出现命令编辑区，如图 3.22 所示，在其中输入要运行的 SQL 语句如下：

```
CREATE TABLE XSB
(
    学号        char(6)         NOT NULL PRIMARY KEY,
    姓名        char(8)         NOT NULL,
    性别        char(2)         DEFAULT '男'   NOT NULL,
    出生时间    date            NOT NULL,
    专业        char(12)        NULL,
    总学分      number(2)       NULL,
    备注        varchar2(200)   NULL
);
```

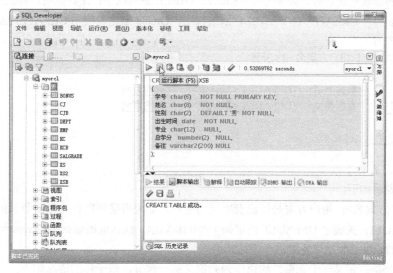

图 3.22 在 SQL Developer 中运行 SQL 语句

　　这里以执行创建表的 CREATE TABLE 命令（详见第 3.3 节）为例，操作前须先删除已创建的 XSB 表，输入完命令后单击窗口上方的 ▷ 或 ▣ 按钮即可执行该 SQL 语句重新创建 XSB 表。建表完成后，可往其中录入样本数据（见附录 A）以备后用，如图 3.23 所示。

图 3.23　录入 XSB 表的样本数据

3.3　以命令方式操作数据库（采用 SQL*Plus）

　　启动 SQL*Plus（通过 Oracle 程序组或 Windows 命令行），输入 SCOTT 用户口令连接上数据库。本节所涉及的 SQL 语句均在 SQL*Plus 下运行，有时也会结合 SQL Developer 查看其运行的效果。

3.3.1　创建表

　　在以自己的模式创建表时，必须拥有 CREATE TABLE 系统权限；在其他用户模式中创建表时，必须拥有 CREATE ANY TABLE 系统权限。Oracle 创建表使用 CREATE TABLE 语句，其基本的语法格式为：

```
CREATE TABLE [<用户方案名>.] <表名>
(
    <列名 1>   <数据类型>   [DEFAULT <默认值>]   [<列约束>]
    <列名 2>   <数据类型>   [DEFAULT <默认值>]   [<列约束>]
[,...n]
    <表约束>[,...n]
)
    [AS <子查询>]
```

相关参数说明如下。

　　（1）<用户方案名>：用户方案是指该表所属的用户，如果省略则默认为当前登录的用户。

　　（2）DEFAULT：关键字 DEFAULT 指定某个列的默认值。默认值的数据类型必须与该列的数据类型相匹配，列的长度必须足以容纳这个表达式值。

　　（3）<列约束>：定义一个完整性约束作为列定义的一部分，该子句的语法如下。

```
[NOT] NULL
[UNIQUE]
[ PRIMARY KEY]
[ REFERENCES [<用户方案名>.] <表名>(<列名>)]
[CHECK(<条件表达式>)]
```

其中，NULL 表示列上的数据可以为空，NOT NULL 则相反；UNIQUE 表示该列上所有行中的数据必须是唯一的；PRIMARY KEY 表示添加该列为主键（一个表只能有一个主键）；REFERENCES 关键字用于定义外键；CHECK 关键字用于定义 CHECK 约束。

（4）<u>**<表约束>**</u>：定义一个完整性约束作为表定义的一部分，有关完整性约束的内容会在第 5 章详细介绍。

（5）AS <子查询>：表示将由子查询返回的行插入到所创建的表中，子查询的使用将在第 4.2.2 节中具体介绍。使用 AS 子句时，要注意以下事项。

① 表中的列数必须等于子查询中的表达式数。

② 列的定义只能指定列名、默认值和完整性约束，不能指定数据类型。

③ 不能在含有 AS 子句的 CREATE TABLE 语句中定义引用完整性。相反，必须先创建没有约束的表，然后再用 ALTER TABLE 语句来添加约束。

Oracle 系统从子查询中推导出数据类型和长度，同时也遵循下列完整性约束规则。

① 如果子查询选择列而不是包含列的表达式，Oracle 系统则会自动为新表中的列定义任何 NOT NULL 约束，该列与被选表中的列相一致。

② 如果 CREATE TABLE 语句同时包含 AS 子句和 CONSTRAINT 子句，Oracle 系统就会忽略 AS 子句。

如果任何行违反了该约束规则，Oracle 系统都会不创建表并返回一个错误信息。

如果子查询中的全部表达式是列，则在表定义中可完全忽略这些列。在这种情况下，表的列名和子查询中的列名相同。

【**例 3.1**】　利用 CREATE TABLE 命令为 XSCJ 数据库建立 KCB 表，其表结构可参见表 3.4。

```
CREATE TABLE KCB
(
    课程号        char(3)         NOT NULL PRIMARY KEY,
    课程名        char(16)        NOT NULL,
    开课学期      number(1)       NULL,
    学时          number(2)       NULL,
    学分          number(1)       NOT NULL
);
```

创建完毕，用命令"DESCRIBE KCB;"可查看 KCB 表结构，如图 3.24 所示。

图 3.24　创建 KCB 表

如果表的主键由两个或多个列构成，则必须使用 PRIMARY KEY 关键字定义为表的完整性约束，语法格式为：

```
CREATE TABLE <表名>
(
     <列名 1>  <数据类型>  [DEFAULT <默认值>]  [<列约束>] [,…n]
PRIMARY KEY(<列名 1>, <列名 2>[,…n])
)
```

【例 3.2】 利用 CREATE TABLE 命令为 XSCJ 数据库建立 CJB 表，其表结构参见表 3.5。

```
CREATE TABLE CJB
(
     学号        char(6)    NOT NULL,
     课程号      char(3)    NOT NULL,
     成绩        number(2)  NULL,
     PRIMARY KEY(学号, 课程号)
)
```

同样可用命令"DESCRIBE CJB;"查看 CJB 表结构。

【例 3.3】 创建 XSB 表中计算机专业学生的记录备份表，表名为 XS_JSJ。

```
CREATE TABLE XS_JSJ
     AS SELECT *
         FROM XSB
         WHERE  专业='计算机';
```

创建完毕，可用 SQL Developer 查看结果，如图 3.25 所示，可以看到 XS_JSJ 表中存储（备份）了 XSB 表中计算机专业全部 11 名学生的记录。

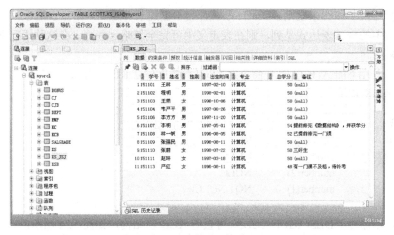

图 3.25 XS_JSJ 表备份了计算机专业的学生记录

3.3.2 修改表

修改表结构使用 ALTER TABLE 语句，语法格式为：

```
ALTER TABLE [<用户方案名>.] <表名>
     [ ADD(<新列名> <数据类型> [DEFAULT <默认值>][列约束],…n) ]      /*增加新列*/
     [ MODIFY([ <列名> [<数据类型>] [DEFAULT <默认值>][列约束],…n) ]   /*修改已有列属性*/
     [<DROP 子句>]                                                  /*删除列或约束条件*/
```

相关参数说明如下。

（1）ADD 子句：用于向表中增加一个新列，新的列定义和创建表时列定义的格式一样，一次可添加多个列，中间用逗号隔开。

（2）MODIFY 子句：用于修改表中某列的属性（数据类型、默认值等）。在修改数据类型时需要注意，如果表中该列所存数据的类型与将要修改的列类型冲突，则会发生错误。如原来 char 类型的列要修改为 number 类型时，因原来列值中有字符型数据 "a"，则无法修改。

（3）DROP 子句：该子句用于从表中删除指定的字段或约束，语法格式为：

```
DROP {
    COLUMN <列名>
    | PRIMARY [KEY]
    | UNIQUE (<列名>,...n)
    | CONSTRAINT <约束名>
    | [ CASCADE ]
}
```

其中，各个关键字的含义如下。

● COLUMN：删除指定的列。

● PRIMARY：删除表的主键。

● UNIQUE：删除指定列上的 UNIQUE 约束。

● CONSTRAINT：删除完整性约束。

● CASCADE：删除其他所有的完整性约束，这些约束依赖于被删除的完整性约束。

> ◎◎注意：
> 如果外键没有删除，则不能删除引用完整性约束中的 UNIQUE 约束和 PRIMARY KEY 约束。

下面通过例子说明 ALTER TABLE 语句的使用，为了不破坏 XSB 表结构，这里只对它的备份 XS_JSJ 表执行修改操作。

【例 3.4】 使用 ALTER TABLE 语句修改 XSCJ 数据库中的 XS_JSJ 表。

（1）在 XS_JSJ 表中增加两列：奖学金等级和等级说明。

```
ALTER TABLE XS_JSJ
    ADD (奖学金等级  number(1),
    等级说明  varchar2(40) DEFAULT '奖金 1000 元');
```

运行结果如图 3.26 所示。

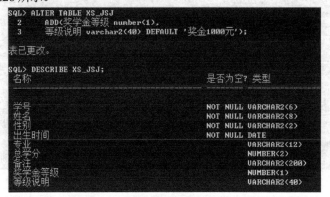

图 3.26　增加列

（2）在 XS_JSJ 表中修改 "等级说明" 列的默认值。

ALTER TABLE XS_JSJ

　　　 MODIFY (等级说明　DEFAULT '奖金 800 元');

　　运行语句后，打开 SQL Developer 的 "编辑表" 窗口查看 XS_JSJ 表的列属性，可见 "等级说明" 列的默认值已改为 "奖金 800 元"，如图 3.27 所示。

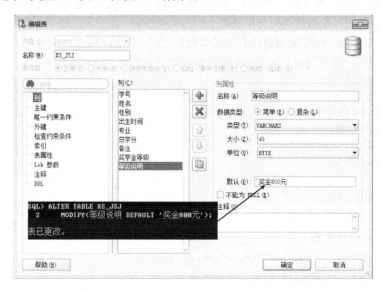

图 3.27　修改列

（3）在 XS_JSJ 表中删除 "奖学金等级" 和 "等级说明" 列。

ALTER TABLE XS_JSJ

　　　 DROP COLUMN　奖学金等级;

ALTER TABLE XS_JSJ

　　　 DROP COLUMN　等级说明;

运行结果如图 3.28 所示。

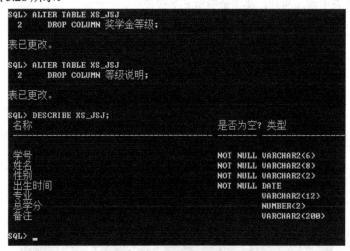

图 3.28　删除列

（4）为 XS_JSJ 表添加主键。

ALTER TABLE XS_JSJ

　　 ADD (CONSTRAINT "PK_JSJ" PRIMARY KEY(学号));

运行语句后，打开 SQL Developer 的"编辑表"窗口，可以看到"学号"列已被设为主键，如图 3.29 所示。

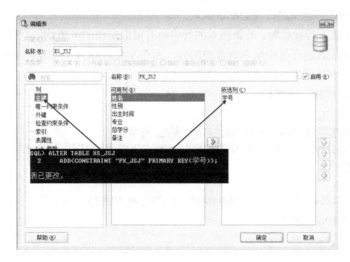

图 3.29　添加列为主键

3.3.3　删除表

语法格式为：

DROP TABLE [<用户方案名>.] <表名>

如要删除表 XS_JSJ，使用如下语句：

DROP TABLE XS_JSJ;

执行结果如图 3.30 所示。

图 3.30　删除表

3.3.4　插入记录

1. INSERT 语句

插入记录一般使用 INSERT 语句，语法格式为：

INSERT INTO <表名>[(<列名 1>,<列名 2>,…n)]
　　VALUES(<列值 1>,<列值 2>,…n)

该语句的功能是向指定的表中加入一行，由 VALUES 指定各列的值。

相关参数说明如下。

（1）在插入时，列值表必须与列名表顺序和数据类型一致。如果不指定表名后面的列名表，则在 VALUES 子句中要给出每一列的值，VALUES 中的值要与原表中字段的顺序和数据类型一致，而且不能缺少字段项。

（2）VALUES 中描述的值可以是一个常量、变量或一个表达式。字符串类型的字段必须用单引号括起来，使用字符串转换函数 TO_DATE 可将字符串形式的日期型数据转换成 Oracle 11g 数据库规定的合法日期型数据。

（3）如果列值为空，则值必须设置为 NULL。如果列值指定为该列的默认值，则使用 DEFAULT 语句。这要求定义表时必须指定该列的默认值。

（4）在对表进行插入行操作时，若新插入的行中所有可取空值的列值均取空值，则可以在 INSERT 语句中通过列表指出插入的行值中所包含非空的列，而在 VALUES 中只要给出这些列的值即可。

【例 3.5】　向 XSCJ 数据库的 XSB 表中插入一行：

　　　151114　周何骏　计算机　男　1998-09-25　90

可以使用 SQL 语句：

```
INSERT INTO XSB(学号, 姓名, 性别, 出生时间, 专业, 总学分)
    VALUES('151114', '周何骏', '男',TO_DATE('19980925','YYYYMMDD'), '计算机', 90);
```

或者执行下列命令：

```
INSERT INTO XSB
    VALUES('151114', '周何骏', '男', '1998-09-25', '计算机', 90, NULL);
```

然后再运行 COMMIT 命令：

```
COMMIT;
```

> ◉◉注意：
>
> 使用命令方式对表数据进行插入、修改和删除后，还需要使用 COMMIT 命令进行提交，这样才会把改变的数据真正保存到数据库中。为方便介绍，本书的 SQL 语句后均省略了 COMMIT 命令，运行时请自行添加。

最后，使用 SELECT 语句查询是否添加了该行记录：

```
SELECT 学号, 姓名, 性别, 出生时间, 专业, 总学分
    FROM XSB
    WHERE 学号='151114';
```

运行结果如图 3.31 所示。

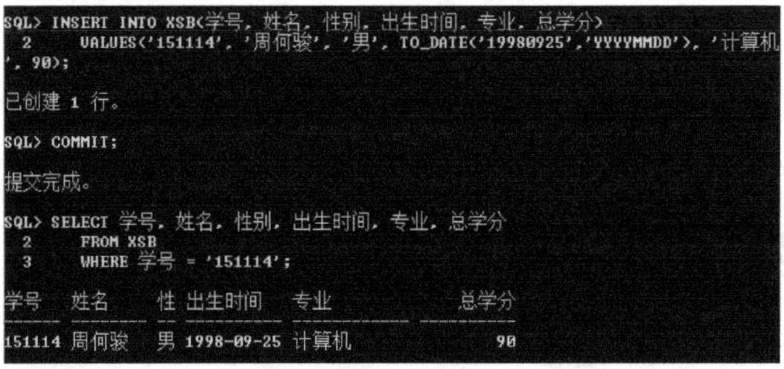

图 3.31　用 INSERT 语句插入记录

【例 3.6】　向具有默认值字段的表中插入记录。

创建一个具有默认值字段的表 test：

```
CREATE TABLE test
(
    姓名      char(20)        NOT NULL,
    专业      varchar2(30)    DEFAULT('计算机'),
    年级      number          NOT NULL
);
```

用 INSERT 向 test 表中插入一条记录：

```
INSERT INTO test(姓名, 年级) VALUES('周何骏', 3);
```

运行结果如图 3.32 所示。

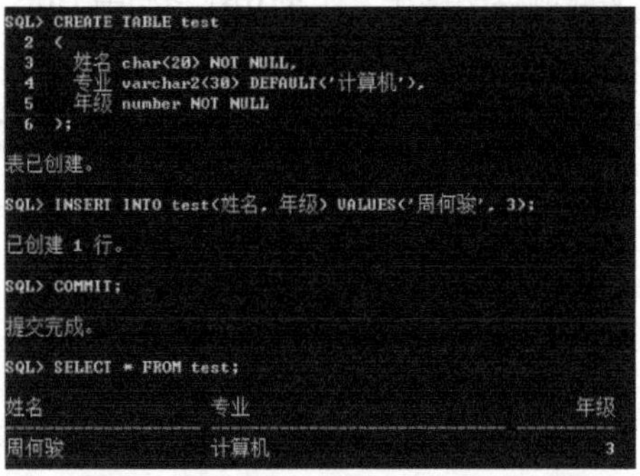

图 3.32　向具有默认值字段的表插入记录

利用 INSERT 语句还可以把一个表中的部分数据插入到另一个表中，但结果集中每行数据的字段数、字段的数据类型都要与被操作的表完全一致，语法格式为：

INSERT INTO <表名>
　　<结果集>

其中，**<结果集>**是一个由 SELECT 语句查询所得到的新表。利用该参数，可把一个表的部分数据插入指定的另一个表中，有关结果集的使用第 4 章还会介绍。

【例 3.7】　用 CREATE 语句建立 XSB1 表：

```
CREATE TABLE XSB1
(
    num      char(6) NOT NULL,
    name     char(8) NOT NULL,
    speciality char(12) NULL
);
```

然后用 INSERT 语句向 XSB1 表中插入数据：

```
INSERT INTO XSB1
    SELECT 学号, 姓名, 专业
        FROM XSB
        WHERE 姓名='王林';
```

这条 INSERT 语句将 XSB 表中姓名为"王林"的学号、姓名和专业的值插入到 XSB1 表的各行中。运行结果如图 3.33 所示。

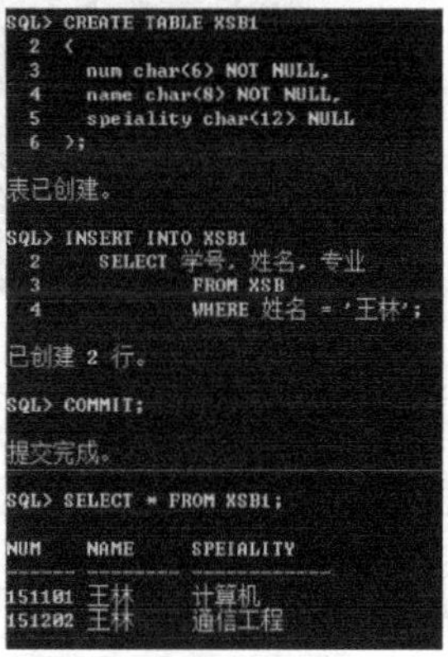

2. MERGE 语句

在 Oracle 11g 数据库中有 MERGE 语句，用于根据与源表连接的结果，对目标表执行插入、更新或删除操作。如根据在一个表中找到的差异在另一个表中进行插入、更新或删除行的操作，这种方法可以对两个表进行信息同步，其语法格式为：

```
MERGE INTO <目标表名>
    USING <源表名> ON (<条件表达式>)
    WHEN MATCHED THEN { UPDATE SET...| DELETE...}
    WHEN NOT MATCHED THEN INSERT(...) VALUES(...)
```

相关参数说明如下。

（1）USING 子句：指定用于更新的源数据表。

（2）ON 子句：指定在源表与目标表进行连接时所遵循的条件。

图 3.33　利用结果集插入记录

（3）WHEN MATCHED 子句：表示在应用 ON 子句的条件后，目标表存在与源表匹配的行时，对这些行在 THEN 子句中指定修改或删除的操作。在 THEN 子句中 UPDATE SET 用于修改满足条件的行，DELETE 关键字用于删除满足条件的行。

（4）WHEN NOT MATCHED 子句：指定对于源表中满足了 ON 子句中条件的每一行，如果该行与目标表中的行不匹配，则向目标表中插入这行数据。要插入的数据在 THEN 关键字后的 INSERT 子句中指定。

【例3.8】　创建表 a，并将 XSB 表中的数据添加至该表中。

创建表 a 的语句为：

```
CREATE TABLE a
(
    XH      char(6)        NOT NULL PRIMARY KEY,
    XM      char(8)        NOT NULL,
    XB      char(2)        NOT NULL,
    CSSJ    date           NOT NULL,
    ZY      char(12)       NULL,
    ZXF     number(2)      NULL,
    BZ      varchar(200)   NULL
);
```

进行信息同步使用的语句为：

```
MERGE INTO a
    USING XSB ON (a.XH=XSB.学号)
    WHEN MATCHED
        THEN UPDATE SET a.XM=XSB.姓名, a.XB=XSB.性别, a.CSSJ=XSB.出生时间,
                a.ZY=XSB.专业, a.ZXF=XSB.总学分, a.BZ=XSB.备注
    WHEN NOT MATCHED
        THEN INSERT VALUES(XSB.学号,XSB.姓名,XSB.性别,XSB.出生时间,XSB.专业,
                XSB.总学分, XSB.备注);
```

运行上述语句后查看表 a 中的数据，如图 3.34 所示，表 a 中已经添加了 XSB 表中的全部数据。

图 3.34　用 MERGE 语句插入记录以同步表

读者可以修改 XSB 表中的一些数据，然后再执行上述语句，查看表 a 中数据的变化。

3.3.5　删除记录

删除记录可以使用 DELETE 语句或 TRANCATE TABLE 语句来实现。

1. DELETE 语句

语法格式为：

DELETE FROM <表名>
    [WHERE <条件表达式>]

该语句的功能为从指定的表中删除满足条件的行，若省略 WHERE 子句，则表示删除所有行。

【例 3.9】 将 XSCJ 数据库的表 a 中 ZXF（总学分）值小于 50 的行删除，使用的 SQL 语句为：

DELETE FROM a
    WHERE ZXF < 50;

运行结果如图 3.35 所示，可以看到，此时表 a 中只剩下 12 条 ZXF 值大于或等于 50 的学生记录，所有小于 50 的记录都已被删除。

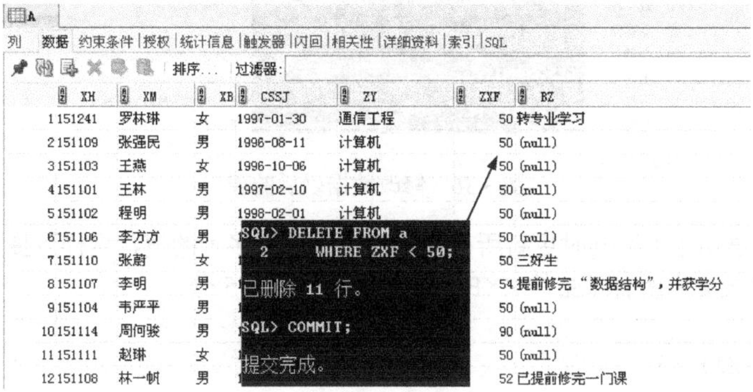

图 3.35 使用 DELETE 语句删除记录

2. TRANCATE TABLE 语句

如果确实要删除一个大表里的全部记录，可以使用 TRUNCATE TABLE 语句，它能释放占用的数据块表空间，且此操作不可回退。其语法格式为：

TRUNCATE TABLE <表名>

由于 TRUNCATE TABLE 语句删除表中的所有数据且不能恢复，所以使用时要谨慎。使用 TRUNCATE TABLE 删除了指定表中的所有行，但表的结构及其列、约束、索引等保持不变。TRUNCATE TABLE 在功能上与不带 WHERE 子句的 DELETE 语句相同，二者均可删除表中的全部行。但 TRUNCATE TABLE 执行的速度要比 DELETE 快。

对于由外键（FOREIGN KEY）约束引用的表不能使用 TRUNCATE TABLE 删除数据，而应使用不带 WHERE 子句的 DELETE 语句。另外，TRUNCATE TABLE 也不能用于删除索引视图的表。

3.3.6 修改记录

UPDATE 语句可以用来修改表中的数据行，其语法格式为：

UPDATE <表名>
    SET <列名>={<新值>|<表达式>} [,...n]
    [WHERE <条件表达式>]

该语句在指定表的满足条件记录中，由 SET 指定列值设置为 SET 的新值。若不使用 WHERE 子句，则更新所有记录的指定列值。

【例 3.10】 将 XSCJ 数据库的 XSB 表中学号为"151114"的学生备注列值设置为"辅修计算机专业"，使用的 SQL 语句为：

UPDATE XSB
    SET 备注='辅修计算机专业'
    WHERE 学号='151114';

在 SQL Developer 中查询 XSB 表的数据,可以发现表中学号为"151114"行的备注字段值已设置为需要的内容,如图 3.36 所示。

图 3.36 修改数据以后的表

使用 UPDATE 语句还可以同时更新所有的行或一次更新多列的值,这样可提高效率。

【例 3.11】 将表 a 中所有学生的 ZXF(总学分)都增加 5 分。

```
UPDATE a
    SET ZXF = ZXF + 5;
```

运行结果如图 3.37 所示。

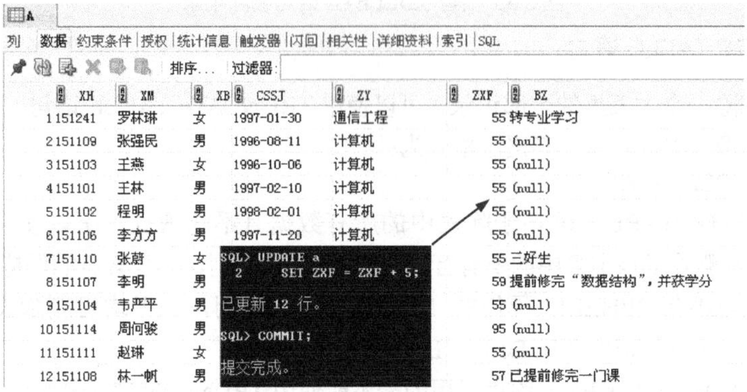

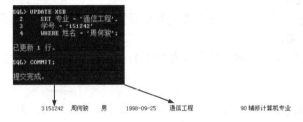

图 3.37 同时更新所有的行

【例 3.12】 将 XSB 表中姓名为"周何骏"的专业改为"通信工程",学号改为"151242"。

```
UPDATE XSB
    SET 专业='通信工程',
        学号='151242'
    WHERE 姓名='周何骏';
```

运行结果如图 3.38 所示。

图 3.38 一次更新多列

第4章 数据库的查询和视图

在数据库应用中，最常用的操作是查询，它是数据库的其他操作（如统计、插入、删除及修改）的基础。在 Oracle 11g 数据库中，对数据库的查询可使用 SELECT 语句。SELECT 语句的功能非常强大，且使用灵活。本章重点讨论利用该语句对数据库进行各种查询的方法。

视图是由一个或多个基本表导出的数据信息，可以根据用户的需要创建视图。视图对于使用数据库的用户来说很重要，本章将讨论视图概念及视图的创建与使用方法。

4.1 选择运算、投影运算和连接运算

Oracle 是一个关系数据库的管理系统，关系数据库建立在关系模型基础之上，具有严格的数学理论基础。关系数据库对数据的操作除了包括集合代数的并、差等运算，还定义了一组专门的关系运算：选择、投影和连接，关系运算的特点是运算的对象和结果都是表。

4.1.1 选择运算

选择运算（Selection）就是通过一定条件把需要的数据检索出来。选择运算是单目运算，其运算对象是一个表。该运算按给定的条件，从表中选出满足条件的行形成一个新表，作为运算结果。

【例 4.1】 学生表如表 4.1 所示。

表 4.1 学生表

学 号	姓 名	性 别	平均成绩
154215	王 敏	男	74
154211	李小琳	女	82
154210	胡小平	男	88

若要在学生表中找出性别为女且平均成绩在 80 分以上的行形成一个新表，则该选择运算的结果如表 4.2 所示。

表 4.2 选择运算后的结果

学 号	姓 名	性 别	平均成绩
154211	李小琳	女	82

4.1.2 投影运算

投影运算（Projection）也是单目运算。它只选择表中指定的列，这样在查询结果时就可减少显示的数据量，提高了查询的性能。

【例 4.2】 若在表 4.1 中对"姓名"和"平均成绩"进行投影运算，该查询可得到如表 4.3 所示的新表。

表 4.3　投影运算后的新表

姓　名	平均成绩
王　敏	74
李小琳	82
胡小平	88

表的选择运算和投影运算分别从行和列两个方向分割表，而以下要讨论的连接运算则是对两个表的操作。

4.1.3　连接运算

连接运算（JOIN）是把两个表中的行按照给定的条件进行拼接，从而形成新表。

【例 4.3】　若 A 表和 B 表分别如表 4.4 和表 4.5 所示，连接运算条件为 T1=T3，则连接运算后的结果如表 4.6 所示。

表 4.4　A 表

T1	T2
1	A
6	F
2	B

表 4.5　B 表

T3	T4	T5
1	3	M
2	0	N

表 4.6　连接运算后的表

T1	T2	T3	T4	T5
1	A	1	3	M
2	B	2	0	N

两个表连接运算常用的条件是两个表的某些列值相等，即称为等值连接运算，上面的例子就是等值连接运算。

数据库应用中常用的是"自然连接"运算。它要求两个表有共同属性（列），自然连接运算的结果表是在参与操作两个表的共同属性上进行等值连接运算后，再去除重复的属性后所得的新表。

【例 4.4】　若 A 表和 B 表分别如表 4.7 和表 4.8 所示，自然连接运算后的新表 C 如表 4.9 所示。

表 4.7　A 表

T1	T2	T3
10	A1	B1
5	A1	C2
20	D2	C2

表 4.8　B 表

T1	T4	T5	T6
1	100	A1	D1
100	2	B2	C1
20	0	A2	D1
5	10	A2	C2

表 4.9　C 表

T1	T2	T3	T4	T5	T6
5	A1	C2	10	A2	C2
20	D2	C2	0	A2	D1

在实际的数据库管理系统中，对表的连接运算大多是自然连接运算，所以自然连接运算也称为连接运算。本书中若不特别指明，名词"连接"均指自然连接运算，而普通的连接运算则是指按条件连接运算。

4.2　数据库的查询

使用数据库和表的主要目的是存储数据，以便在需要时进行检索、统计或组织输出，通过 SQL 查询可以从表或视图中迅速、方便地检索数据。SQL 的 SELECT 语句可以实现对表的选择、投影及连接操作，其功能十分强大。SELECT 语句比较复杂，其主要的子句语法格式为：

```
SELECT <列>                              /*指定要选择的列及其限定*/
    FROM   <表或视图>                     /*FROM 子句，指定表或视图*/
    [ WHERE   <条件表达式> ]              /*WHERE 子句，指定查询条件*/
    [ GROUP BY <分组表达式> ]             /*GROUP BY 子句，指定分组表达式*/
    [ HAVING <分组条件表达式> ]           /*HAVING 子句，指定分组统计条件*/
    [ ORDER BY <排序表达式> [ ASC | DESC ]]  /*ORDER 子句，指定排序表达式和顺序*/
```

下面讨论 SELECT 的基本语法和主要功能。

4.2.1　选择列

选择表中列组成的结果表，语法格式为：

SELECT [ALL | DISTINCT] <列名列表>

其中，<列名列表>指出了结果的形式，其主要格式为：

```
{        *                              /*选择当前表或视图的所有列*/
 | {<表名>|<视图> } . *                  /*选择指定的表或视图的所有列*/
 | {<列名>|<表达式> }
       [ [ AS ] <列别名> ]              /*选择指定的列*/
 | <列标题> = <列名表达式>               /*选择指定列并更改列标题*/
} [ , ... n ]
```

1. 选择一个表中指定的列

使用 SELECT 语句选择一个表中的某些列，各列名之间要以逗号分隔，其语法格式为：

```
SELECT <列名 1> [ , <列名 2> [...n] ]
    FROM <表名>
    [WHERE <条件表达式>]
```

它的功能是在 FROM 子句指定的表中检索符合条件的列。

【例 4.5】   查询 XSCJ 数据库的 XSB 表中各个学生的学号、姓名和总学分。

在 SQL Developer 中 myorcl 连接的命令编辑区输入语句如下：

SELECT 学号, 姓名, 总学分
    FROM XSB;

将光标定位到语句第一行，单击"执行"按钮 ▷ ，结果如图 4.1 所示。执行完后"结果"选项页中将列出所有结果数据。

图 4.1   XSB 表的执行结果

【例 4.6】   查询 XSB 表中总学分大于 50 分的学生的学号、姓名和总学分。

SELECT 学号, 姓名, 总学分
    FROM XSB
    WHERE 总学分>50;

执行结果如图 4.2 所示。

	学号	姓名	总学分
1	151107	李明	54
2	151108	林一帆	52
3	151242	周何骏	90

图 4.2   【例 4.6】执行结果

在 SELECT 语句指定列的位置上使用*号，表示选择表的所有列。

【例 4.7】   查询 XSB 表中的所有列。

SELECT *
    FROM XSB;

该语句等价于：

SELECT 学号 姓名, 性别, 出生时间, 专业, 总学分, 备注
    FROM XSB;

其执行后将列出 XSB 表中的所有数据。

2. 修改查询结果中的列标题

如果希望查询结果中的某些列或所有列显示时使用自己选择的列标题，可以在列名之后使用 AS

子句指定一个列别名来替代查询结果的列标题名。

【例 4.8】 查询 XSB 表中计算机专业学生的学号、姓名和总学分，将结果中各列的标题分别指定为 num、name 和 score。

```
SELECT 学号 AS num, 姓名 AS name, 总学分 AS score
    FROM XSB
    WHERE 专业='计算机';
```

也可以省略 AS 关键字，写成：

```
SELECT 学号 num, 姓名 name, 总学分 score
    FROM XSB
    WHERE 专业='计算机';
```

执行结果如图 4.3 所示。

	学号	NAME	SCORE
1	151101	王林	50
2	151102	程明	50
3	151103	王燕	50
4	151104	韦严平	50
5	151106	李方方	50
6	151107	李明	54
7	151108	林一帆	52
8	151109	张强民	50
9	151110	张蔚	50
10	151111	赵琳	50
11	151113	严红	48

图 4.3 【例 4.8】执行结果

3. 计算列值

使用 SELECT 对列进行查询时，在结果中可以输出对列值计算后的值，即 SELECT 语句可使用表达式作为结果，其格式为：

```
SELECT <表达式> [,<表达式> ]
```

【例 4.9】 创建产品 CP 表，其结构如表 4.10 所示。

表 4.10 CP 表结构

列 名	数据类型	是否允许为空值	默 认 值	说 明
产品编号	char(8)	×	无	主键
产品名称	char(12)	×	无	
价格	number(8)	×	无	
库存量	number(4)	√	无	

设 CP 表中已有如表 4.11 所示的数据。

表 4.11 CP 表

产 品 编 号	产 品 名 称	价 格	库 存 量
10001100	冰箱 A_100	1 500.00	500
10002120	冰箱 A_200	1 850.00	200
20011001	空调 K_1200	2 680.00	300

续表

产 品 编 号	产 品 名 称	价　格	库 存 量
20012000	空调 K_2100	3200.00	1000
30003001	冰柜 L_150	5000.00	100
10001200	冰箱 B_200	1600.00	1200
10001102	冰箱 C_210	1890.00	600
30004100	冰柜 L_210	4800.00	200
20001002	空调 K_3001	3800.00	280
20011600	空调 K_1600	4200.00	1500

下列语句将列出产品名称和产品总值为：

SELECT 产品名称，价格* 库存量 AS 产品总值
　　FROM CP;

执行结果如图4.4 所示。

	产品名称		产品总值
1	冰箱A_100		750000
2	冰箱A_200		370000
3	空调K_1200		804000
4	空调K_2100		3200000
5	冰柜L_150		500000
6	冰箱B_200		1920000
7	冰箱C_210		1134000
8	冰柜L_210		960000
9	空调K_3001		1064000
10	空调K_1600		6300000

图 4.4   【例 4.9】执行结果

计算列值使用算术运算符：+（加）、-（减）、*（乘）、/（除），它们均可用于数值类型的列计算。例如，语句"SELECT 产品编号，价格*0.8 FROM CP"列出的是每种产品的编号和其打8折后的单价。

4. 消除结果集中的重复行

对表只选择某些列时，可能会出现重复行。例如，若对 XSCJ 数据库的 XSB 表只选择专业和总学分，就会出现多行重复的情况。可以使用 DISTINCT 关键字消除结果集中的重复行，其格式为：

SELECT DISTINCT <列名> [, <列名>...]

关键字 DISTINCT 的含义是对结果集中的重复行只选择一个，保证行的唯一性。

【例 4.10】   对 XSCJ 数据库的 XSB 表只选择专业和总学分，消除结果集中的重复行。

SELECT DISTINCT 专业，总学分
　　FROM XSB;

执行结果如图4.5 所示。

与 DISTINCT 相反，使用关键字 ALL 时，将保留结果集的所有行。当 SELECT 语句中不写 ALL 与 DISTINCT 时，默认值为 ALL。

专业	总学分
1 计算机	50
2 通信工程	40
3 通信工程	44
4 通信工程	50
5 计算机	52
6 通信工程	90
7 计算机	54
8 计算机	48
9 通信工程	42

图 4.5　【例 4.10】执行结果

4.2.2　选择行

在 Oracle 系统中，选择行是通过在 SELECT 语句中使用 "*" 查询所有列，以及使用 WHERE 子句指定选择的条件来实现的。实际上，选择行是选择列的特例，当 SELECT 语句中的查询列为所有列时，即为选择行。

上面已经列举了使用 WHERE 子句给出查询条件的例子，本节将详细讨论 WHERE 子句中查询条件的构成，它们同样适合于选择列的查询。WHERE 子句必须紧跟 FROM 子句之后，其基本格式为：

WHERE <条件表达式>

其中，<条件表达式>为查询条件，其格式为：

<条件表达式>::=
　　{ [NOT] <判定运算> | (<条件表达式>) }
　　[{ AND | OR } [NOT] { <判定运算> | (<条件表达式>) }]
} [,…n]

其中，<判定运算>的结果为 TRUE、FALSE 或 UNKNOWN，经常用到的格式为：

<判定运算>：：=
{　　<表达式 1> { = | < | <= | > | >= | <> | != } <表达式 2>　　　　　　　　　　/*比较运算*/
　　| <字符串表达式 1> [NOT] LIKE <字符串表达式 2> [ESCAPE '<转义字符>']
　　　　　　　　　　　　　　　　　　　　　　　　　　　　　　　　　/*字符串模式匹配*/
　　| <表达式> [NOT] BETWEEN <表达式 1> AND <表达式 2>　　　　　　/*指定范围*/
　　| <表达式> IS [NOT] NULL　　　　　　　　　　　　　　　　　　/*是否空值判断*/
　　| <表达式> [NOT] IN (<子查询> | <表达式> [,…n])　　　　　　　/*IN 子句*/
　　| EXIST (<子查询>)　　　　　　　　　　　　　　　　　　　　　/*EXIST 子查询*/
}

从查询条件的构成可以看出，可以将多个判定运算的结果通过逻辑运算符再组成更为复杂的查询条件。判定运算包括比较运算、模式匹配、范围比较、空值比较和子查询。

在使用字符串和日期数据进行比较时，注意要符合以下限制。

（1）字符串和日期都必须用单引号括起来。

（2）字符串数据要区分大小写。

（3）日期数据的格式是敏感的，默认的日期格式是 DD-MM 月-YY，也可以使用 ALTER SESSION 语句将默认日期修改为 YYYY-MM-DD。

说明： IN 关键字既可以指定范围，也可以表示子查询。

在 SQL 中，返回逻辑值（TRUE 或 FALSE）的运算符或关键字都可称为谓词。

1. 表达式比较

比较运算符用于比较两个表达式值，共有 7 个，分别是：＝（等于）、＜（小于）、＜＝（小于或等于）、＞（大于）、＞＝（大于或等于）、＜＞（不等于）、!=（不等于）。

比较运算的格式为：

<表达式 1> {＝|＜|＜＝|＞|＞＝|＜＞|!=} <表达式 2>

当两个表达式值均不为空值（NULL）时，比较运算返回逻辑值 TRUE（真）或 FALSE（假），而当两个表达式值中有一个为空值或都为空值时，比较运算将返回 UNKNOWN。

【例 4.11】 比较运算符的应用。

① 查询 CP 表中库存量在 500 个以上的产品情况。

```
SELECT *
    FROM CP
    WHERE 库存量>500;
```

执行结果如图 4.6 所示。

	产品编号	产品名称	价格	库存量
1	20012000	空调K_2100	3200	1000
2	10001200	冰箱B_200	1600	1200
3	10001102	冰箱C_210	1890	600
4	20011600	空调K_1600	4200	1500

图 4.6 【例 4.11】①执行结果

② 查询 XSB 表中通信工程专业总成绩大于或等于 44 分的学生情况。

```
SELECT *
    FROM XSB
    WHERE 专业='通信工程' AND 总学分>=44;
```

执行结果如图 4.7 所示。

	学号	姓名	性别	出生时间	专业	总学分	备注
1	151210	李红庆	男	1996-05-01	通信工程	44	已提前修完一门课，并获得学分
2	151241	罗林琳	女	1997-01-30	通信工程	50	转专业学习
3	151242	周何骏	男	1998-09-25	通信工程	90	辅修计算机专业

图 4.7 【例 4.11】②执行结果

2. 模式匹配

LIKE 谓词用于指出一个字符串是否与指定的字符串相匹配，其运算对象可以是 char 类型、varchar2 类型和 date 类型的数据，返回逻辑值 TRUE 或 FALSE。LIKE 谓词表达式的格式为：

<字符串表达式 1> [NOT] LIKE <字符串表达式 2> [ESCAPE '<转义字符>']

在使用 LIKE 时有两个通配符："%"和"_"。若使用带"%"通配符的 LIKE 进行字符串比较，模式字符串中的所有字符都有意义，包括起始或尾随空格。如果只是希望在模糊条件中表示一个字符，那么可以使用"_"通配符。使用 NOT LIKE 与 LIKE 的作用相反。

ESCAPE 子句可指定转义字符，转义字符必须为单个字符。当模式串中含有与通配符相同的字符时，应通过转义字符指明其为模式串中的一个匹配字符。

【例 4.12】 查询 CP 表中产品名含有"冰箱"的产品情况。

```
SELECT *
    FROM CP
    WHERE 产品名称 LIKE '%冰箱%';
```

执行结果如图 4.8 所示。

	产品编号	产品名称	价格	库存量
1	10001100	冰箱A_100	1500	500
2	10002120	冰箱A_200	1850	200
3	10001200	冰箱B_200	1600	1200
4	10001102	冰箱C_210	1890	600

图 4.8　【例 4.12】执行结果

【例 4.13】　查询 XSB 表中姓"王"且单名的学生情况。

```
SELECT *
    FROM XSB
    WHERE  姓名  LIKE '王_';
```

执行结果如图 4.9 所示。

	学号	姓名	性别	出生时间	专业	总学分	备注
1	151101	王林	男	1997-02-10	计算机	50	(null)
2	151103	王燕	女	1996-10-06	计算机	50	(null)
3	151201	王敏	男	1996-06-10	通信工程	42	(null)
4	151202	王林	男	1996-01-29	通信工程	40	有一门课不及格, 待补考

图 4.9　【例 4.13】执行结果

3. 范围比较

用于范围比较的关键字有两个：BETWEEN 和 IN。

当要查询的条件是某个值的范围时，可以使用 BETWEEN 关键字。BETWEEN 关键字指出查询范围，其格式为：

<表达式> [NOT] BETWEEN <表达式 1> AND <表达式 2>

当不使用 NOT 时，若表达式的值在表达式 1 与表达式 2 之间（包括这两个值），则返回 TRUE，否则返回 FALSE；当使用 NOT 时，返回值刚好相反。

> 👀👀注意：
> 表达式 1 的值不能大于表达式 2 的值。

【例 4.14】指定查询的范围。

① 查询 CP 表中价格在 2000～4000 元的产品情况。

```
SELECT *
    FROM CP
    WHERE  价格  BETWEEN 2000 AND 4000;
```

执行结果如图 4.10 所示。

	产品编号	产品名称	价格	库存量
1	20011001	空调K_1200	2680	300
2	20012000	空调K_2100	3200	1000
3	20001002	空调K_3001	3800	280

图 4.10　【例 4.14】①执行结果

② 查询 XSB 表中不是 1996 年出生的学生情况。

```
SELECT *
    FROM XSB
    WHERE  出生时间  NOT  BETWEEN  TO_DATE('19960101', 'YYYYMMDD')
           AND        TO_DATE('19961231', 'YYYYMMDD');
```

执行结果如图4.11所示。

	学号	姓名	性别	出生时间	专业	总学分	备注
1	151101	王林	男	1997-02-10	计算机	50	(null)
2	151104	韦严平	男	1997-08-26	计算机	50	(null)
3	151102	程明	男	1998-02-01	计算机	50	(null)
4	151106	李方方	男	1997-11-20	计算机	50	(null)
5	151107	李明	男	1997-05-01	计算机	54	提前修完"数据结构",并获学分
6	151110	张蔚	女	1998-07-22	计算机	50	三好生
7	151111	赵琳	女	1997-03-18	计算机	50	(null)
8	151203	王玉民	男	1997-03-26	通信工程	42	(null)
9	151218	孙研	男	1997-10-09	通信工程	42	(null)
10	151220	吴薇华	女	1997-03-18	通信工程	42	(null)
11	151241	罗林琳	女	1997-01-30	通信工程	50	转专业学习
12	151242	周何骏	男	1998-09-25	通信工程	90	辅修计算机专业

图4.11   【例4.14】②执行结果

使用 IN 关键字可以指定一个值表,值表中列出了所有可能的值,当表达式与值表中的任意一个值匹配时,即返回 TRUE,否则返回 FALSE。使用 IN 关键字指定值表的格式为:

<表达式> IN (<表达式> [,…n])

【例4.15】   查询CP表中库存量为"200"、"300"和"500"的产品情况。

```
SELECT *
    FROM CP
    WHERE 库存量 IN (200,300,500);
```

该语句与下列语句等价:

```
SELECT *
    FROM CP
    WHERE 库存量=200 OR 库存量=300 OR 库存量=500;
```

执行结果如图4.12所示。

	产品编号	产品名称	价格	库存量
1	10001100	冰箱A_100	1500	500
2	10002120	冰箱A_200	1850	200
3	20011001	空调K_1200	2680	300
4	30004100	冰柜L_210	4800	200

图4.12   【例4.15】执行结果

说明:IN 关键字最主要的作用是表达子查询,关于子查询的内容稍后再具体介绍。

4. 空值比较

当需要判定一个表达式的值是否为空值时,可使用 IS NULL 关键字,其格式为:

<表达式> IS [NOT] NULL

当不使用 NOT 时,若表达式的值为空值时,则返回 TRUE,否则返回 FALSE;当使用 NOT 时,结果刚好相反。

【例4.16】   查询 XSB 表中拥有备注信息的学生情况。

```
SELECT *
    FROM XSB
    WHERE 备注 IS NOT NULL;
```

执行结果如图4.13所示。

	学号	姓名	性别	出生时间	专业	总学分	备注
1	151107	李明	男	1997-05-01	计算机	54	提前修完"数据结构"，并获学分
2	151108	林一帆	男	1996-08-05	计算机	52	已提前修完一门课
3	151110	张蔚	女	1998-07-22	计算机	50	三好生
4	151113	严红	女	1996-08-11	计算机	48	有一门课不及格，待补考
5	151202	王林	男	1996-01-29	通信工程	40	有一门课不及格，待补考
6	151210	李红庆	男	1996-05-01	通信工程	44	已提前修完一门课，并获得学分
7	151241	罗林琳	女	1997-01-30	通信工程	50	转专业学习
8	151242	周何骏	男	1998-09-25	通信工程	90	辅修计算机专业

图 4.13　【例 4.16】执行结果

5. 子查询

在查询条件中，可以使用另一个查询的结果作为条件的一部分，如判定列值是否与某个查询的结果集中的值相等，作为查询条件一部分的查询称为子查询。SQL 允许 SELECT 多层嵌套使用，用来表示复杂的查询。子查询除了可以用在 SELECT 语句，还可以用在 INSERT、UPDATE 及 DELETE 的语句中。

子查询通常与谓词 IN、EXIST 及比较运算符结合使用。

（1）IN 子查询。IN 子查询用于进行一个给定值是否在子查询结果集中的判断，其格式为：

`<表达式> [ NOT ] IN　（<子查询>）`

当表达式与子查询的结果表中的某个值相等时，IN 谓词返回 TRUE，否则返回 FALSE；若使用了 NOT，则返回的值刚好相反。

【例 4.17】　在 XSCJ 数据库中查找选修了课程号为 102 课程的学生情况：

```
SELECT *
    FROM XSB
    WHERE  学号  IN
          ( SELECT  学号  FROM CJB WHERE  课程号 = '102' );
```

在执行包含子查询的 SELECT 语句时，系统先执行子查询，产生一个结果表，再执行查询。本例中，先执行子查询：

```
SELECT  学号
    FROM CJB
    WHERE  课程号 = '102';
```

得到一个只含有学号列的表，CJB 中课程名列值为 102 的行在结果表中都有一行。再执行外查询，若 XSB 表中某行的学号列值等于子查询结果表中的任一个值，则该行就被选择。

执行结果如图 4.14 所示。

	学号	姓名	性别	出生时间	专业	总学分	备注
1	151101	王林	男	1997-02-10	计算机	50	(null)
2	151104	韦严平	男	1997-08-26	计算机	50	(null)
3	151102	程明	男	1998-02-01	计算机	50	(null)
4	151103	王燕	女	1996-10-06	计算机	50	(null)
5	151106	李方方	男	1997-11-20	计算机	50	(null)
6	151107	李明	男	1997-05-01	计算机	54	提前修完"数据结构"，并获学分
7	151108	林一帆	男	1996-08-05	计算机	52	已提前修完一门课
8	151109	张强民	男	1996-08-11	计算机	50	(null)
9	151110	张蔚	女	1998-07-22	计算机	50	三好生
10	151111	赵琳	女	1997-03-18	计算机	50	(null)
11	151113	严红	女	1996-08-11	计算机	48	有一门课不及格，待补考

图 4.14　【例 4.17】执行结果

> ◎◎注意:
>
> IN 子查询和 NOT IN 子查询只能返回一列数据。对于较复杂的查询，可使用嵌套的子查询。

【例 4.18】 查找未选修"离散数学"课程的学生情况。

```
SELECT  学号, 姓名, 专业, 总学分
    FROM XSB
    WHERE  学号  NOT IN
        ( SELECT  学号
            FROM CJB
            WHERE  课程号  IN
                ( SELECT  课程号
                    FROM KCB
                    WHERE  课程名 ='离散数学'
                )
        );
```

执行结果如图 4.15 所示。

	学号	姓名	专业	总学分
1	151201	王敏	通信工程	42
2	151202	王林	通信工程	40
3	151203	王玉民	通信工程	42
4	151204	马琳琳	通信工程	42
5	151206	李计	通信工程	42
6	151210	李红庆	通信工程	44
7	151216	孙祥欣	通信工程	42
8	151218	孙研	通信工程	42
9	151220	吴薇华	通信工程	42
10	151221	刘燕敏	通信工程	42
11	151241	罗林琳	通信工程	50
12	151242	周何骏	通信工程	90

图 4.15　【例 4.18】执行结果

（2）比较子查询。这种子查询可以认为是 IN 子查询的扩展，它使表达式的值与子查询的结果进行比较运算，其格式为：

<表达式> { < | <= | = | > | >= | != | <> } { ALL | SOME | ANY } (<子查询>)

其中，ALL、SOME 和 ANY 关键字说明对比较运算的限制。ALL 指定表达式要与子查询结果集中的每个值都进行比较，当表达式与每个值都满足比较的关系时，才返回 TRUE，否则返回 FALSE；SOME 或 ANY 表示表达式只要与子查询结果集中的某个值满足比较的关系时，就返回 TRUE，否则返回 FALSE。

【例 4.19】 查找比所有计算机系学生年龄都大的学生。

```
SELECT *
    FROM XSB
    WHERE  出生时间 <ALL
        ( SELECT 出生时间
            FROM XSB
            WHERE 专业='计算机'
        );
```

执行结果如图 4.16 所示。

	学号		姓名		性别		出生时间	专业		总学分	备注
1	151201		王敏		男		1996-06-10	通信工程		42	(null)
2	151210		李红庆		男		1996-05-01	通信工程		44	已提前修完一门课, 并获得学分
3	151216		孙祥欣		男		1996-03-19	通信工程		42	(null)
4	151204		马琳琳		女		1996-02-10	通信工程		42	(null)
5	151202		王林		男		1996-01-29	通信工程		40	有一门课不及格, 待补考

图 4.16 【例 4.19】执行结果

【例 4.20】 查找课程号 206 的成绩不低于课程号 101 的最低成绩的学生学号、姓名。

```
SELECT 学号,姓名
    FROM XSB
    WHERE 学号 IN
        ( SELECT 学号
            FROM CJB
            WHERE 课程号 ='206' AND 成绩 >= ANY
                ( SELECT 成绩
                    FROM CJB
                    WHERE 课程号 ='101'
                )
    );
```

执行结果如图 4.17 所示。

	学号		姓名
1	151101		王林
2	151104		韦严平
3	151102		程明
4	151103		王燕
5	151106		李方方
6	151107		李明
7	151108		林一帆
8	151109		张强民
9	151110		张蔚
10	151111		赵琳

图 4.17 【例 4.20】执行结果

（3）EXISTS 子查询。EXISTS 谓词用于测试子查询的结果是否为空表，若子查询的结果集不为空，则 EXISTS 返回 TRUE，否则返回 FALSE。EXISTS 还可与 NOT 结合使用，即 NOT EXISTS，它的返回值与 EXIST 刚好相反，其格式为：

```
[ NOT ] EXISTS ( <子查询> )
```

【例 4.21】 查找选修课程号 206 的学生姓名。

```
SELECT 姓名
    FROM XSB
    WHERE EXISTS
    ( SELECT *
        FROM CJB
        WHERE 学号=XSB.学号 AND 课程号='206'
        );
```

执行结果如图 4.18 所示。

	姓名
1	工林
2	韦严平
3	程明
4	王燕
5	李方方
6	李明
7	林一帆
8	张强民
9	张蔚
10	赵琳
11	严红

图 4.18　【例 4.21】执行结果

本例在子查询的条件中使用了限定形式的列名引用"XSB.学号",表示这里的学号列出自 XSB 表。与前面子查询例子的不同点是:前面的例子中,内层查询只处理一次,得到一个结果集,再依次处理外层查询;而本例的内层查询要处理多次,因为内层查询与"XSB.学号"有关,外层查询中 XSB 表的不同行有不同的学号值。这类子查询称为相关子查询,因为子查询的条件依赖于外层查询中的某些值。它的处理过程是:首先查找外层查询中 XSB 表的第一行,根据该行的学号列值处理内层查询,若结果不为空,则 WHERE 条件就为真,就把该行的姓名值取出作为结果集的一行,然后再找 XSB 表的第 2,3,…行,重复上述处理过程直到 XSB 表的所有行都查找完为止。

【例 4.22】　查找选修了全部课程的学生的姓名。

```
SELECT 姓名
    FROM XSB
    WHERE NOT EXISTS
            ( SELECT *
                FROM KCB
                WHERE NOT EXISTS
                    ( SELECT *
                        FROM CJB
                        WHERE  学号=XSB.学号  AND  课程号=KCB.课程号
                    )
            );
```

本例即查找没有一门功课不选修的学生。由于没有人选了全部课程,所以结果为空。

4.2.3　查询对象

介绍了 SELECT 选择表的列和行操作后,这里介绍 SELECT 查询对象(数据源)的构成形式。

【例 4.23】　查找与 151101 号学生所选修课程一致的学生学号。

本例即要查找这样的学号 y,对所有的课程号 x,若 151101 号学生选修了该课,那么 y 也选修了该课。

```
SELECT DISTINCT  学号
    FROM CJB 成绩 1
    WHERE NOT EXISTS
            ( SELECT *
                FROM CJB  成绩 2
                WHERE  成绩 2.学号 ='151101' AND NOT EXISTS
                    ( SELECT *
                        FROM CJB  成绩 3
                        WHERE  成绩 3.学号= 成绩 1.学号
```

```
                    AND  成绩 3.课程号 ＝ 成绩 2. 课程号
        )
    );
```

本例指定 SELECT 语句查询的对象是表，执行结果如图 4.19 所示。

	学号
1	151110
2	151109
3	151108
4	151103
5	151106
6	151113
7	151107
8	151111
9	151101
10	151104

图 4.19　【例 4.23】执行结果

【例 4.24】　在 XSB 表中查找 1997 年 1 月 1 日以前出生的学生姓名和专业。

```
SELECT 姓名, 专业
    FROM   (SELECT * FROM XSB
    WHERE  出生时间<TO_DATE('19970101', 'YYYYMMDD'));
```

执行结果如图 4.20 所示。

	姓名	专业
1	王燕	计算机
2	林一帆	计算机
3	张强民	计算机
4	严红	计算机
5	王敏	通信工程
6	王林	通信工程
7	马琳琳	通信工程
8	李计	通信工程
9	李红庆	通信工程
10	孙祥欣	通信工程
11	刘燕敏	通信工程

图 4.20　【例 4.24】执行结果

SELECT 语句查询的对象既可以是由 SELECT 查询语句执行后返回的表，也可以是视图。

4.2.4　连接

连接是二元运算，可以对两个或多个表进行查询，结果通常是含有参加连接运算的两个（或多个）表的指定列的表。

实际应用中，多数情况下用户查询的列都来自多个表。例如，在学生成绩数据库中查询选修了某个课程号课程的学生姓名、该课课程名和成绩，所需要的列来自 XSB、KCB 和 CJB 三个表，需要将这三个表进行连接才能查找到结果。这种涉及多个表的查询称为连接。

在 SQL 中连接有两大类表示形式：一类是符合 SQL 标准连接谓词的；另一类是 Oracle 11g 数据库扩展使用关键字 JOIN 的。

1. 连接谓词

在 SELECT 语句的 WHERE 子句中，使用比较运算符给出的连接条件对表进行连接，将这种表示形式称为连接谓词。

【例 4.25】 查找 XSCJ 数据库每个学生及其选修的课程情况。

```
SELECT XSB.*,CJB.*
    FROM XSB, CJB
    WHERE XSB.学号=CJB.学号;
```

结果表将包含 XSB 表和 CJB 表的所有行和列。

> 👀 **注意:**
>
> 连接谓词中的两个列（字段）称为连接字段，它们必须是可比的。如本例连接谓词中的两个字段分别是 XSB 表和 CJB 表中的学号字段。

连接谓词中的比较符可以是<、<=、=、>、>=、!=和<>，当比较符为"="时，就是等值连接。若在目标列中去除相同的字段名，则为自然连接。

【例 4.26】 自然连接查询。

```
SELECT XSB.* , CJB.课程号, CJB.成绩
    FROM XSB , CJB
    WHERE XSB.学号=CJB.学号;
```

本例所得的结果表包含以下字段：学号、姓名、性别、出生时间、专业、总学分、备注、课程号、成绩。

若选择的字段名在各个表中是唯一的，则可以省略字段名前的表名。如本例的 SELECT 子句也可写为：

```
SELECT XSB.* , 课程号, 成绩
    FROM XSB, CJB
    WHERE XSB.学号 = CJB.学号;
```

【例 4.27】 查找选修课程号 206 且成绩在 80 分以上的学生姓名及成绩。

```
SELECT 姓名, 成绩
    FROM XSB, CJB
    WHERE XSB.学号 = CJB.学号 AND 课程号 = '206' AND 成绩 >= 80;
```

执行结果如图 4.21 所示。

	姓名	成绩
1	王燕	81
2	李方方	80
3	林一帆	87
4	张蔚	89

图 4.21　【例 4.27】执行结果

有时用户所需要的字段来自两个以上的表，那么就要对两个以上的表进行连接，称之为多表连接。

【例 4.28】 查找选修课程成绩在 90 分以上的学生学号、姓名、课程名及成绩。

```
SELECT XSB.学号, 姓名, 课程名, 成绩
    FROM XSB, KCB, CJB
    WHERE XSB.学号 = CJB.学号 AND KCB.课程号= CJB.课程号
        AND 成绩 >= 90;
```

执行结果如图 4.22 所示。

	学号	姓名	课程名		成绩
1	151104	韦严平	计算机基础		90
2	151110	张蔚	程序设计与语言		90
3	151110	张蔚	计算机基础		95
4	151111	赵琳	计算机基础		91
5	151204	马琳琳	计算机基础		91
6	151241	罗林琳	计算机基础		90

图 4.22　【例 4.28】执行结果

连接和子查询都要涉及两个或多个表，它们的区别是：连接可以合并两个或多个表的数据，而带子查询 SELECT 语句的结果只能来自一个表，子查询的结果是用来作为选择结果数据时进行参照的。

有的查询既可以使用子查询，也可以使用连接表达。通常使用子查询表达时，可以将一个复杂的查询分解为一系列逻辑步骤，且条理清晰，但连接表达有执行速度快的优点。因此，应尽量使用连接表达进行查询。

2. 以 JOIN 关键字指定的连接

Oracle 系统的 PL/SQL（第 6 章将详细介绍）扩展了以 JOIN 关键字指定连接的表示方式，使表的连接运算能力有了增强。连接表的格式为：

<表名> **<连接类型>** <表名> ON <条件表达式>
| <表名> CROSS JOIN <表名>
| <连接表>

其**<连接类型>**的格式为：

<连接类型>::=
　　　　[INNER | { LEFT | RIGHT | FULL } [OUTER] CROSS JOIN

其中，INNER 表示内连接，OUTER 表示外连接，CROSS JOIN 表示交叉连接。因此，以 JOIN 关键字指定的连接有 3 种类型。

（1）**内连接**。内连接按照 ON 所指定的连接条件合并两个表，且返回满足条件的行。

【例 4.29】　查看 XSCJ 数据库中每个学生及其选修的课程情况。

```
SELECT *
    FROM XSB INNER JOIN CJB
        ON XSB.学号 = CJB.学号;
```

结果表将包含 XSB 表和 CJB 表的所有字段（不去除重复学号字段）。

内连接是系统默认的，故可省去 INNER 关键字。使用内连接后仍可使用 WHERE 子句指定条件。

【例 4.30】　用 FROM 的 JOIN 关键字表达下列查询：查找选修课程号 206 且成绩在 80 分以上的学生姓名及成绩。

```
SELECT 姓名, 成绩
    FROM XSB JOIN CJB ON XSB.学号 = CJB.学号
    WHERE 课程号 = '206' AND 成绩>=80;
```

执行结果见图 4.21。

内连接还可以用于多个表的连接。

【例 4.31】　用 FROM 的 JOIN 关键字表达下列查询：查找选修课成绩在 90 分以上的学生学号、姓名、课程名及成绩。

```
SELECT XSB.学号, 姓名, 课程名, 成绩
    FROM XSB
        JOIN CJB JOIN KCB ON CJB.课程号 = KCB.课程号
            ON XSB.学号 = CJB.学号
    WHERE 成绩>=90;
```

执行结果见图 4.22。

作为一种特例可以将一个表与自身进行连接称为自连接。若要在一个表中查找具有相同列值的行，就可以使用自连接。使用自连接时需为表指定两个别名，且对所有列的引用均要用别名限定。

【例 4.32】 查找不同课程成绩相同的学生学号、课程号和成绩。

```
SELECT a.学号,a.课程号,b.课程号,a.成绩
    FROM CJB a JOIN CJB b
        ON a.成绩=b.成绩  AND a.学号=b.学号  AND a.课程号!=b.课程号;
```

执行结果如图 4.23 所示。

	学号	课程号	课程号_1	成绩
1	151102	206	102	78
2	151102	102	206	78

图 4.23   【例 4.32】执行结果

（2）**外连接**。外连接的结果表不但包含满足连接条件的行，还包括相应表中的所有行。外连接包括以下 3 种：

① 左外连接（LEFT OUTER JOIN）：结果表中除了包括满足连接条件的行，还包括左表的所有行；

② 右外连接（RIGHT OUTER JOIN）：结果表中除了包括满足连接条件的行，还包括右表的所有行；

③ 完全外连接（FULL OUTER JOIN）：结果表中除了包括满足连接条件的行，还包括两个表的所有行。

以上 3 种连接中的 OUTER 关键字均可省略。

【例 4.33】 查找所有学生情况及其选修的课程号，即使学生未选修任何课，也要包括其情况。

```
SELECT XSB.*，课程号
    FROM XSB LEFT OUTER JOIN CJB ON XSB.学号 = CJB.学号;
```

本例执行时，若有学生未选任何课程，则结果表中相应行的课程号字段值为 NULL。

【例 4.34】 查找被选修的课程情况和所有开设的课程名。

```
SELECT CJB.*，课程名
    FROM CJB RIGHT JOIN KCB ON CJB.课程号= KCB.课程号;
```

本例执行时，若某课程未被选修，则结果表中相应行的学号、课程号和成绩字段值均为 NULL。

> 👀 **注意：**
> 外连接只能对两个表进行。

（3）**交叉连接**。交叉连接实际上是将两个表进行笛卡儿积运算，结果表是由第 1 个表的每一行与第 2 个表的每一行拼接后形成的表，因此其行数等于两个表的行数之积。

【例 4.35】 列出学生所有可能的选课情况。

```
SELECT 学号, 姓名, 课程号, 课程名
    FROM XSB CROSS JOIN KCB;
```

> 👀 **注意：**
> 交叉连接也可以使用 WHERE 子句进行条件限定。

4.2.5 汇总

对表数据进行检索时，经常需要对结果进行汇总或计算，如在学生成绩数据库中求某

门功课的总成绩、统计各分数段的人数等。本节将讨论 SELECT 语句中用于数据统计的子句及函数。

1. 统计函数

统计函数用于计算表中的数据，返回单个计算结果。下面对常用的统计函数加以介绍。

（1）**SUM 函数和 AVG 函数**。这两个函数分别用于求表达式中所有值项的总和与平均值，语法格式为：

SUM / AVG（[ALL | DISTINCT] <表达式>）

其中，表达式还可以是常量、列、函数。SUM 函数和 AVG 函数只能对数值型数据进行计算。ALL 表示对所有值进行运算，DISTINCT 表示去除重复值，默认为 ALL。SUM / AVG 函数计算时忽略 NULL 值。

【例 4.36】　求选修课程 101 学生的平均成绩。

```
SELECT AVG(成绩) AS 课程101平均成绩
    FROM CJB
    WHERE 课程号='101';
```

执行结果如图 4.24 所示。

	课程101平均成绩
1	78.65

图 4.24　【例 4.36】执行结果

（2）**MAX 函数和 MIN 函数**。MAX 函数和 MIN 函数分别用于求表达式中所有值项的最大值与最小值，语法格式为：

MAX / MIN（[ALL | DISTINCT] <表达式>）

其中，表达式的数据类型可以是数字、字符和时间日期类型。ALL 表示对所有值进行运算，DISTINCT 表示去除重复值，默认为 ALL。MAX 函数和 MIN 函数计算时都会忽略 NULL 值。

【例 4.37】　求选修课程 101 学生的最高分和最低分。

```
SELECT MAX(成绩) AS 课程101的最高分, MIN(成绩) AS 课程101的最低分
    FROM CJB
    WHERE 课程号='101';
```

执行结果如图 4.25 所示。

	课程101的最高分	课程101的最低分
1	95	62

图 4.25　【例 4.37】执行结果

（3）**COUNT 函数**。COUNT 函数用于统计组中满足条件的行数或总行数，语法格式为：

COUNT（{ [ALL | DISTINCT] <表达式> } | * ）

其中，ALL 表示对所有值进行运算，DISTINCT 表示去除重复值，默认为 ALL。选择*时将统计总行数。COUNT 函数计算时忽略 NULL 值。

【例 4.38】　学生数统计。

① 求学生的总人数。

```
SELECT COUNT(*) AS 学生总数
    FROM XSB;
```

COUNT(*)不需要任何参数。执行结果如图 4.26 所示。

	学生总数
1	23

图 4.26　【例 4.38】①执行结果

② 求选修了课程的学生总人数。

```
SELECT COUNT(DISTINCT 学号) AS 选修了课程的总人数
    FROM CJB;
```

执行结果如图4.27所示。

	选修了课程的总人数
1	21

图4.27 【例4.38】②执行结果

③ 统计"离散数学"课程成绩在85分以上的人数。

```
SELECT COUNT(成绩) AS 离散数学85分以上的人数
    FROM CJB
    WHERE 成绩>=85 AND 课程号=
        ( SELECT 课程号
            FROM KCB
            WHERE 课程名='离散数学'
        );
```

执行结果如图4.28所示。

	离散数学85分以上的人数
1	2

图4.28 【例4.38】③执行结果

2. GROUP BY 子句

GROUP BY 子句用于对表或视图中的数据按字段分组，语法格式为：

```
GROUP BY [ ALL ] <分组表达式> [,…n]
```

分组表达式通常包含字段名。指定 ALL 将显示所有组。使用 GROUP BY 子句后，SELECT 子句的列表只能包含在 GROUP BY 指出的列中或在统计函数指定的列中。

【例4.39】 将 XSB 表的各专业进行输出。

```
SELECT 专业
    FROM XSB
    GROUP BY 专业;
```

执行结果如图4.29所示。

	专业
1	计算机
2	通信工程

图4.29 【例4.39】执行结果

【例4.40】 求 XSB 表中各专业的学生数。

```
SELECT 专业, COUNT(*) AS 学生数
    FROM XSB
    GROUP BY 专业;
```

执行结果如图4.30所示。

	专业	学生数
1	计算机	11
2	通信工程	12

图4.30 【例4.40】执行结果

【例 4.41】　求被选修各门课程的平均成绩和选修该课程的人数。

SELECT 课程号, AVG(成绩) AS 平均成绩,COUNT(学号) AS 选修人数
　　　FROM CJB
　　　GROUP BY 课程号;

执行结果如图 4.31 所示。

	课程号	平均成绩		选修人数
1	101	78.65		20
2	102	77		11
3	206	75.45454545454545454545454545454545454545		11

图 4.31　【例 4.41】执行结果

3. HAVING 子句

使用 GROUP BY 子句和统计函数对数据进行分组后，还可以使用 HAVING 子句对分组数据做进一步的筛选。如查找 XSCJ 数据库中平均成绩在 85 分以上的学生，就是在 CJB 表上按学号分组后筛选出符合平均成绩大于或等于 85 分的学生。

HAVING 子句的语法格式为：

[HAVING <条件表达式>]

HAVING 子句的查询条件与 WHERE 子句类似，不同的是 HAVING 子句可以使用统计函数，而 WHERE 子句不可以。

【例 4.42】　查找 XSCJ 数据库中平均成绩在 85 分以上的学生学号和平均成绩。

SELECT 学号, AVG(成绩) AS 平均成绩
　　　FROM CJB
　　　GROUP BY 学号
　　　HAVING AVG(成绩)>=85;

执行结果如图 4.32 所示。

	学号	平均成绩
1	151110	91.3333333333333333333333333333333333333
2	151203	87
3	151204	91
4	151241	90

图 4.32　【例 4.42】执行结果

在 SELECT 语句中，当 WHERE 子句、GROUP BY 子句与 HAVING 子句都被使用时，要注意它们的作用和执行顺序：WHERE 子句用于筛选由 FROM 指定的数据对象；GROUP BY 子句用于对 WHERE 的结果进行分组；HAVING 子句则是对 GROUP BY 子句以后的分组数据进行过滤。

【例 4.43】　查找选修课程超过两门且成绩都在 80 分以上的学生学号。

SELECT 学号
　　　FROM CJB
　　　WHERE 成绩>=80
　　　GROUP BY 学号
　　　　HAVING COUNT(*) > 2;

执行结果如图 4.33 所示。

	学号
1	151110

图 4.33　【例 4.43】执行结果

查询将 CJB 表中成绩大于或等于 80 分的记录按学号分组，对每组记录计数，选出记录数大于 2 的各组学号值，并形成结果表。

【例 4.44】　查找通信工程专业平均成绩在 85 分以上的学生学号和平均成绩。

```
SELECT  学号,AVG(成绩) AS  平均成绩
    FROM CJB
    WHERE  学号  IN
        ( SELECT  学号
            FROM XSB
            WHERE  专业='通信工程'
        )
    GROUP BY  学号
    HAVING AVG(成绩)>=85;
```

执行结果如图 4.34 所示。

	学号		平均成绩
1	151203		87
2	151204		91
3	151241		90

图 4.34　【例 4.44】执行结果

先执行 WHERE 查询条件中的子查询，得到通信工程专业所有学生的学号集，然后对 CJB 中的每条记录，判断其学号字段值是否在前面所求得的学号集中，若否则跳过该记录，继续处理下一条记录，若是则加入 WHERE 的结果集。对 CJB 筛选完后，按学号进行分组，再在各分组记录中选出平均成绩值大于或等于 85 分的记录形成最后的结果集。

4.2.6　排序

在应用中经常要对查询的结果进行排序输出，如学生成绩由高到低排序。在 SELECT 语句中，使用 ORDER BY 子句对查询结果进行排序，其语法格式为：

```
[ ORDER BY { <排序表达式> [ ASC | DESC ] } [ ,...n ]
```

其中，排序表达式可以是列名、表达式或一个正整数，当表达式是一个正整数时，表示按表中的位置列排序。关键字 ASC 表示升序排列，DESC 表示降序排列，系统默认值为 ASC。

【例 4.45】　将通信工程专业的学生按出生时间先后排序。

```
SELECT *
    FROM XSB
    WHERE  专业='通信工程'
    ORDER BY  出生时间;
```

执行结果如图 4.35 所示。

	学号	姓名	性别	出生时间	专业	总学分	备注
1	151202	王林	男	1996-01-29	通信工程	40	有一门课不及格，待补考
2	151204	马琳琳	女	1996-02-10	通信工程	42	(null)
3	151216	孙祥欣	男	1996-03-19	通信工程	42	(null)
4	151210	李红庆	男	1996-05-01	通信工程	44	已提前修完一门课，并获学分
5	151201	王敏	男	1996-06-10	通信工程	42	(null)
6	151206	李计	男	1996-09-20	通信工程	42	(null)
7	151221	刘燕敏	女	1996-11-12	通信工程	42	(null)
8	151241	罗林琳	女	1997-01-30	通信工程	50	转专业学习
9	151220	吴薇华	女	1997-03-18	通信工程	42	(null)
10	151203	王玉民	男	1997-03-26	通信工程	42	(null)
11	151218	孙研	男	1997-10-09	通信工程	42	(null)
12	151242	周何骏	男	1998-09-25	通信工程	90	辅修计算机专业

图 4.35　【例 4.45】执行结果

【例 4.46】　将计算机专业学生的"计算机基础"课程成绩按降序排列。

```
SELECT 姓名, 成绩
    FROM XSB, KCB, CJB
    WHERE XSB.学号=CJB.学号  AND CJB.课程号= KCB.课程号
        AND 课程名='计算机基础' AND 专业='计算机'
        ORDER BY 成绩 DESC;
```

执行结果如图 4.36 所示。

	姓名	成绩
1	张蔚	95
2	赵琳	91
3	韦严平	90
4	林一帆	85
5	王林	80
6	李明	78
7	张强民	66
8	李方方	65
9	严红	63
10	王燕	62

图 4.36　【例 4.46】执行结果

4.2.7　合并

使用 UNION 子句可以将两个或多个 SELECT 查询的结果合并成一个结果集，其语法格式为：

```
<SELECT 查询语句 1>
UNION [ ALL] <SELECT 查询语句 2>
 [ UNION [ ALL ] <SELECT 查询语句 3> [,…n] ]
```

使用 UNION 组合两个查询结果集的基本规则如下。

（1）所有查询中列数和列的顺序必须相同。

（2）数据类型必须兼容。

其中关键字 ALL 表示合并的结果中包括所有行，不去除重复行。不使用 ALL 则在合并的结果中去除重复行。含有 UNION 的 SELECT 查询也称为联合查询。

【例 4.47】　查找总学分>50 分及学号>151218 的学生信息。

```
SELECT *
    FROM XSB
    WHERE  总学分> 50
    UNION
SELECT *
    FROM XSB
    WHERE  学号>'151218';
```

执行结果如图 4.37 所示。

	学号	姓名	性别	出生时间	专业	总学分	备注
1	151107	李明	男	1997-05-01	计算机	54	提前修完"数据结构"，并获学分
2	151108	林一帆	男	1996-08-05	计算机	52	已提前修完一门课
3	151220	吴薇华	女	1997-03-18	通信工程	42	(null)
4	151221	刘燕敏	女	1996-11-12	通信工程	42	(null)
5	151241	罗林琳	女	1997-01-30	通信工程	50	转专业学习
6	151242	周何骏	男	1998-09-25	通信工程	90	辅修计算机专业

图 4.37　【例 4.47】执行结果

UNION 操作常用于归并数据，如归并月报表、归并各部门数据等。UNION 还可以与 GROUP BY 子句及 ORDER BY 子句一起使用，对合并的结果表进行分组或排序。

4.3　数据库视图

4.3.1　视图的概念

视图是从一个或多个表（或视图）导出的表。例如，虽然学校将学生的情况存储于数据库的一个或多个表中，但作为学校的不同职能部门，所关心的学生数据内容是不同的。即使是同样的数据，也可能有不同的操作要求，于是就可以在物理的数据库上定义不同需求的数据结构，这种根据用户需求定义的数据结构就是视图。

视图与表（基本表）不同，它是一个虚表，即视图所对应的数据并不进行实际存储，数据库中只存储视图的定义，对视图的数据进行操作时，系统将根据视图的定义操作与视图相关联的基本表。

视图可以由以下任意一项组成：一个基本表的任意子集；两个或以上基本表的合集；两个或以上基本表的交集；对一个或多个基本表运算的结果集合；另一个视图的子集。

视图一经定义，就可以像表一样被查询、修改、删除和更新。使用视图的优点如下。

（1）集中数据。当用户所需数据分散于多个表时，定义视图可将它们集中在一起，以方便数据的查询和处理。

（2）屏蔽数据库的复杂性。用户不必了解复杂的数据库中的表结构，并且数据库中表的更改也不影响用户对数据库的使用。

（3）简化用户权限的管理。只需授予用户使用视图的权限，而不必指定用户只能使用表的特定列，同时也增加了安全性。

（4）便于数据共享。用户不必对自己所需的数据都进行定义和存储，可共享数据库的数据，这样同样的数据只需要存储一次。

（5）重新组织数据，以便输出到其他应用程序中。

4.3.2　创建视图

视图在数据库中是作为一个对象来存储的。创建视图前，要保证创建视图的用户已被数据库所有者授权可以使用 CREATE VIEW 语句，并且有权操作视图所涉及的表或其他视图。在 Oracle 11g 数据库中，视图既可以用 SQL Developer 创建，也可以用 CREATE VIEW 语句创建。

1. 使用 SQL Developer 创建视图

在 SQL Developer 中创建视图 CS_XS（描述计算机专业学生情况）的操作步骤如下。

启动 SQL Developer，展开 myorcl 连接，右击"视图"节点选择"新建视图"选项，在"名称"栏中输入视图名 CS_XS，在"SQL 查询"选项页上编辑用于生成该视图的查询语句，如图 4.38 所示，单击"确定"按钮完成视图的创建。

在"视图"节点下选择"视图"中"CS_XS"的"数据"选项卡，可显示视图中的数据，如图 4.39 所示。

图 4.38　创建视图

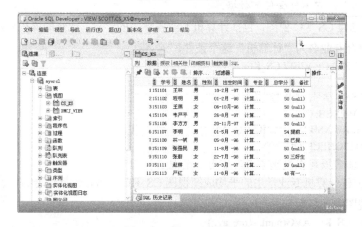

图 4.39　CS_XS 的数据

2. 使用 CREATE VIEW 语句创建视图

CREATE VIEW 语句的语法格式为：

```
CREATE [ OR REPLACE ] [FORCE | NOFORCE] VIEW [<用户方案名>.]<视图名>
        [(<列名>[,...n])]
AS
        <SELECT 查询语句>
        [WITH CHECK OPTION[CONSTRAINT <约束名>]]
        [WITH READ ONLY]
```

相关参数说明如下。

（1）OR REPLACE：表示在创建视图时，如果已经存在同名的视图，则要重新创建。如果没有此关键字，则需将已存在的视图删除后才能创建。在创建其他对象时也可使用此关键字。

（2）FORCE：表示强制创建一个视图，无论视图的基本表是否存在或拥有者是否有权限，创建视图的语句语法都必须是正确的。NOFORCE 则相反，表示不强制创建一个视图，默认为 NOFORCE。

（3）用户方案名：指定将创建的视图所属用户方案，默认为当前登录的账号。

（4）列名：可以自定义视图中包含的列。若使用与源表或视图中相同的列名时，则不必给出列名。

（5）SELECT 查询语句：可在 SELECT 语句中查询多个表或视图，以表明新创建的视图所参照的表或视图。

（6）WITH CHECK OPTION：指出在视图上所进行的修改都要符合 SELECT 语句所指定的限制条件，这样才可确保数据修改后，仍可通过视图查询到修改的数据。如对于 CS_XS 视图，只能修改除了"专业"字段的字段值，而不能把"专业"字段的值改为"计算机"以外的值，以保证仍可通过 CS_XS 查询到修改后的数据。

（7）CONSTRAINT：约束名称，默认值为 SYS_Cn，n 为整数（唯一）。

（8）WITH READ ONLY：规定视图中不能执行删除、插入、更新操作，只能检索数据。

（9）<SELECT 查询语句>：视图的内容就是<SELECT 查询语句>指定的内容，在下列一些情况下，必须指定列的名称。

① 由算术表达式、系统内置函数或者常量得到的列。

② 共享同一个表名连接得到的列。

③ 希望视图的列名与基本表的列名不同。

> 👀 **注意**:
>
> 视图只是逻辑表，它不包含任何数据。

【例 4.48】 创建 CS_KC 视图，包括计算机专业各学生的学号、选修的课程号及成绩。要保证对该视图的修改都符合专业名为"计算机"这个条件。

```
CREATE OR REPLACE VIEW CS_KC
    AS
    SELECT XSB.学号, 课程号, 成绩
        FROM XSB, CJB
        WHERE XSB.学号=CJB.学号  AND  专业='计算机'
        WITH CHECK OPTION;
```

创建视图时，源表既可以是基本表，也可以是视图。

【例 4.49】 创建计算机专业学生的平均成绩视图 CS_KC_AVG，包括学号（在视图中列名为 num）和平均成绩（在视图中列名为 score_avg）。

```
CREATE VIEW CS_KC_AVG(num, score_avg)
    AS
    SELECT 学号, AVG(成绩)
        FROM CS_KC
        GROUP BY 学号;
```

4.3.3 查询视图

视图定义后，就可以如同查询基本表那样对视图进行查询。

【例 4.50】 查找计算机专业的学生学号和选修的课程号。

```
SELECT 学号,课程号
    FROM CS_KC;
```

【例 4.51】 查找平均成绩在 80 分以上的学生学号和平均成绩。

先创建学生平均成绩视图 XS_KC_AVG，包括学号（在视图中列名为 num）和平均成绩（在视图中列名为 score_avg）。

```
CREATE OR REPLACE VIEW XS_KC_AVG ( num,score_avg )
    AS
    SELECT 学号, AVG(成绩)
        FROM CJB
        GROUP BY 学号;
```

再对 XS_KC_AVG 视图进行查询。

```
SELECT *
    FROM XS_KC_AVG
    WHERE score_avg>=80;
```

执行结果如图 4.40 所示。

ITUM	SCORE_AVG
1 151110	91.333333333333333333333333333333333333
2 151201	80
3 151203	87
4 151204	91
5 151216	81
6 151220	82
7 151241	90

图 4.40　【例 4.51】执行结果

从以上两个例子可以看出，创建视图可以向最终用户隐藏复杂的表连接，简化了用户的 SQL 程序设计。视图还可通过在创建视图时指定限制条件和指定列来限制用户对基本表的访问。例如，若限定用户只能查询 CS_XS 视图，实际上就是限制了用户只能访问 XSB 表的计算机专业的学生信息。在创建视图时可以指定列，从而限制了用户只能访问这些列，故视图也可视为数据库的安全设施之一。

使用视图查询时，若其关联的基本表中添加了新字段，则必须重新创建视图才能查询到新字段。例如，若 XSB 表新增了"籍贯"字段，那么在该表上创建的 CS_XS 视图若不重建，则查询如下：

```
SELECT *  FROM CS_XS
```

结果不包含"籍贯"字段。只有重建 CS_XS 视图后再对该表查询，结果才会包含"籍贯"字段。如果与视图相关联的表或视图被删除，则该视图不能再使用。

4.3.4　更新视图

通过更新视图（包括插入、修改和删除操作）数据可以修改基本表数据，但并不是所有的视图都可以更新，只有对满足可更新条件的视图，才能进行更新。

1. 可更新视图

通过视图更新基本表数据时，必须保证视图是可更新视图。可更新视图应满足以下条件：

（1）没有使用连接函数、集合运算函数和组函数；

（2）创建视图的 SELECT 语句中没有聚合函数，且没有 GROUP BY 子句、ONNECT BY 子句、START WITH 子句及 DISTINCT 关键字；

（3）创建视图的 SELECT 语句中不包含从基本表列通过计算所得的列；

（4）创建的视图没有包含只读属性。

例如，前面创建的视图 CS_XS 和 CS_KC 都是可更新视图，而 CS_KC_AVG 视图则是不可更新的。

2. 插入数据

使用 INSERT 语句通过视图向基本表插入数据。

【例 4.52】　向 CS_XS 视图中插入一条记录为 ('151115', '刘明仪', '计算机', 男, '1996-3-2', 50, '三好学生')

```
INSERT INTO CS_XS
    VALUES('151115', '刘明仪', '男', TO_DATE('19960302','YYYYMMDD'), '计算机',50, '三好学生');
```

用 SQL Developer 打开 XSB 表，将会看到该表已添加了学号为 151115 的数据行，如图 4.41 所示。

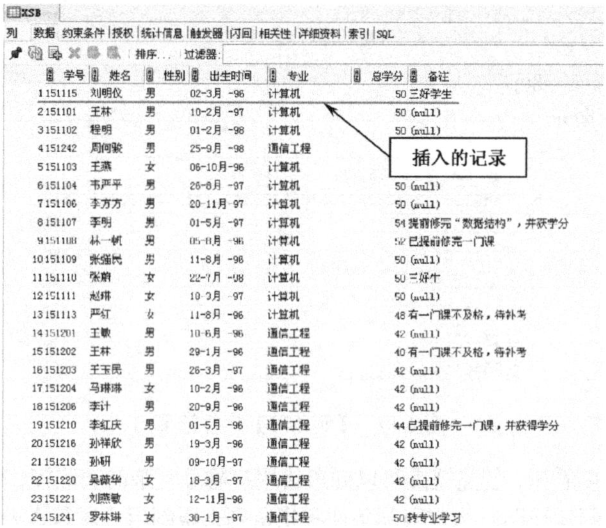

	学号	姓名	性别	出生时间	专业	总学分	备注
1	151115	刘明仪	男	02-3月 -96	计算机	50	三好学生
2	151101	王林	男	10-2月 -97	计算机	50	(null)
3	151102	程明	男	01-2月 -98	计算机	50	(null)
4	151242	周何骏	男	25-9月 -98	通信工程		
5	151103	王燕	女	06-10月-96	计算机		
6	151104	韦严平	男	26-8月 -97	计算机	50	(null)
7	151106	李方方	男	20-11月-97	计算机	50	(null)
8	151107	李明	男	01-5月 -97	计算机	54	提前修完"数据结构"，并获学分
9	151108	林一帆	男	05-8月 -96	计算机	52	已提前修完一门课
10	151109	张强民	男	11-8月 -96	计算机	50	(null)
11	151110	张蔚	女	22-7月 -98	计算机	50	三好生
12	151111	赵琳	女	10-3月 -97	计算机	50	(null)
13	151113	严红	女	11-8月 -96	计算机	48	有一门课不及格，待补考
14	151201	王敏	男	10-6月 -96	通信工程	42	(null)
15	151202	王林	男	29-1月 -96	通信工程	40	有一门课不及格，待补考
16	151203	王玉民	男	26-3月 -97	通信工程	42	(null)
17	151204	马琳琳	女	10-2月 -96	通信工程	42	(null)
18	151206	李计	男	20-9月 -96	通信工程	42	(null)
19	151210	李红庆	男	01-5月 -96	通信工程	44	已提前修完一门课，并获得学分
20	151216	孙祥欣	男	19-3月 -96	通信工程	42	(null)
21	151218	孙研	男	09-10月-97	通信工程	42	(null)
22	151220	吴薇华	女	18-3月 -97	通信工程	42	(null)
23	151221	刘燕敏	女	12-11月-96	通信工程	42	(null)
24	151241	罗林琳	女	30-1月 -97	通信工程	50	转专业学习

图 4.41 向视图中插入记录

当视图所依赖的基本表有多个时，不能向该视图插入数据，因为这将会影响多个基本表。例如，不能向 CS_KC 视图插入数据，因为 CS_KC 依赖于 XSB 和 CJB 两个基本表。

3. 修改数据

使用 UPDATE 语句可以通过视图修改基本表的数据。

【例 4.53】 将 CS_XS 视图中所有学生的总学分增加 8 分。

```
UPDATE CS_XS
    SET 总学分=总学分+ 8;
```

该语句实际上是将 CS_XS 视图所依赖的基本表 XSB 中，所有专业为“计算机”的总学分字段值在原来基础上增加 8 分。

若一个视图依赖于多个基本表，则修改一次该视图只能变动一个基本表的数据。

【例 4.54】 将 CS_KC 视图中学号为 151101 且课程号为 101 的学生成绩改为 90 分。

```
UPDATE CS_KC
    SET 成绩=90
    WHERE 学号='151101' AND 课程号='101';
```

本例中，视图 CS_KC 依赖于 XSB 和 CJB 两个基本表，对 CS_KC 视图的一次修改只能改变学号（源于 XSB 表）或者课程号和成绩（源于 CJB 表）。例如，以下修改是错误的：

```
UPDATE CS_KC
    SET 学号='151120', 课程号='208'
    WHERE 成绩=90;
```

4. 删除数据

使用 DELETE 语句可以通过视图删除基本表的数据。但要注意，对于依赖于多个基本表的视图，不能使用 DELETE 语句。例如，不能通过对 CS_KC 视图执行 DELETE 语句而删除与之相关的 XSB 表及 CJB 表的数据。

【例 4.55】 删除视图 CS_XS 中女学生的记录。

```
DELETE FROM CS_XS
    WHERE 性别='女';
```

4.3.5 修改视图的定义

1. 通过 SQL Developer 修改视图

在"视图"节点下找到要修改的视图，右击选择"编辑"选项，弹出"编辑视图"窗口，在窗口中的"SQL 查询"栏中输入要修改的 SELECT 语句，如图 4.42 所示，在"查看信息"选项页中勾选"创建时强制执行"复选项和"只读"单选项。修改后单击"确定"按钮即可。

图 4.42 修改 CS_XS 视图

2. 使用 SQL 命令修改视图

Oracle 系统提供了 ALTER VIEW 语句，但它不能用于修改视图定义，只能用于重新编译或验证现有的视图。在 Oracle 11g 数据库中，没有单独修改视图的语句，修改视图定义的语句就是创建视图的语句。

只修改视图而不删除和重建视图的好处：所有相关的权限等安全性都依然存在。如果是删除和重建名称相同的视图，那么系统依然会把其作为不同的视图来对待。

【例 4.56】 修改 CS_KC 视图的定义，增加姓名、课程名和成绩字段。

```
CREATE OR REPLACE FORCE VIEW CS_KC
    AS
    SELECT XSB.学号, XSB.姓名, CJB.课程号, KCB.课程名, 成绩
        FROM XSB, CJB, KCB
        WHERE XSB.学号=CJB.学号  AND CJB.课程号=KCB.课程号
                AND  专业='计算机'
        WITH CHECK OPTION;
```

执行结果如图 4.43 所示。

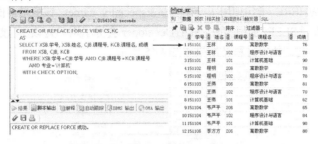

图 4.43 修改 CS_KC 视图

4.3.6 删除视图

如果不再需要某个视图就可以从数据库中删除。删除一个视图，其实就是删除其定义和赋予的全

部权限，删除后也就不能再继续使用基于该视图创建的任何其他视图了。

（1）使用 SQL Developer 删除视图。右击要删除的视图，选择"删除"选项，在弹出的对话框中单击"应用"按钮即可，如图 4.44 所示。

图 4.44　删除视图

（2）使用 SQL 语句删除视图。删除视图可使用 DROP VIEW 语句，其格式为：

DROP VIEW <视图名>

例如：

DROP VIEW CS_KC;

将删除视图 CS_KC。

4.4　含替换变量的查询

在日常工作中，有许多查询的条件不能事先确定，只能在执行时才能根据实际情况来确定，这就客观上要求在查询语句中提供可替换的变量，用来临时存储有关的数据。视查询条件的复杂程度，Oracle 11g 数据库使用了 3 种类型的替换变量。

4.4.1　&替换变量

在 SELECT 语句中，如果某个变量前面使用"&"符号，则表示该变量是一个替换变量。在执行 SELECT 语句时，系统会提示用户为该变量提供一个具体的值。

【例 4.57】　查询 XSCJ 数据库的 XSB 表中某专业的学生情况。

SELECT 学号, 姓名
　　FROM XSB
　　WHERE 专业=&specialty_name;

上面的例子中，WHERE 子句使用了一个变量&specialty_name。该变量前面加上了"&"符号，因此是替换变量。当执行 SELECT 语句时，SQL Developer 会提示用户为该变量赋值。输入"'计算机'"，然后执行该 SELECT 语句。执行过程及结果如图 4.45 所示。

图 4.45　【例 4.57】执行过程及结果

┌───┐
│ ◎◎注意：   │
│ 　替换变量是字符类型或日期类型的数据，输入值必须用单引号括起来。为了在输入数据时不需 │
│ 要输入单引号，也可以在 SELECT 语句中把变量用单引号括起来。   │
└───┘

本例可以使用的 SELECT 语句如下：

SELECT 学号, 姓名
　　　FROM XSB
　　　WHERE 专业='&specialty_name';

为了在执行变量替换之前，显示如何执行替换的值，可以使用 SET VERIFY 命令。

【例 4.58】　查找平均成绩在某个分数线以上的学生学号、姓名和平均成绩。

SET VERIFY ON
SELECT *
　　　FROM XS_KC_AVG
　　　WHERE score_avg>=&score_avg;

当把分数线设定为 80 分时，上面语句执行的过程与结果如图 4.46 所示。

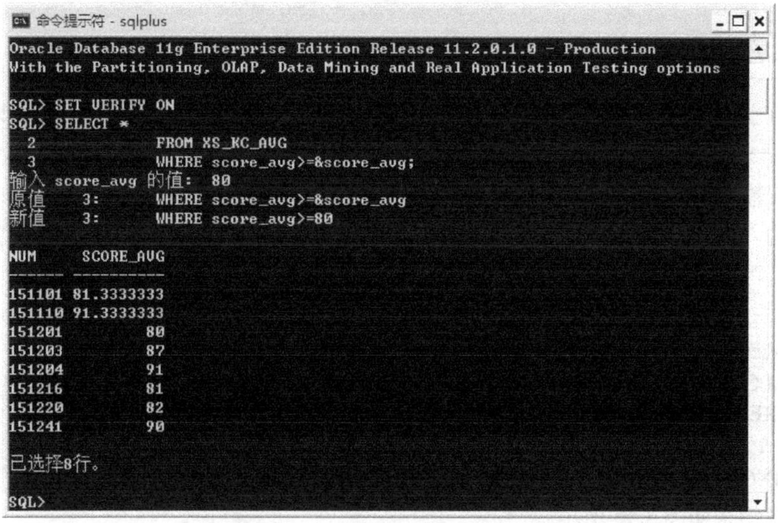

图 4.46　【例 4.58】执行过程与结果

替换变量不仅可以用在 WHERE 子句中，还可以用在下列情况：

（1）ORDER BY 子句；

（2）列表达式；

（3）表名；

（4）整个 SELECT 语句。

【例 4.59】　查找选修"离散数学"课程的学生学号、姓名、课程名及成绩。

SELECT XSB.学号, &name, 课程名, &column
　　　FROM XSB, KCB, CJB
　　　WHERE XSB.学号=CJB.学号　AND &condition
　　　　　　　　AND 课程名=&kcm
　　　ORDER BY & column;

执行过程及结果如图 4.47 所示。

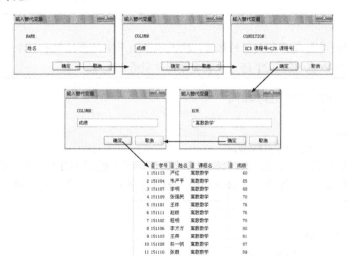

图 4.47 【例 4.59】执行过程及结果

4.4.2 &&替换变量

在 SELECT 语句中，有时希望重复使用某个变量，但又不希望系统重复提示输入该值，如在【例 4.59】中包含了一个变量&column，它出现了两次，如果只是使用 "&" 符号来定义替换变量，那么系统就会提示用户输入两次该变量。本例为该变量提供了相同的值 "成绩"，但如果在输入变量&column 值时，两次的输入不同，则系统会将它作为两个不同的变量解释。为避免输入烦琐或给同一个变量提供不一致的值，可以使用 "&&" 替换变量。

【例 4.60】 查询选修课程超过两门且成绩在 75 分以上的学生学号。

```
SELECT &&column
    FROM CJB
    WHERE 成绩>=75
    GROUP BY &column
    HAVING COUNT(*)>2;
```

执行过程及结果如图 4.48 所示。

图 4.48 【例 4.60】执行过程及结果

4.4.3 DEFINE 命令和 ACCEPT 命令

为了在 SQL 语句中定义变量，还可以使用 DEFINE 命令和 ACCEPT 命令。

（1）DEFINE 命令用来创建一个数据类型为 CHAR 用户定义的变量。相反地，使用 UNDEFINE 命令可以清除定义的变量。语法格式为：

```
DEFINE [<变量名>[=<变量值>]]
```

其中，如果不带任何参数，直接使用 DEFINE 命令，则显示所有用户定义的变量。DEFINE <变量

值>是显示指定变量的值和数据类型。DEFINE <变量名>=<变量值>是创建一个 CHAR 类型的用户变量，且为该变量赋初值。

【例 4.61】　定义一个变量 specialty，并为它赋值"通信工程"。然后，显示该变量信息。

DEFINE specialty=通信工程
DEFINE specialty

执行结果如图 4.49 所示。

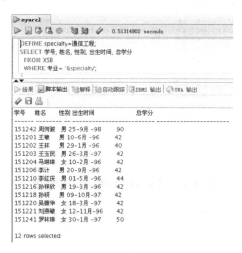

图 4.49　【例 4.61】执行结果

【例 4.62】　查询专业为"通信工程"的学生情况，引用上例中定义的变量 specialty。

SELECT 学号, 姓名, 性别, 出生时间, 总学分
　　FROM XSB
　　WHERE 专业='&specialty';

执行结果如图 4.50 所示。

图 4.50　【例 4.62】执行结果

（2）使用 ACCEPT 命令可以编制一个用户提示，用来提示用户输入指定的数据。在使用 ACCEPT 定义变量时，可以明确地指定该变量的数据类型是 NUMBER 还是 DATE。为了安全性，还可以隐藏用户的输入。语法格式为：

ACCEPT <变量名> [<数据类型>] [FORMAT <格式模式>]
　　[PROMPT <提示文本>] [HIDE]

其中，如果指定接受值的变量名不存在，系统就会自动创建该变量。变量的数据类型可以是 NUMBER、CHAR 和 DATE，默认为 CHAR 类型。FORMAT 关键字指定定义的格式模式。PROMPT 关键字指定在用户输入数据之前显示的提示文本。HIDE 指定是否隐藏用户输入。

【例 4.63】　使用 ACCEPT 定义一个变量 num，且指定提示文本。根据这个变量的值查询选修该课程的学生学号、课程名和成绩。

ACCEPT　num　PROMPT '请输入课程号：'
SELECT 学号,课程名,成绩
　　FROM CJB,KCB

WHERE CJB.课程号=KCB.课程号　AND KCB.课程号='&num'
ORDER BY　成绩;

执行过程及结果如图 4.51 所示。

图 4.51　【例 4.63】执行过程及结果

第5章 索引与数据完整性

当查阅图书时，为了提高查阅速度，并不是从书的第一页开始顺序查找，而是首先查看图书的目录索引，找到需要的内容在目录中所列的页码，然后根据这个页码直接找到需要的章节。在Oracle系统中，为了从数据库大量的数据中迅速找到需要的内容，也采用了类似于图书目录的索引技术。

5.1 索　引

在Oracle 11g数据库中，索引是一种供服务器在表中快速查找每一行的数据库结构。在数据库中建立索引主要有以下作用：

（1）快速存取数据；

（2）既可以改善数据库性能，又可以保证列值的唯一性；

（3）实现表与表之间的参照完整性；

（4）在使用ORDER BY子句、GROUP BY子句进行数据检索时，利用索引可以减少排序和分组的时间。

5.1.1　索引的分类

在关系数据库中，每一行都有一个行的唯一标识RowID，RowID包括该行所在的条件、在文件中的块数和块中的行号。索引中包含一个索引条目，每一个索引条目都有一个键值和一个RowID，其中键值可以是一列或者多列的组合。

（1）索引按存储方法可以分为两类：B*树索引和位图索引。

① B*树索引。B*树索引的存储结构类似图书的索引结构，有分支和叶块两种类型，分支块相当于图书的大目录，叶块相当于索引到具体的页。Oracle系统用B*树（B*-tree）机制存储索引条目，以保证用最短路径访问键值。默认情况下大多使用B*树索引，该索引就是通常所说的唯一索引、逆序索引等。

② 位图索引。位图索引主要用来节省空间，减少Oracle系统对数据块的访问。它采用位图偏移方式来与表的行ID号对应。采用位图索引一般是在重复值太多的表字段情况下。位图索引在实际密集型OLTP（数据事务处理）中用得比较少，因为OLTP会对表进行大量的删除、修改和新建操作，Oracle系统每次进行操作都会对要操作的数据块加锁，所以多人操作时很容易产生数据块锁、等待、甚至死锁的现象。在OLAP（数据分析处理）中应用位图索引有优势，因为OLAP中大部分是对数据库的查询操作，而且一般采用数据仓库技术，所以大量数据采用位图索引时节省空间比较明显。当创建表的命令中包含有唯一性关键字时，不能创建位图索引。创建全局分区索引时也不能选用位图索引。

（2）索引按功能和对象可分为以下六种类型。

① **唯一索引**。唯一索引意味着不会有两行记录相同的索引键值。唯一索引表中的记录没有RowID，所以不能再对其建立其他索引。在Oracle 11g数据库中，要建立唯一索引就必须在表中设置主关键字，建立唯一索引的表只能按照该唯一索引结构排序。

② **非唯一索引**。非唯一索引是指不对索引列的值进行唯一性限制。

③ **分区索引**。分区索引是指索引可以分散存在于多个不同的表空间中，其优点是能够提高数据查询的效率。

④ **未排序索引**。未排序索引也称为正向索引。由于 Oracle 11g 数据库中的行是按升序排序的，因此创建索引时不必指定对其排序，使用默认顺序即可。

⑤ **逆序索引**。逆序索引也称为反向索引。该索引同样保持索引列按顺序排列，但颠倒了已索引的每列字节。

⑥ **基于函数的索引**。基于函数的索引是指索引中的一列或者多列是一个函数或者表达式，索引根据函数或者表达式计算索引列的值，并可以将基于函数的索引创建成为位图索引。

另外，按照索引所包含的列数可以把索引分为单列索引和复合索引。索引列只有一列的索引称为单列索引，对多列同时索引称为复合索引。

5.1.2 使用索引的原则

在正确使用索引的前提下，可以提高检索相应的表速度。当用户考虑在表中使用索引时，应遵循下列一些基本原则。

（1）在表中插入数据后创建索引。在表中插入数据后，创建索引效率将更高。如果在装载数据之前创建索引，那么插入每行时 Oracle 系统都必须更改索引。

（2）索引正确的表和列。如果经常检索的内容少于表中数据的 15% 行，就需要创建索引。为了改善多个表的相互关系，常常使用索引列进行关系连接。

> **注意：**
> 主键和唯一关键字所在的列可自动建立索引，但应该在与之关联表的外部关键字所在的列上创建索引。

（3）合理安排索引列。在 CREATE INDEX 语句中，列的排序会影响查询的性能，通常将最常用的列放在前面。创建一个索引来提高多列查询时，应该清楚地了解这个多列索引对什么列的存取有效、对什么列的存取无效。

例如，当在 A 列、B 列、C 列上创建索引时，实际得到的顺序如下：

A

A、B

A、B、C

所以，可以获得 A 列的索引、A 列和 B 列结合的索引，及 A 列、B 列、C 列结合的索引。不能得到的顺序如下：

B

B、C

C

如果用户经常需要用到的列存取是 B 列、C 列，那么就应该考虑更改索引。

（4）限制表中索引的数量。尽管表可以有任意数量的索引，但是索引越多，在修改表中的数据时对索引进行相应更改的工作量越大，效率也就越低。因此，应及时删除不用的索引。

（5）指定索引数据块空间。创建索引时，索引数据块是用表中现存值填充的，达到 PCTREE 时为止。因此，如果打算将许多行插入到被索引的表中，PCTREE 就应设置得大一些。不能给索引指定 PCTUSED。

（6）根据索引大小设置存储参数。创建索引之前应先估计索引的大小，以便更好地规划和管理磁盘空间。单个索引项的最大值大约是数据块大小的一半。

5.1.3　创建索引

在创建数据库表时，如果表中包含有唯一关键字或主关键字，则 Oracle 11g 数据库可自动为这两种关键字所包含的列建立索引。如果不特别指定，系统将默认该索引定义一个名字。例如，将 XSB 表的"学号"列设置为主关键字，表建立之后，系统就在 XSB 表的"学号"列上建立一个索引。这种方法创建的索引是非排序索引，即正向索引，以 B*树形式存储。

1. 以界面方式创建索引

以 XSB 表的"姓名"列创建索引为例，使用 SQL Developer 创建索引的操作过程如下。

（1）启动 SQL Developer，右击要创建索引的 XSB 表，选择"索引"的"创建索引"选项，如图 5.1 所示。

（2）在弹出的"创建索引"窗口中创建索引，如图 5.2 所示。在"名称"栏中输入索引名称 XSB_NAME_INDEX；在"定义"选项页的"表"栏中选择要创建索引的表，这里为 XSB；在"类型"栏中选择索引的类型，这里选中"普通"单选项表示普通索引，选中"不唯一"单选项表示建立非唯一索引；单击 ➕ 按钮，"索引"栏中将会出现 XSB 表的第一列"学号"，在"列名或表达式"下拉框中选择要添加索引的列为"姓名"，如果要添加复合索引则继续单击 ➕ 按钮进行添加，在"顺序"栏中可以选择索引按升序排列还是降序排列。

图 5.1　"创建索引"子菜单项　　　　　　图 5.2　"创建索引"窗口

（3）所有选项设置完后，单击"确定"按钮完成索引的创建，然后单击 XSB 表，在"索引"选项页中可以看到新创建的索引 XSB_NAME_INDEX，如图 5.3 所示。

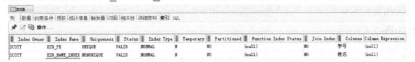

图 5.3　索引创建成功

2. 以命令方式创建索引

使用 SQL 命令可以灵活方便地创建索引。在使用 SQL 命令创建索引时，必须满足下列条件之一。

● 索引的表或簇必须在自己的模式中;
● 必须在要索引的表上具有 INDEX 权限;
● 必须具有 CREATE ANY INDEX 权限。

语法格式为:

```
CREATE [UNIQUE | BITMAP] INDEX        /*索引类型*/
        [<用户方案名>.]<索引名>
    ON   <表名>(<列名> | <列名表达式> [ASC | DESC] [,...n])
    [LOGGING | NOLOGGING]             /*指定是否创建相应的日志记录*/
    [COMPUTE STATISTICS]              /*生成统计信息*/
    [COMPAESS | NOCOMPRESS]           /*对复合索引进行压缩*/
    [TABLESPACE <表空间名>]            /*索引所属表空间*/
    [SORT | NOSORT]                   /*指定是否对表进行排序*/
    [REVERSE]
```

相关参数说明如下。

(1) UNIQUE:指定索引所基于的列(或多列)值必须唯一。默认索引是非唯一索引。Oracle 系统建议不要在表上显式定义 UNIQUE 索引。

(2) BITMAP:指定创建位图索引而不是 B*索引。位图索引保存的行标识符与作为位映射的键值有关。位映射中的每一位都对应于一个可能的行标识符,位设置意味着具有对应行标识符的行包含该键值。

(3) <用户方案名>:表示包含索引的方案。若忽略则 Oracle 系统在自己的方案中创建索引。

(4) ON 子句:在指定表的列中创建索引,ASC 和 DESC 分别表示升序索引和降序索引。

(5) <列名表达式>:用指定表的列、常数、SQL 函数和自定义函数创建的表达式,用于创建基于函数的索引。指定列名表达式后用基于函数的索引查询时,必须保证查询该列名表达式不为空。

(6) LOLOGGING | NOLOGGING:LOGGING 选项规定在创建索引时,应创建相应的日志记录,NOGGING 选项则表示创建索引时不产生重做日志信息,默认为 LOGGING。

(7) COMPUTE STATISTICS:表示在创建索引时直接生成索引的统计信息,这样可以避免以后对索引进行分析操作。

(8) COMPAESS | NOCOMPRESS:对于复合索引,如果指定了 COMPRESS 选项,则可以在创建索引时对重复的索引值进行压缩,以节省索引的存储空间,但对索引进行压缩后将会影响索引的使用效率,其默认为 NOCOMPRESS。

(9) SORT | NOSORT:默认情况下,Oracle 系统在创建索引时会对表中的记录进行排序,如果表中的记录已经按照顺序排序,则可指定 NOSORT 选项,这样可以省略创建索引时对表进行的排序操作,加快索引的创建速度。但若索引列或多列的行不按顺序保存,Oracle 系统就会返回错误,默认为 SORT。

(10) REVERSE:指定以反序索引块的字节,不包含行标识符。NOSORT 不能与该选项一起指定。

【例 5.1】 为 KCB 表的课程名列创建索引。

```
CREATE INDEX kcb_name_idx
    ON KCB(课程名);
```

执行结果如图 5.4 所示。

Index Owner	Index Name	Uniqueness	Status	Index Type	Temporary	Partitioned	Function Index Status	Join Index	Columns	Column Expression
SCOTT	KCB_PK	UNIQUE	VALID	NORMAL	N	NO	(null)	NO	课程号	(null)
SCOTT	KCB_NAME_IDX	NONUNIQUE	VALID	NORMAL	N	NO	(null)	NO	课程名	(null)

图 5.4 【例 5.1】执行结果

【例 5.2】　根据 XSB 表的姓名列和出生时间列创建复合索引。

```
CREATE INDEX XSB_ind
       ON XSB(姓名, 出生时间);
```

执行结果如图 5.5 所示。

Index Owner	Index Name	Uniqueness	Status	Index Type	Temporary	Partitioned	Function Index Status	Join Index	Columns	Column Expression
SCOTT	XSB_PK	UNIQUE	VALID	NORMAL	N	NO	(null)	NO	学号	(null)
SCOTT	XSB_IND	NONUNIQUE	VALID	NORMAL	N	NO	(null)	NO	姓名, 出...	(null)
SCOTT	XSB_NAME_INDEX	NONUNIQUE	VALID	NORMAL	N	NO	(null)	NO	姓名	(null)

图 5.5　【例 5.2】执行结果

> 👀 **注意：**
> 对于已经创建了索引的列或组合列，不能在同一列上再创建其他索引。

5.1.4　维护索引

创建索引之后，还需要经常进行修改维护。索引的修改维护操作包括改变索引的物理和存储特征值、为索引添加空间、收回索引所占的空间、重新创建索引等。

1. 以界面方式维护索引

右击 XSB 表选择"编辑"选项，在"编辑表"窗口左边选择"索引"选项，并在中间"索引"框中选中要维护的索引，在右边"索引属性"组中修改索引的信息，单击"确定"按钮后完成修改，如图 5.6 所示。

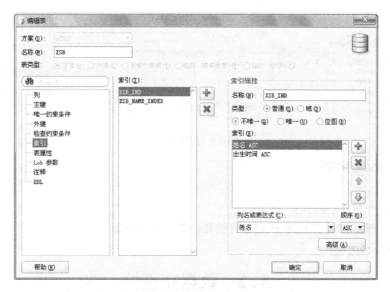

图 5.6　维护修改索引

2. 以命令方式维护索引

使用 ALTER INDEX 命令维护索引必须在操作者自己的模式中，或者操作者拥有 ALTER ANY INDEX 系统权限。ALTER INDEX 语句的语法格式为：

```
ALTER INDEX [<用户方案名>.]<索引名>
[LOGGING | NOLOGGING]
```

```
[TABLESPACE <表空间名>]
[SORT | NOSORT]
[REVERSE]
[RENAME TO <新索引名>]
```

说明： RENAME TO 子句用于修改索引的名称，其余选项与 CREATE INDEX 语句中相同。

【例 5.3】 重命名索引 kcb_name_idx。

```
ALTER INDEX kcb_name_idx
    RENAME TO kcb_idx;
```

执行结果如图 5.7 所示。

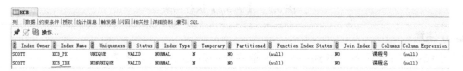

图 5.7 【例 5.3】执行结果

5.1.5 删除索引

1. 以界面方式删除索引

在 SQL Developer 中，右击索引所在的表，选择"索引"的"删除"选项，在弹出的"删除"窗口中选择要删除的索引，如图 5.8 所示，单击"应用"按钮即可。

图 5.8 删除索引

2. 以命令方式删除索引

语法格式为：

```
DROP INDEX [<用户方案名>.]<索引名>
```

【例 5.4】 删除 XSCJ 数据库中 XSB 表的复合索引 XSB_ind。

```
DROP INDEX XSB_ind;
```

5.2 数据完整性

Oracle 系统使用完整性约束防止不合法的数据进入到基本表中。管理员和开发人员可以定义完整性规则，以增强商业规则，限制数据表中的数据。如果一个 DML 语句执行的任何结果破坏了完整性约束，Oracle 系统就会回滚语句，返回错误信息。

例如，假设在 KCB 表的"开课学期"列上定义了完整性约束，要求该列的值只能是 1～8。当 INSERT 语句或者 UPDATE 语句向该列插入大于 8 的值，则 Oracle 系统将回滚语句，并返回错误信息。

使用完整性约束有以下优势：

（1）在数据库应用的代码中增强了商业规则；

（2）使用存储过程，可完整控制对数据的访问；

（3）增强了触发存储数据库过程的商业规则。

在定义完整性约束时，一般使用 SQL 语句。当定义和修改完整性约束时，不需要额外编程。SQL 语句很容易编写，可减少编程错误，Oracle 系统能够控制其功能。为此，推荐使用应用代码和数据库触发器声明完整性约束，这比使用存储过程声明要好。

完整性规则定义在表上，存储在数据字典中。应用程序的任何数据都必须满足表的相同的完整性约束。通过将商业规则从应用代码中移到中心完整性约束，数据库的表能够保证存储合法的数据，并需要了解数据库应用是如何操纵信息的。存储过程不能提供表的中心规则。数据库触发器可以提供这些好处，但是实现的复杂性要远远大于完整性约束。

如果通过完整性约束增强的商业规则改变了，管理员只需修改完整性约束，所有的应用就会自动与修改后的约束保持一致。相反，如果使用应用增强商业规则，开发人员则需要修改所有代码，并重新编译、调试和测试修改后的应用程序。

Oracle 系统将每个完整性约束的特定信息存储在数据字典中，可以使用这些信息设计数据库应用，为完整性约束提供当前的用户反馈。

5.2.1 数据完整性的分类

数据完整性就是指数据库中的数据在逻辑上的一致性和准确性。一般情况下，可以把数据完整性分成三种类型：域完整性、实体完整性和参照完整性。

1. 域完整性

域完整性又称列完整性，指一个数据集对某一个列是否有效和确定是否允许空值。域完整性通常是使用有效性检查来实现的，还可以通过限制数据类型、格式或者可能的取值范围来实现。例如，对于数据库 XSCJ 的 KCB 表，课程的学分应在 0～10 分，为了对学分这一数据项输入的数据范围进行限制，可以在定义 KCB 表的同时定义学分列的约束条件以达到此目的。

2. 实体完整性

实体完整性又称行完整性，要求表中的每一行都有一个唯一的标识符，这个标识符就是主关键字，如居民身份证号是唯一的，这样才能唯一地确定某一个人。通过索引、UNIQUE 约束、PRIMARY KEY 约束可实现数据的实体完整性。对于 XSCJ 数据库中的 XSB 表，"学号"作为主关键字，每一个学生的学号能唯一地标识该学生对应的行记录信息，那么在输入数据时，就不能有相同学号的行记录，通过对"学号"这个字段建立主键约束可实现 XSB 表的实体完整性。

3. 参照完整性

参照完整性又称引用完整性，它保证主表与从表（被参照表）中数据的一致性。在 Oracle 11g 数据库中，参照完整性是通过定义外键（FOREIGN KEY）与主键（PRIMARY KEY）之间的对应关系实现的。如果在被引用表中的一行被某外关键字引用，那么这一行既不能被删除，也不能修改主关键字。参照完整性应确保键值在所有表中的一致性。

主键是指在表中能唯一标识表的每个数据行的一个或多个表列。外键是指如果一个表中的一个或若干个字段的组合是另一个表的主键，则称该字段或字段组为该表的外键。

例如，对于 XSCJ 数据库中 XSB 表的每一个学号，在 CJB 表中都有相关的课程成绩记录，将 XSB

作为主表，"学号"字段定义为主键，CJB 作为从表，表中的"学号"字段定义为外键，从而建立主表和从表之间的联系实现参照完整性。XSB 和 CJB 表的对应关系如表 5.1 和表 5.2 所示。

表 5.1   XSB 表

主键 ⇩

学　号	姓　名	性　别	出 生 时 间	专　业	…
151101	王林	男	1997-02-10	计算机	…
151103	王燕	女	1996-10-06	计算机	…
151108	林一帆	男	1996-08-05	计算机	…

外键 ⇩

表 5.2   CJB 表

学　号	课 程 号	成　绩
151101	101	80
151101	102	78
151101	206	76
151103	101	62
151103	102	70
151108	101	85

一旦定义了两个表之间的参照完整性，则有如下要求。

（1）从表不能引用不存在的键值。例如，对于 CJB 表中行记录出现的学号必须是 XSB 表中已存在的学号。

（2）如果主表中的键值更改了，那么在整个数据库中，对从表中该键值的所有引用都要进行一致的更改。例如，如果对 XSB 表中的某个学号进行了修改，则对 CJB 表中所有对应学号也要进行相应的修改。

（3）如果主表中没有关联的记录，则不能将记录添加到从表中。

（4）如果要删除主表中的某条记录，应先删除从表中与该记录匹配的相关记录。

完整性约束是通过限制列数据、行数据和表之间数据来保证数据完整性的有效方法，约束是保证数据完整性的标准方法，每一种数据完整性类型都可以由不同的约束类型来保障，约束能确保有效的数据输入到列中并维护表与表之间的关系，如表 5.3 所示。

表 5.3   不同类型的完整性约束

约 束 类 型	描　　述
NOT NULL	指定表中某个列不允许空值，必须为该列提供值
UNIQUE	使某个列或某些列的组合唯一，防止出现冗余值
PRIMARY KEY	使某个列或某些列的组合唯一，也是表的主关键字
FOREIGN KEY	使某个列或某些列为外关键字，其值与本表或者另表的主关键字匹配，实现引用完整性
CHECK	指定表中的每一行数据必须满足的条件

4．完整性约束的状态

在 Oracle 系统中，完整性约束有四种状态。

（1）禁止的非校验状态。表示该约束是不起作用的，即使该约束定义依然存储在数据字典中。

（2）禁止的校验状态。表示对约束列的任何修改都是禁止的。这时该约束上的索引都被删除，约束也被禁止，但仍然可以向表中有效地添加数据，即使这些数据与约束有冲突也没关系。

（3）允许的非校验状态或强制状态。该状态可以向表中添加数据，但是与约束有冲突的数据不能添加。如果表中已存在的数据与约束冲突，这些数据依然可以存在。

（4）允许的校验状态。表示约束处于正常的状态。这时表中所有数据（无论是已有的还是新添加的）都必须满足约束条件。

从事务处理的角度来看，约束也可分延迟约束和非延迟约束。非延迟约束也称为立即约束，这种约束会在每一条 DML 语句结束时强制检查。如果某条语句的操作与约束定义有冲突，那么系统就会立即取消操作；如果是延迟约束，则所有数据的操作只能是在该事务提交到数据库时才会执行约束检查；若在事务提交时检测到与约束冲突，那么该事务中的所有操作都会被取消，这种约束对于那些具有外键关系的父表和子表来说特别有用。

5.2.2 域完整性的实现

Oracle 系统可以通过 CHECK 约束实现域完整性。CHECK 约束实际上是字段输入内容的验证规则，表示这个字段的输入内容必须满足 CHECK 约束的条件；若不满足则数据无法正常输入。

1. 以界面方式操作 CHECK 约束

在 XSCJ 数据库的 CJB 表中，学生每门功课的成绩为 0～100 分，如果对用户的输入数据施加这个限制，则需要创建 CHECK 约束，其操作过程如下。

右击 CJB 表，选择"约束条件"的"添加检查"选项，如图 5.9 所示，弹出"添加检查"窗口，在"约束条件名称"栏中输入约束名 CH_CJ，并在"检查条件"栏中输入 CHECK 约束的条件"成绩>=0 AND 成绩<=100"，完成后单击"应用"按钮完成 CHECK 约束的创建。

图 5.9　创建 CHECK 约束

如果要修改或删除已经创建的 CHECK 约束，可右击 CJB 表选择"编辑"选项，进入"检查约束条件"选项页面中，如图 5.10 所示。

图 5.10　修改或删除 CHECK 约束

在该页面中，单击"添加"按钮可以添加一个新的 CHECK 约束，选择一个约束后可以在"名称"和"条件"栏中修改约束，单击"删除"按钮可删除这个 CHECK 约束。

2. 以命令方式操作 CHECK 约束

（1）在创建表时创建约束

语法格式为：

```
CREATE TABLE <表名>
(      <列名> <数据类型> [DEFAULT <默认值>] [NOT NULL | NULL]
            [CONSTRAINT <CHECK 约束名>] CHECK(<CHECK 约束表达式)        /*定义为列的约束*/
       [,…n]
       [CONSTRAINT <CHECK 约束名>] CHECK(<CHECK 约束表达式)            /*定义为表的约束*/
)
```

说明： CONSTRAINT 关键字用于为 CHECK 约束定义一个名称，如果省略则系统自动为其定义一个名称。CHECK 表示定义 CHECK 约束，其后表达式为逻辑表达式，称为 CHECK 约束表达式。如果直接在某列的定义后面定义 CHECK 约束，则 CHECK 约束表达式中只能引用该列，不能引用其他列。如果需要引用不同的列，则必须在所有的列定义完成后再定义 CHECK 约束。

【例 5.5】 定义 KCB2 表，同时定义其"学分"列的约束条件。

```
CREATE TABLE KCB2
(
       课程号          char(3)          NOT NULL,
       课程名          char(16)         NOT NULL,
       开课学期        number(1)        NULL,
       学时            number(2)        NULL,
       学分            number(1)        CHECK (学分>=0 AND  学分<=10) NOT NULL
                                                        /*定义为列的约束*/
);
```

执行结果如图 5.11 所示。

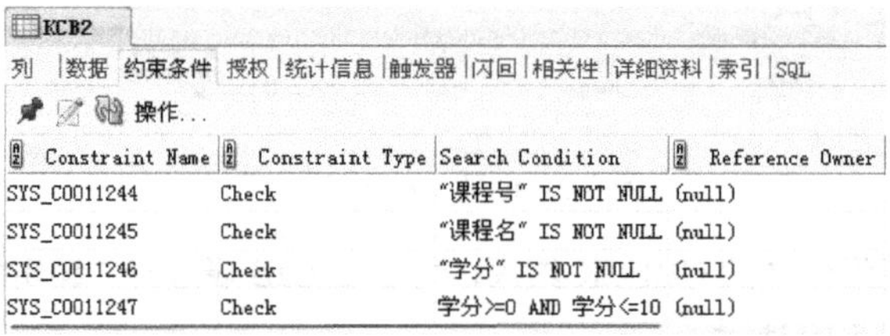

图 5.11   【例 5.5】执行结果

【例 5.6】 在 XSCJ 数据库中创建 books 表，其中包含所有的约束定义。

```
CREATE TABLE books
(
       book_id          number(10),
       book_name        varchar2(50)     NOT NULL,
       book_desc        varchar2(50)     DEFAULT 'New book',
       max_lvl          number(3,2)      NOT NULL,
       trade_price      number(4,1)      NOT NULL,
       CONSTRAINT ch_cost CHECK(max_lvl<=250)          /*定义为表的约束*/
);
```

执行结果如图 5.12 所示。

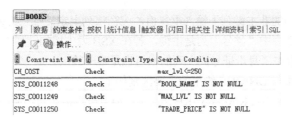

图 5.12　【例 5.6】执行结果

（2）在修改表时创建约束

语法格式为：

ALTER TABLE <表名>
　　ADD(CONSTRAINT <CHECK 约束名> CHECK(<CHECK 约束表达式>))

说明：ADD CONSTRAINT 表示在已定义的表中增加一个约束定义。

【例 5.7】　通过修改 XSCJ 数据库的 books 表，增加 trade_price（批发价）字段的 CHECK 约束。

ALTER TABLE books
　　ADD(CONSTRAINT ch_price CHECK(trade_price<=250));

执行结果如图 5.13 所示。

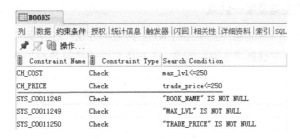

图 5.13　【例 5.7】执行结果

（3）删除约束

语法格式为：

ALTER TABLE <表名>
　　DROP CONSTRAINT <CHECK 约束名>

说明：该语句在指定的表中，删除名为指定名称的 CHECK 约束。

【例 5.8】　删除 XSCJ 数据库的 books 表中"批发价"字段的 CHECK 约束。

ALTER TABLE books
　　DROP CONSTRAINT ch_price;

5.2.3　实体完整性的实现

如前所述，表中应有单列或多列的组合，其值能唯一标识表中的每一行，选择这样的单列或多列作为主键可实现表的实体完整性。

一个表只能有一个 PRIMARY KEY（主键）约束，而且 PRIMARY KEY 约束中的列不能取空值。由于 PRIMARY KEY 约束能确保数据的唯一，所以经常用来定义标识列。当为表定义 PRIMARY KEY 约束时，Oracle 11g 数据库为主键列创建唯一索引，实现数据的唯一性，在查询中使用主键时，该索引可用来对数据进行快速访问。如果 PRIMARY KEY 约束是由多列组合定义的，则某一列的值可以重复，但 PRIMARY KEY 约束定义中所有列的组合值必须唯一。

如果要确保一个表中的非主键列不输入重复值,应在该列上定义唯一约束(UNIQUE 约束)。例如,XSCJ 数据库的 XSB 表中"学号"列是主键,若在 XSB 表中增加一列"身份证号码",就可以定义一个唯一约束来要求表中"身份证号码"列的取值也是唯一的。

PRIMARY KEY 约束与 UNIQUE 约束的主要区别如下。

(1)一个表只能创建一个 PRIMARY KEY 约束,但可根据需要对不同的列创建若干个 UNIQUE 约束。

(2)PRIMARY KEY 字段的值不允许为 NULL,而 UNIQUE 字段的值可取 NULL。

PRIMARY KEY 约束与 UNIQUE 约束的相同点是:两者均不允许表中对应字段存在重复值;在创建 PRIMARY KEY 约束与 UNIQUE 约束时会自动产生索引。

对于 PRIMARY KEY 约束与 UNIQUE 约束来说,都是由索引强制实现的。在实现 PRIMARY KEY 约束与 UNIQUE 约束时,其过程如下。

(1)如果禁止该约束,则不创建索引。

(2)如果约束是允许的,且约束中的列是某个索引的一部分,则该索引用来强制约束。

(3)如果约束是允许的,且约束中的列都不是某个索引的一部分,那么按照下面的规则创建索引。

① 如果约束是可延迟的,则在这种约束的列上创建一个非唯一性索引。

② 如果约束是非可延迟的,则创建一个唯一性索引。

1. 以界面方式操作主键及唯一约束

使用 SQL Developer 创建和删除 PRIMARY KEY 约束的方法:右击要创建约束的表,选择"编辑"选项,并在"编辑表"窗口中选择"主键"选项,在右边页面中选择要添加或删除的主键列,如图 5.14 所示。

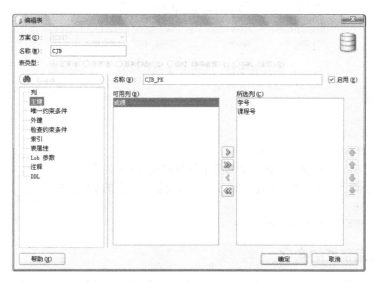

图 5.14 创建 PRIMARY KEY 约束

创建和删除 UNIQUE 约束的方法:在"编辑表"窗口中选择"唯一约束条件"选项,单击窗口右侧的"添加"按钮,在"名称"栏中填写 UNIQUE 约束的名称,在"可用列"栏中选择要添加 UNIQUE 约束的列后,单击 按钮,将其添加到"所选列"栏中,单击"确定"按钮完成添加,如图 5.15 所示。如果要删除 UNIQUE 约束,在"唯一约束条件"栏中选中要删除的约束名后单击"删除"按钮即可。

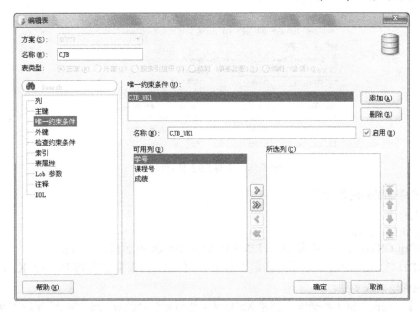

图 5.15　创建 UNIQUE 约束

2. 命令方式操作主键及唯一约束

（1）创建表的同时创建约束

语法格式为：

```
CREATE TABLE <表名>                                      /*指定表名*/
    (<列名> <数据类型> [NULL |NOT NULL]                    /*定义字段*/
        {[CONSTRAINT <约束名>]                            /*定义约束名*/
            PRIMARY KEY | UNIQUE    }                    /*定义约束类型*/
        [,...n]
    [, [CONSTRAINT <约束名>] {PRIMARY KEY | UNIQUE}(<列名>,[,...n]) ]
]
)
```

在上面语法中，通过关键字 PRIMARY KEY、UNIQUE 指定所创建的约束类型。可以在某列的后面定义该列为 PRIMARY KEY 或 UNQUE 约束，也可以在所有的列定义完成后定义，但需要提供要定义约束的列或组合。

【例 5.9】　对 XSCJ 数据库的 XSB2 表中"学号"字段创建 PRIMARY KEY 约束，并对"身份证号"字段定义 UNIQUE 约束。

```
CREATE TABLE XSB2
(
    学号       char(6)        NOT NULL CONSTRAINT PK_XH PRIMARY KEY,
    姓名       char(8)        NOT NULL,
    身份证号   char(20)       NOT NULL CONSTRAINT UN_ID UNIQUE,
    性别       char(2)        DEFAULT '1' NOT NULL,
    出生时间   date           NOT NULL,
    专业       char(12)       NULL,
    总学分     number(2)      NULL,
    备注       varchar2(200)  NULL
);
```

执行结果如图 5.16 所示。

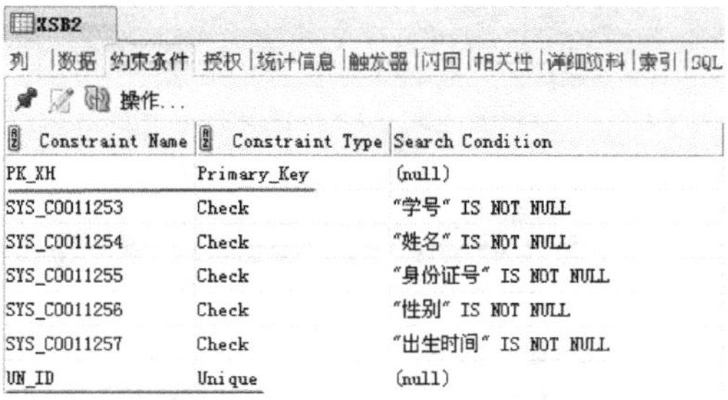

Constraint Name	Constraint Type	Search Condition
PK_XH	Primary_Key	(null)
SYS_C0011253	Check	"学号" IS NOT NULL
SYS_C0011254	Check	"姓名" IS NOT NULL
SYS_C0011255	Check	"身份证号" IS NOT NULL
SYS_C0011256	Check	"性别" IS NOT NULL
SYS_C0011257	Check	"出生时间" IS NOT NULL
UN_ID	Unique	(null)

图 5.16 【例 5.9】执行结果

（2）**通过修改表来创建约束**

语法格式为：

```
ALTER TABLE <表名>
    ADD([CONSTRAINT <约束名>] {PRIMARY KEY | UNIQUE} (<列名>[,…n])
```

说明：ADD CONSTRAINT 表示对指定表增加一个约束，约束类型为 PRIMARY KEY 或 UNIQE。索引字段可包含单列或多列。

【例 5.10】 先在 XSCJ 数据库中创建 XSB3 表，然后通过修改表，对“学号”字段创建 PRIMARY KEY 约束，对“身份证号”字段创建 UNIQUE 约束。

```
CREATE TABLE XSB3
(
        学号      char(6)         NOT NULL,
        姓名      char(8)         NOT NULL,
        身份证号  char(20)        NOT NULL,
        性别      char(2)         DEFAULT '1' NOT NULL,
        出生时间  date            NOT NULL,
        专业      char(12)        NULL,
        总学分    number(2)       NULL,
        备注      varchar2(200) NULL
);
ALTER TABLE XSB3
        ADD(PRIMARY KEY(学号));
ALTER TABLE XSB3
        ADD(CONSTRAINT UN_XS UNIQUE(身份证号));
```

执行结果如图 5.17 所示。

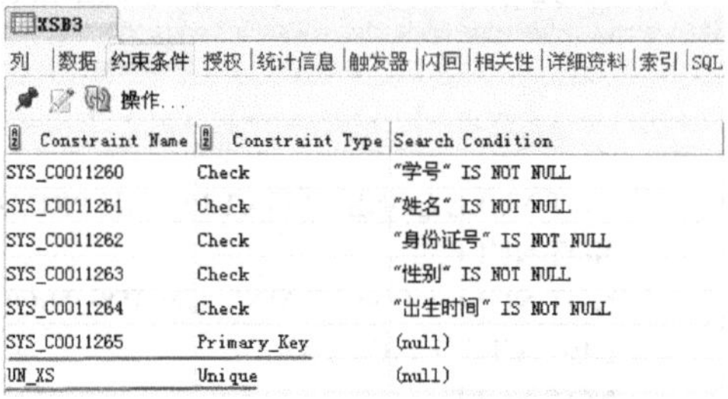

Constraint Name	Constraint Type	Search Condition
SYS_C0011260	Check	"学号" IS NOT NULL
SYS_C0011261	Check	"姓名" IS NOT NULL
SYS_C0011262	Check	"身份证号" IS NOT NULL
SYS_C0011263	Check	"性别" IS NOT NULL
SYS_C0011264	Check	"出生时间" IS NOT NULL
SYS_C0011265	Primary_Key	(null)
UN_XS	Unique	(null)

图 5.17 【例 5.10】执行结果

（3）**删除约束**

删除 PRIMARY KEY 或 UNIQUE 约束主要通过 ALTER TABLE 语句的 DROP 子句进行。

语法格式为：

ALTER TABLE <表名>
　　DROP CONSTRAINT <约束名>[,…n];
【例 5.11】　删除 XSB3 的 UN_XS 约束。
ALTER TABLE XSB3
　　DROP CONSTRAINT UN_XS;

5.2.4　参照完整性的实现

对两个相关联的表（主表与从表）进行数据插入和删除时，通过参照完整性保证它们之间数据的一致性。利用 FOREIGN KEY 定义从表的外键，PRIMARY KEY 约束定义主表中的主键（不允许为空），可实现主表与从表之间的参照完整性。

定义表间参照关系，可先定义主键，再对从表定义外键约束（根据查询的需要可先对从表的该列创建索引）。

对于 FOREIGN KEY 约束来说，在创建时应该考虑以下因素。

（1）删除主表之前，必须删除 FOREIGN KEY 约束。

（2）如果不删除或禁止 FOREIGN KEY 约束，则不能删除主表。

（3）删除包含主表的表空间之前，必须先删除 FOREIGN KEY 约束。

1. 以界面方式操作表间的参照关系

例如，建立 XSB 表和 CJB 表之间的参照完整性，其操作步骤如下。

选择 CJB 表，右击选择"编辑"选项，并在"编辑表"窗口中选择"外键"选项，如图 5.18 所示。单击"添加"按钮，在"名称"栏中输入约束名称，在"引用表"下拉列表栏中选择外键所对应的 XSB 表，"关联"栏显示用于创建外键的关联列，可以在下拉列表中进行修改，单击"确定"按钮完成创建。

图 5.18　创建 FOREIGN KEY 约束

如果要删除 FOREIGN KEY 约束，可在图 5.18 所示的窗口中选择该约束，单击"删除"按钮即可。

2. 以命令方式操作表间的参照关系

创建主键（PRMARY KEY 约束）的方法已介绍了，在此将介绍通过 SQL 命令创建外键的方法。

（1）在创建表的同时定义外键约束

语法格式为：

CREATE TABLE <从表名>

(　　　<列定义> [CONSTRAINT <约束名>] REFERENCES <主表名>[(<列名> [,...n])]

　　　[,...n]

　　　[[CONSTRAINT <约束名>] [FOREIGN KEY (<列名> [,...n])] **<参照表达式>**]]

);

其中：

<参照表达式>::=

　　　REFERENCES <主表名>[(<列名> [,...n])]

　　　[ON DELETE { CASCADE | SET NULL }]

说明： 关键字 REFERENCES 指明该字段为外键，和主键一样外键也可以定义为列的约束或表的约束。如果定义为列的约束，则直接在列定义的后面使用 REFERENCES 关键字指定与主表的主键或唯一键对应，主表中主键或唯一键的列名在主表名后面的括号中指定。主键的列名、数据类型和外键的列名、数据类型必须相同；如果定义的外键列为多列，则必须在所有的列定义完成后，再使用 FOREIGN KEY 关键字定义外键，并在后面包含要定义的列。

定义外键时还可以指定如下两种参照动作：ON DELETE CASCADE 表示从主表删除数据时自动删除从表中匹配的行；ON DELETE SET NULL 表示从主表删除数据时，设置从表中与之对应的外键列为 NULL。如果没有指定动作，则在删除主表数据时被禁止（违反外键约束）。

【例 5.12】 　创建 stu 表，要求表中所有的学生学号都必须出现在 XSB 表中。

CREATE TABLE stu

(

　　　学号　　　　char(6)　　　NOT NULL REFERENCES XSB (学号),

　　　姓名　　　　char(8)　　　NOT NULL,

　　　出生时间　date　NULL

);

执行结果如图 5.19 所示。

Constraint Name	Constraint Type	Search Condition	Reference Owner	Referenced Table	Reference Constraint Name	Delete Rule
SYS_C0011268	Check	"学号" IS NOT NULL	(null)	(null)	(null)	(null)
SYS_C0011269	Check	"姓名" IS NOT NULL	(null)	(null)	(null)	(null)
SYS_C0011270	Foreign_Key	(null)	SCOTT	XSB	XSB_PK	NO ACTION

图 5.19　【例 5.12】执行结果

【例 5.13】 　创建 point 表，要求表中所有的学号、课程号组合都必须出现在 CJB 表中，并且当删除 CJB 表中的记录时，同时删除 point 表中与主键对应的记录。

CREATE TABLE point

(

　　　学号　　　　char(6)　　　NOT NULL,

　　　课程号　　　char(3)　　　NOT NULL,

　　　成绩　　　　number(2)　　NULL,

　　　CONSTRAINT FK_point FOREIGN KEY (学号,课程号) REFERENCES CJB (学号,课程号)

　　　　　ON DELETE CASCADE

);

执行结果如图 5.20 所示。

图 5.20 【例 5.13】执行结果

（2）通过修改表定义外键约束

语法格式为：

```
ALTER TABLE <表名>
    ADD CONSTRAINT <约束名>
        FOREIGN KEY( <列名>[,…n])
        REFERENCES <主表名>(<列名>[,…n]) <参照表达式>
```

该语句中的语法选项意义与之前使用 CREATE TABLE 语句定义外键约束的语法格式相同。

【例 5.14】 假设 XSCJ 数据库中的 KCB 表为主表，KCB 的"课程号"字段已定义为主键。CJB 表为从表，将 CJB 的"课程号"字段定义为外键，其示例如下：

```
ALTER TABLE CJB
    ADD CONSTRAINT FK_KC FOREIGN KEY(课程号)
        REFERENCES KCB(课程号);
```

执行结果如图 5.21 所示。

图 5.21 【例 5.14】执行结果

（3）删除表间的参照关系

删除表间的参照关系，实际上删除从表的外键约束即可。语法格式与前面其他约束删除的格式相同。

【例 5.15】 删除以上对"CJB.课程号"字段定义的 FK_KC 外键约束。

```
ALTER TABLE CJB
    DROP CONSTRAINT FK_KC;
```

第 6 章 PL/SQL

SQL（Structure Query Language，结构化查询语言）是标准的数据库编程语言。几乎所有主流数据库供应商（如 SQL Server、MySQL、Oracle 等）都在自己的 DBMS 中支持 SQL，但不同 DBMS 的 SQL 语言之间存在小的差别，不能完全通用。从 Oracle 6 版开始附带了 PL/SQL，它是对标准 SQL 的扩展，支持 ANSI 和 ISO SQL-92 标准。目前的 PL/SQL 包括两部分：数据库引擎；可嵌入到许多产品（如 C 语言、Java 语言工具等）中的独立引擎。这两部分分别称为数据库 PL/SQL 和工具 PL/SQL，这两者的编程非常相似，都具有自身的编程结构、语法和逻辑机制。本章将系统介绍数据库 PL/SQL（以下简称 PL/SQL）。

6.1 PL/SQL 概述

与其他编程语言类似，PL/SQL 也有其自身的特点和功能，本节主要介绍 PL/SQL 的特点和功能及其开发编译环境，然后用一个简单的程序来描述 PL/SQL 的基本元素。

6.1.1 PL/SQL 的组成

PL/SQL 由以下部分组成。

（1）**数据定义语言**（DDL）。用于执行数据库的任务，对数据库及其中的各种对象进行创建、删除、修改等操作，其基本的 DDL 命令及功能如表 6.1 所示。

表 6.1 基本的 DDL 命令及功能

语　句	功　能	说　明
CREATE	创建数据库或数据库对象	不同数据库对象，其 CREATE 语句的语法形式不同
ALTER	对数据库或数据库对象进行修改	不同数据库对象，其 ALTER 语句的语法形式不同
DROP	删除数据库或数据库对象	不同数据库对象，其 DROP 语句的语法形式不同

（2）**数据操纵语言**（DML）。用于操纵数据库中各种对象、检索和修改数据。需要注意的是，使用 DML 语句对某个数据对象进行操作时，要求必须拥有该对象的相应操作权限或系统权限。DML 包括的主要语句及功能如表 6.2 所示。

表 6.2 DML 主要语句及功能

语　句	功　能	说　明
SELECT	从表或视图中检索数据	使用最频繁的 SQL 语句之一
INSERT	将数据插入到表或视图中	
UPDATE	修改表或视图中的数据	既可修改表或视图的一行数据，也可修改一组或全部数据
DELETE	从表或视图中删除数据	可根据条件删除指定的数据

（3）**数据控制语言**（DCL）。用于安全管理，确定哪些用户可以查看或修改数据库中的数据。DCL

包括的主要语句及功能如表 6.3 所示。

表 6.3 DCL 主要语句及功能

语　　句	功　　能	说　　明
GRANT	授予权限	将语句许可或对象许可的权限授予其他用户和角色
REVOKE	收回权限	不影响该用户或角色从其他角色中作为成员继承许可权限

PL/SQL 是面向过程语言与 SQL 语言的结合，它在 SQL 语言中扩充了面向过程的程序结构，如变量和类型、控制语句、过程和函数、对象类型和方法等，实现了将过程结构与 Oracle SQL 的无缝集成，从而为用户提供了一种功能强大的结构化程序设计语言。例如，要在数据库中修改一个学生的记录，如果没有该学生的记录，就要为该学生创建一个新的记录。用 PL/SQL 编制的程序代码如下（大致了解一下）：

```
DECLARE
    xh varchar2(6):= '151302';
    xm varchar2(8):= '张琼丹';
    zxf number(2):=45;                          /*定义变量类型*/
BEGIN
    UPDATE XSB
        SET 姓名=xm, 总学分=zxf
        WHERE 学号=xh;                          /*更新学生表*/
    IF SQL%NOTFOUND THEN                        /*检查记录是否存在，如果不存在就插入记录*/
        INSERT INTO XSB(学号, 姓名, 性别, 出生时间, 专业, 总学分)
            VALUES(xh, xm, '女', TO_DATE('19970516','YYYYMMDD'), '软件工程', zxf);
    END IF;
END;
/
```

从上面的例子中可以看出，本例使用了两个不同的 SQL 语句 UPDATE 和 INSERT，这两个语句是第四代程序结构，同时该程序段中还使用了第三代语言的结构（变量声明和 IF 条件语句）。程序块末尾的执行字符是 SQL*Plus 中的默认块终止符，它告诉 SQL*Plus，当用户在该处按回车键时，可将用户刚才输入的代码块传递给数据库执行。

PL/SQL 通过扩展 SQL 功能可更加强大，同时使用也更加方便。用户能够使用 PL/SQL 更加灵活地操作数据，因为它支持所有的 SQL 数据操作语句、事务控制语句、函数和操作符。PL/SQL 同样也支持动态 SQL，能够动态执行 SQL 数据定义、数据控制和会话控制语句。

使用 PL/SQL 主要有以下好处。

（1）有利于客户/服务器环境应用的运行。对于客户/服务器环境来说，真正的瓶颈在网络上。无论网络的传输速度有多快，只要客户端与服务器进行大量数据交换，应用运行的效率肯定会受到影响。如果使用 PL/SQL 进行编程，将这种具有大量数据处理的应用放在服务器端执行，就可节省数据在网络中的传输时间。

（2）适合于客户环境。PL/SQL 分为数据库 PL/SQL 和工具 PL/SQL。对于客户端来说，PL/SQL 可以嵌入到相应的工具中，客户端程序可以执行本地包含 PL/SQL 的部分，也可以向服务器端发送 SQL 命令，或激活服务器端的 PL/SQL 程序运行。

6.1.2　PL/SQL 的特点

Oracle 系统对 PL/SQL 进行了扩展，大大增强了 SQL 的功能，其主要体现在以下方面。

（1）SQL 和 PL/SQL 编译器集成 PL/SQL，支持 SQL 所有范围的语法，如 INSERT、UPDATE、DELETE 等。

（2）支持 CASE 语句和表达式。

（3）继承和动态方法释放。

（4）类型进化。属性和方法既可以添加到对象类型中，也可以从对象类型中删除，不需要重新构建类型和响应数据。这使得类型体系能够随着应用而改变，并不需要在开始时就规划好。

（5）新的日期/时间类型。新的数据类型 TIMESTAMP 记录包括秒的时间值，新的数据类型 TIMESTAMP WITH TIME ZONE 和 TIMESTAMP WITH LOCAL TIME ZONE 可以根据时区不同来纠正日期和时间值。

（6）PL/SQL 代码的本地编译。使用典型的 C 语言开发工具，可将 Oracle 系统提供的和用户编写的存储过程编译为本地执行语句，从而提高性能。

（7）增强了对国际化语言的支持。

（8）表函数和游标表达式。指可以像表一样返回一个查询结果集合。结果集合可以从一个函数传递给另一个函数。同时，结果集的行可以每隔一定时间返回一部分，以减少内存的消耗。

（9）多层集合。用户可以嵌套集合类型，例如，创建 PL/SQL 的 VARRAY 表，并可以创建复杂的数据结构。

（10）可更好地对 LOB 类型进行集成。它可以像操作其他类型一样操作 LOB 类型，并在 CLOB 类型和 NCLOB 类型上使用函数，将 BLOB 类型作为 RAW。在 LOB 类型与其他类型之间的转换也变得更容易，特别是从 LONG 类型转换为 LOB 类型。

（11）对批操作的增强。用户可以使用本地动态 SQL 执行批操作（如批提取），同时也可以执行批插入和更新操作。即使会在某些行遇到错误，批处理也可继续执行，当执行完成后，用户再检查操作所遇到的问题。

（12）MERGE 语句。这是一个将插入和更新合并为单项操作的专用语句，主要用于数据仓库，执行特定模式的插入和更新。

用户可以使用 SQL 语句操作 Oracle 11g 数据库和用于处理数据的流程控制语句，而且可以声明变量和常量、定义过程和函数、跟踪运行错误。PL/SQL 将 SQL 的数据操纵功能与过程语言的数据处理功能结合在一起。此外，PL/SQL 还具有以下特性。

（1）**数据抽象**。数据抽象可以从数据结构中提取必要的属性，忽略不必要的细节。一旦设计了数据结构，就可以忽略其细节，从而设计操纵数据结构的算法。

在 PL/SQL 中，面向对象的编程是基于对象类型的。对象类型封装了数据结构、函数、过程，其中组成数据结构的变量称为属性，函数和过程称为方法。对象类型降低了将大系统分解为逻辑实体的复杂性，可以用来创建软件组件，易于维护、模块化和重用。当使用 CREATE TYPE 语句定义对象类型时，用户就为现实中的对象创建了一个抽象模板。

（2）**信息隐藏**。使用信息隐藏功能，可以使用户只能看到算法和数据结构设计所给定层次上的信息。

信息隐藏功能使高层设计决策与底层设计细节相分离。通过使用至顶向下的设计方法，可以为算法实现信息隐藏。一旦定义了底层过程的目标和接口，就可以忽略实现细节，在高层中它们是隐藏的。用户可以通过数据封装实现数据结构的信息隐藏，通过为数据结构开发一个子程序，将它同用户和其他开发人员相隔离。这样，即使其他开发人员知道对数据结构进行操作的子程序，也不知道其结构是如何描述的。使用 PL/SQL 的包，可以定义子程序是公共的还是私有的，还可以将数据进行封装，将子程序的定义放入黑箱中。私有定义是隐藏的，不可访问。如果定义变了，只有该包受影响，应用程序并不会受到影响，从而简化了维护。

6.1.3 PL/SQL 的开发和运行环境

PL/SQL 的编译和运行系统是一项技术而不是一个独立的产品，它能够驻留在 Oracle 数据库服务器和 Oracle 系统开发工具两个环境中，PL/SQL 与 Oracle 系统的服务器捆绑在一起。在这两个环境中，PL/SQL 的引擎可接收任何 PL/SQL 块和子程序作为输入，引擎执行过程语句将 SQL 语句发送给 Oracle 11g 服务器的执行器执行。

6.2 PL/SQL 字符集

同所有其他程序设计语言一样，PL/SQL 也有一个字符集。用户能从键盘上输入的字符都是 PL/SQL 的字符。此外，还有某些使用字符的规则。

6.2.1 合法字符

在使用 PL/SQL 进行程序设计时，可以使用的有效字符包括以下三类。

（1）所有的大写和小写英文字母。

（2）数字 0~9。

（3）符号()、+、−、*、/、<、>、=、!、~、;、:、.、'、@、%、,、"、#、^、&、_、{、}、?、[、]。

PL/SQL 标识符最大长度为 30 个字符，不区分大小写。但是，适当地使用大小写可以提高程序的可读性。

6.2.2 运算符

Oracle 11g 数据库提供了三类运算符：算术运算符、关系运算符和逻辑运算符。

1. 算术运算符

算术运算符执行算术运算。算术运算符有 +（加）、−（减）、*（乘）、/（除）、**（指数）和 ‖（连接字符）。其中 + 和 − 也可用于对 DATE（日期）数据类型的值进行运算。

【例 6.1】 求学生的年龄。

SELECT EXTRACT(YEAR FROM SYSDATE)- EXTRACT(YEAR FROM 出生时间) AS 年龄
    FROM XSB;

其中，SYSDATE 是当前系统时间；EXTRACT 用于从日期类型数据中抽出年、月、日的部分，YEAR 即表示抽出的年份。

执行结果如图 6.1 所示。

图 6.1 【例 6.1】执行结果

2. 关系运算符

关系运算符（比较运算符）有以下五种：

（1）=（等于）、<>或!=（不等于）、<（小于）、>（大于）、>=（大于或等于）、<=（小于或等于）；

（2）BETWEEN…AND…（检索两值之间的内容）；

（3）IN（检索匹配列表中的值）；

（4）LIKE（检索匹配字符样式的数据）；

（5）IS NULL（检索空数据）。

关系运算符用于测试两个表达式值满足的关系，其运算结果为逻辑值 TRUE、FALSE 及 UNKNOWN。

【例 6.2】 关系运算符的应用。

① 查询总学分在 40～50 分的学生学号、姓名和总学分。

```
SELECT 学号, 姓名, 总学分
    FROM XSB
    WHERE 总学分 BETWEEN 40 AND 50;
```

② 使用>= 和<=代替 BETWEEN 实现与上例相同的功能。

```
SELECT 学号, 姓名, 总学分
    FROM XSB
    WHERE 总学分 >=40 AND 总学分<=50;
```

执行结果如图 6.2 所示。

	学号	姓名	总学分
1	151101	王林	50
2	151104	韦严平	50
3	151102	程明	50
4	151103	王燕	50
5	151106	李方方	50
6	151109	张强民	50
7	151110	张蔚	50
8	151111	赵琳	50
9	151113	严红	48
10	151201	王敏	42
11	151202	王林	40
12	151203	王玉民	42
13	151204	马琳琳	42
14	151206	李计	42
15	151210	李红庆	44
16	151216	孙祥欣	42
17	151218	孙研	42
18	151220	吴薇华	42
19	151221	刘燕敏	42
20	151241	罗林琳	50
21	151115	刘明仪	50

图 6.2   【例 6.2】执行结果

3. 逻辑运算符

逻辑运算符用于对某个条件进行测试，运算结果为 TRUE 或 FALSE。Oracle 系统提供的逻辑运算符如下。

（1）AND（两个表达式同时为真时，则结果为真）。

（2）OR（只要有一个为真时，则结果为真）。

（3）NOT（取相反的逻辑值）。

【例 6.3】 逻辑运算符的应用。

① 查询总学分不在 40～50 分的学生学号、姓名和总学分。

```
SELECT 学号, 姓名, 总学分
    FROM XSB
    WHERE 总学分 NOT BETWEEN 40 AND 50;
```

执行结果如图 6.3 所示。

	学号	姓名	总学分
1	151107	李明	54
2	151108	林一帆	52
3	151242	周何骏	90

图 6.3 【例 6.3】①执行结果

② 查询计算机专业男生和通信工程专业女生的基本情况。

```
SELECT 学号, 姓名, 专业, 总学分
    FROM XSB
    WHERE 专业='计算机' AND 性别='男' OR 专业='通信工程' AND 性别='女';
```

执行结果如图 6.4 所示。

	学号	姓名	专业	总学分
1	151101	王林	计算机	50
2	151104	韦严平	计算机	50
3	151102	程明	计算机	50
4	151106	李方方	计算机	50
5	151107	李明	计算机	54
6	151108	林一帆	计算机	52
7	151109	张强民	计算机	50
8	151204	马琳琳	通信工程	42
9	151220	吴薇华	通信工程	42
10	151221	刘燕敏	通信工程	42
11	151241	罗林琳	通信工程	50
12	151115	刘明仪	计算机	50

图 6.4 【例 6.3】②执行结果

6.2.3 其他常用符号

PL/SQL 为支持编程，还使用了其他一些符号。如表 6.4 所示列出了部分符号，它们是使用 PL/SQL 时要必须了解的。

表 6.4 部分其他常用符号

符 号	意 义	样 例
()	列表分隔	('Jones', 'Rose', 'Owen ')
;	语句结束	过程名(参数1,参数2);
.	项分离（在例子中分离账户与表名）	Select * from 账户名.表名
'	字符串界定符	If var1= 'a+1'
:=	赋值	a:=a+1
||	并置	全名:= 'Narth'||' '||'Yebba '
- -	注释符	- -this is a comment
/*与*/	注释定界符	/*this too is a comment*/

6.3 PL/SQL 变量、常量和数据类型

6.3.1 变量

变量就是指可以由程序读取或赋值的存储单元。变量用于临时存放数据，变量中的数据将随着程

序的运行而变化。

1. 变量的声明

数据在数据库与 PL/SQL 程序之间是通过变量进行传递的。变量是在 PL/SQL 块的声明部分定义的。每个变量都有一个特定的类型，变量的类型定义了变量可以存放的信息类别。PL/SQL 的变量可以与数据库列具有同样的类型。

此外，PL/SQL 还支持用户自定义的数据类型，如记录类型、表类型等。使用用户自定义的数据类型，可以让用户订制程序中使用的数据类型结构。下面是一个用户自定义记录类型的例子。

```
DECLARE
TYPE t_xs Record
(
        xh char(6),
        xm char(8),
        xb char(2),
        zy char(12)
);
v_xs t_xsRecord
```

变量名必须是一个合法的标识符，其命名规则如下：

（1）变量必须以字母（A～Z）开头；

（2）变量后跟可选的一个或多个字母、数字或特殊字符$、# 或_；

（3）变量长度不超过 30 个字符；

（4）变量名中不能有空格。

如表 6.5 所示给出的变量名实例并评价了其合法性。

表6.5　变量名实例及其合法性

变　量　名	是 否 合 法	原　　因
Name2	合法	
90ora	不合法	必须以字母开头
p_count	合法	
xs-count	不合法	使用了不合法的特殊字符 -
kc mc	不合法	不能含有空格
menoy¥	不合法	使用了不合法的字符¥

在使用变量前，首先要声明变量。变量定义的基本格式为：

```
<变量名><数据类型>[(宽度):=<初始值>];
```

例如，定义一个长度为 10 的变量 count，其初始值为 1，类型为 varchar2：

```
count varchar2(10) := '1';
```

2. 变量的属性

变量有名称和数据类型两个属性。变量的名称用于标识该变量，变量的数据类型确定了该变量存放值的格式及允许的运算。%用来表示属性提示符。

（1）%TYPE。%TYPE 属性提供了变量和数据库列的数据类型。在声明一个包含数据库值的变量时非常有用。例如，在 XSB 表中包含"学号"列，为了声明一个变量 my_xh 与"学号"列具有相同的数据类型，声明时可使用点和%TYPE 属性，其格式为：

```
my_xh XSB.学号%TYPE;
```

使用%TYPE 声明具有以下两个优点：

① 不必知道"学号"列确切的数据类型；

② 如果改变了"学号"列的数据定义，my_xh 的数据类型在运行时也会自动更改。

（2）%ROWTYPE。使用%ROWTYPE 属性声明可以描述表的行数据记录，对于用户定义的记录，必须声明自己的域。记录包含唯一的命名域，具有不同的数据类型。

```
DECLARE
TYPE TimeRec IS RECORD(HH number(2),MM number(2));
TYPE MeetingTyp IS RECORD
(
        Meeting_Date date,
        Meeting_Time TimeRec,
        Meeting_Addr varchar2(20),
        Meeting_Purpose varchar2(50)
)
```

> ◉◉注意：
>
> 在定义记录时可以嵌套，也就是说，一个记录可以是另一个记录的组件。

在 PL/SQL 中，记录用于将数据分组，一个记录包含几个相关的域，这些域用于存储数据。%ROWTYPE 属性提供了表示一个表中一行的记录类型。这个记录可以存储整个从表中所选，或者从游标中提取的数据行。行中的列和记录相对应，具有相同的名称和数据类型。例如，声明一个记录名为 cj_rec，它与 CJB 表具有相同的名称和数据类型，其格式为：

```
DECLARE
        cj_rec CJB%ROWTYPE;
```

可以使用点引用域，例如：

```
my_xh:=cj_rec.学号;
```

如果声明了游标提取学号、课程号和成绩列，则可以使用%ROWTYPE 声明一个记录存储相同的信息，其代码为：

```
DECLARE
        CURSOR c1
        IS
        SELECT 学号, 课程号, 成绩
                FROM CJB;
cj_rec c1%ROWTYPE;
```

当执行下面的语句时：

```
FETCH c1 INTO cj_rec;
```

在 CJB 表中学号列的值就赋予了 cj_rec 的学号域。

3. 变量的作用域

变量的作用域是指可以访问该变量的程序部分。对于 PL/SQL 的变量来说，其作用域就是从变量的声明到语句块的结束。当变量超出了作用域时，PL/SQL 解析程序就会自动释放该变量的存储空间。

6.3.2 常量

常量指在程序运行过程中值不变的量。常量的使用格式取决于值的数据类型，其格式为：

```
<常量名>constant<数据类型>:=<值>;
```

例如，定义一个整型常量 num，其值为 4；定义一个字符串常量 str，其值为"Hello world!"。

```
num constant number(1):=4;
```

```
str constant char:= 'Hello world!';
```

6.3.3 常用数据类型

PL/SQL 程序可用于处理和显示多种类型的数据，下面讨论程序中常用的数据类型。

1. VARCHAR 数据类型

Oracle 11g 版本中 VARCHAR 与 VARCHAR2 的类型含义完全相同，为可变长的字符数据。在未来的版本中 VARCHAR 将会独立成为一种新的数据类型，不再受宽度的限制。

语法格式为：

```
var_field varchar (n);
```

其中，长度值 n 是变量的最大长度且必须是正整数，例如：

```
var_field varchar(11);
```

在定义变量时，可以同时对其进行初始化，例如：

```
var_field varchar(11):= 'Hello world!';
```

2. NUMBER 数据类型

NUMBER 数据类型可用来表示所有的数值类型，语法格式为：

```
num_field NUMBER(precision,scale);
```

其中，precision 表示总的位数；scale 表示小数的位数（默认是 0），如果实际数据超出设定精度则出现错误。例如：

```
num_field NUMBER(10,2);
```

其中 num_field 是一个整数部分最多 8 位、小数部分最多 2 位的变量。

3. DATE 数据类型

DATE 数据类型是用来存放日期时间类型的数据，用 7 字节分别描述年、月、日、时、分、秒，语法格式为：

```
date_field DATE;
```

DATE 格式是由初始化参数 NLS_DATE_FORMAT 来设置的，其默认格式为 DD-MM 月-YY，分别对应日、月、年，如 29-6 月-15。

4. BOOLEAN 数据类型

BOOLEAN 数据类型（逻辑型）变量的值只有 TRUE（真）或 FALSE（假），一般用于判断状态，然后根据其值是"真"或"假"来决定程序执行分支。关系表达式的值就是一个逻辑值。BOOLEAN 数据类型是 PL/SQL 所特有的，一般用于流程控制结构而非表中的列。

6.3.4 对象类型

对象类型是用户自定义的一种复合数据类型，它封装了数据结构和用于操纵这些数据结构的过程和函数。在建立复杂应用程序时，通过使用对象类型可以降低应用开发的难度。对象类型是由属性和方法构成的，属性用于描述对象所具有的特征，每个对象类型至少包含一个属性（至多可以包含 1000 个），属性不能使用 long、long raw、rowid、urowid 及 PL/SQL 的特有类型（如 binary_integer、Boolean、%type、%rowtype、ref cursor、record、pls_integer）等，在定义属性时，既不能指定对象属性的默认值，也不能指定 NOT NULL 选项；方法就是过程或函数，它们是在属性声明之后才声明的。属性描绘对象的特征，而方法是作用在这些特征上的动作。

要使用对象类型首先应定义该类型,然后用这种类型定义字段或变量。创建对象类型使用 CREATE

TYPE 语句，其语法格式为：

```
CREATE [OR REPLACE] TYPE <用户方案名>.<类型名称>
    [AUTHID {CURRENT_USER | DEFINER}] AS OBJECT
(   <属性名 1> <数据类型>,
    [<属性名 2> <数据类型>,]
    …
    [<属性名 n> <数据类型>]
    [<方法名 1>]
    [<方法名 2>]
    …
    [<方法名 n>]
)
```

相关参数说明如下。

（1）OR REPLACE 选项：表示若已存在相同名称的类型则不会报错，并将创建新的类型。

（2）AUTHID 选项：表示将来执行该方法时，必须使用在创建时定义的 CURRENT_USER 或 DEFINER 的权限集合。CURRENT_USER 是调用该方法的用户，DEFINER 是该对象类型的所有者。

【例 6.4】 定义一个简单的对象类型并使用它。

先创建对象类型 TEST_OBJ：

```
CREATE OR REPLACE TYPE TEST_OBJ
    AS OBJECT
    (
        item_id char(6),
        price number(10,2)
    );
```

再创建一个表 SELL，其中一列的数据类型使用对象类型 TEST_OBJ：

```
CREATE TABLE SELL
(
    name number(2) NOT NULL PRIMARY KEY,
    info TEST_OBJ
);
```

向表中插入记录，使用语句如下：

```
INSERT INTO SELL(name, info)
    VALUES(1,TEST_OBJ('002', 23.5));
```

执行结果如图 6.5 所示。

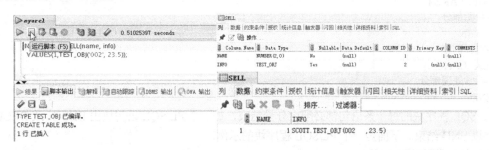

图 6.5　【例 6.4】执行结果

6.3.5　数据类型转换

PL/SQL 可以进行数据类型之间的转换，常见的转换函数如下。

（1）TO_CHAR：将 NUMBER 类型和 DATE 类型转换成 VARCHAR2 类型。

（2）TO_DATE：将 CHAR 类型转换成 DATE 类型。

（3）TO_NUMBER：将 CHAR 类型转换成 NUMBER 类型。

此外，PL/SQL 还会自动地转换各种类型，其示例如下：

```
DECLARE
      xh varchar2(6);
BEGIN
      SELECT MAX(学号) INTO xh FROM XSB;
END;
```

在数据库中，MAX（学号）是一个 NUMBER 类型的字段，但是 xh 却是 varchar2(6)的变量，PL/SQL 会自动将数值类型转换成字符串类型。

虽然 PL/SQL 可以在某些类型之间自动转换，但使用转换函数可提高程序的可读性。如上面的例子也可以使用 TO_CHAR 转换函数写为：

```
DECLARE
      xh varchar2(6);
BEGIN
      SELECT TO_CHAR(MAX(学号)) INTO xh FROM XSB;
END;
```

6.4　PL/SQL 基本程序结构和语句

PL/SQL 程序的基本逻辑结构包括顺序结构、条件结构和循环结构。除了顺序结构，PL/SQL 主要通过条件结构和循环结构来控制程序执行的顺序，这就是所谓的控制结构。控制结构是所有程序设计语言的核心，检测不同条件并加以处理是程序控制的主要部分。

6.4.1　PL/SQL 程序块

PL/SQL 是一种块结构的语言，组成程序的单元是逻辑块，一个 PL/SQL 程序块可分为三个部分：声明、执行和异常处理。声明部分包含了变量和常量的数据类型和初始值，由 DECLARE 关键字开始。执行部分是 PL/SQL 块中的指令部分，由关键字 BEGIN 开始，所有可执行语句都放在这个部分。异常处理部分是可选的，在其中处理异常和错误。程序块最终由关键字 END 结束，PL/SQL 块的基本结构如下：

```
[ DECLARE ]
--声明部分
BEGIN
--执行部分
[EXCEPTION]
--异常处理部分
END
```

PL/SQL 程序块的每一条语句都必须由分号结束，每一个 PL/SQL 语句块由 BEGIN 或 DECLARE 开始，以 END 结束。下面是一个 PL/SQL 程序块的示例：

```
SET SERVEROUTPUT ON;
DECLARE
      a number:=1;
BEGIN
      a:=a+5;
      DBMS_OUTPUT.PUT_LINE('和为：'||TO_CHAR(a));
```

```
END;
/
```
执行结果如图 6.6 所示。

图 6.6　PL/SQL 程序块的执行示例

6.4.2　条件结构

条件结构用于条件判断，其形式有三种。

1．IF-THEN 语句

语法格式为：

```
IF <条件表达式> THEN                              /*条件表达式*/
    <PL/SQL 语句>;                               /*对应流程图 A*/
END IF;
```

这个结构用于测试一个简单的条件。如果条件表达式为 TRUE，则执行语句块中的操作，如图 6.7 所示。

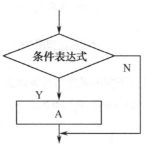

图 6.7　IF-THEN 执行流程

【例 6.5】　查询总学分大于 50 分的学生人数。

```
DECLARE
    v_num number(3);
BEGIN
    SELECT COUNT(*) INTO v_num
        FROM XSB
        WHERE 总学分>50;
```

```
        IF v_num<>0 THEN
            DBMS_OUTPUT.PUT_LINE ('总学分>50 的人数为: ' || TO_CHAR(v_num));
        END IF;
    END;
```

说明：执行语句前需要使用 SET SERVEROUTPUT ON 打开输出缓冲。

执行结果为"总学分>50 的人数为：3"。

IF-THEN 语句可以嵌套使用。

【例 6.6】 判断计算机系总学分大于 40 分的人数是否超过 10 人。

```
DECLARE
    v_num number(3);
BEGIN
    SELECT COUNT(*) INTO v_num
        FROM XSB
        WHERE  总学分>40 AND  专业= '计算机';
    IF v_num<>0 THEN
        IF v_num>5 THEN
            DBMS_OUTPUT.PUT_LINE ('计算机系总学分>40 的人数超过 10 人');
        END IF;
    END IF;
END;
```

👀 **注意：**

上面代码中的两个 END IF，分别对应两个不同的 IF。在 PL/SQL 中，每个 IF 语句都有自己的 THEN，以 IF 开始的语句行后不跟结束符 ";"。每个 IF 语句块都以相应的 END IF 结束。

执行结果为"计算机系总学分>40 的人数超过 10 人"。

2. IF-THEN-ELSE 语句

语法格式为：

```
IF <条件表达式> THEN              /*条件表达式*/
    <PL/SQL 语句 1>;             /*对应流程图 A*/
ELSE
    <PL/SQL 语句 2>;             /*对应流程图 B*/
END IF;
```

这种结构与 IF 语句非常相似，唯一不同的是在条件表达式为 FALSE 时，执行跟在 ELSE 后的一条或多条语句。IF-THEN-ELSE 语句的执行流程如图 6.8 所示。

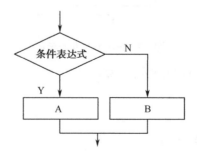

图 6.8 IF-THEN-ELSE 语句的执行流程

【例 6.7】　如果"计算机基础"课程的平均成绩高于 75 分，则显示"平均成绩大于 75"，否则显示"平均成绩小于 75"。

```
DECLARE
    v_avg number(4,2);
BEGIN
    SELECT AVG(成绩) INTO v_avg
        FROM XSB, CJB, KCB
        WHERE XSB.学号=CJB.学号
            AND CJB.课程号=KCB.课程号
            AND KCB.课程名='计算机基础';
    IF v_avg>75 THEN
        DBMS_OUTPUT.PUT_LINE ('平均成绩大于 75');
    ELSE
        DBMS_OUTPUT.PUT_LINE ('平均成绩小于 75');
    END IF;
END;
```

执行结果为"平均成绩大于 75"。

IF-THEN-ELSE 语句也可以嵌套。

3. IF-THEN-ELSIF-THEN-ELSE 语句

语法格式为：

```
IF <条件表达式 1> THEN
    <PL/SQL 语句 1>;              /*对应流程图 A*/
ELSIF <条件表达式 2> THEN
    <PL/SQL 语句 2>;              /*对应流程图 B*/
ELSE
    <PL/SQL 语句 3>;              /*对应流程图 C*/
END IF;
```

说明： 如果 IF 后的条件表达式成立，就执行 THEN 后的语句。判断 ELSIF 后面的条件表达式为真时，就执行第二个 THEN 后的语句，否则执行 ELSE 后的语句。

IF-THEN-ELSIF-THEN-ELSE 语句的执行流程如图 6.9 所示。

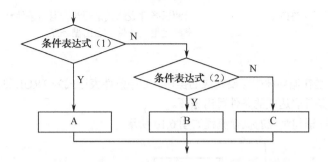

图 6.9　IF-THEN-ELSIF-THEN-ELSE 语句的执行流程

这种结构用于替代嵌套 IF-THEN-ELSE 结构。

【例 6.8】　求 $x^2+4x+3=0$ 的根。

```
DECLARE
    a number;
```

```
        b number;
        c number;
        x1 number;
        x2 number;
        d number;
BEGIN
   a:=1;
   b:=4;
   c:=3;
   d:=b*b-4*a*c;
   IF a=0 THEN
      x1:=-c/b;
            DBMS_OUTPUT.PUT_LINE ('只有一个平方根' || to_char(x1));
      ELSIF d<0 THEN
            DBMS_OUTPUT.PUT_LINE ('没有算术平方根');
      ELSE
            x1:=(-b+sqrt(d))/(2*a);
            x2:=(-b-sqrt(d))/(2*a);
            DBMS_OUTPUT.PUT_LINE ('第一个平方根' || to_char(x1));
            DBMS_OUTPUT.PUT_LINE ('第二个平方根' || to_char(x2));
        END IF;
END;
```

输出结果：

第一个平方根为-1

第二个平方根为-3

6.4.3　循环结构

循环使程序一遍又一遍地重复执行某段语句直至满足退出条件，退出循环。编写循环语句时，注意一定要确保满足相应的退出条件。下面介绍 PL/SQL 中使用的几种循环结构。

1. LOOP-EXIT-END 循环

语法格式为：

```
LOOP
    <循环体>                      /*执行循环体*/
    IF <条件表达式> THEN          /*测试条件表达式是否符合退出条件*/
        EXIT;                     /*满足退出条件，退出循环*/
    END IF;
END LOOP;
```

说明：<循环体>是在循环体中需要完成的操作。如果条件表达式为 TRUE 则跳出循环，否则继续循环操作，直到满足条件表达式的条件跳出循环。

LOOP-EXIT-END 语句对应的执行流程如图 6.10 所示。

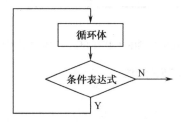

图 6.10　LOOP-EXIT-END 语句的执行流程

【例 6.9】 用 LOOP-EXIT-END 循环求 10 的阶乘。

```
DECLARE
    n number:=1;
    count1 number:=2;
BEGIN
    LOOP
        n:=n*count1;
        count1:=count1+1;
        IF count1>10 THEN
            EXIT;
        END IF;
    END LOOP;
    DBMS_OUTPUT.PUT_LINE (to_char(n));
END;
```

输出结果为：3628800。

2. LOOP-EXIT-WHEN-END 循环

除了退出条件检测有所区别，此结构与前一个循环结构类似，语法格式为：

```
LOOP
    <循环体>                    /*执行循环体*/
    EXIT WHEN <条件表达式>       /*测试是否符合退出条件*/
END LOOP;
```

【例 6.10】 用 LOOP-EXIT-WHEN-END 循环求 10 的阶乘。

```
DECLARE
    n number:=1;
    count1 number:=2;
BEGIN
    LOOP
        n:=n*count1;
        count1:=count1+1;
        EXIT WHEN count1=11;
    END LOOP;
    DBMS_OUTPUT.PUT_LINE (to_char(n));
END;
```

3. WHILE-LOOP-END 循环

语法格式为：

```
WHILE <条件表达式>              /*测试是否符合退出条件*/
    LOOP
        <循环体>                /*执行循环体*/
    END LOOP;
```

此结构在循环的 WHILE 部分测试退出条件，当条件成立时执行循环体，否则退出循环。这种循环结构同上面两种有所不同，它先测试条件，然后执行循环体；而前两种是先执行了一次循环体内的语句，然后再测试条件。简单地说，前两种循环结构无论条件表达式是真是假，都要至少执行一次循环体内的语句。

此结构的执行流程如图 6.11 所示。

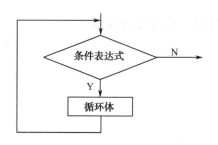

图 6.11   WHILE-LOOP-END 循环的执行流程

【例 6.11】   用 WHILE-LOOP-END 循环求 10 的阶乘。

```
DECLARE
    n number:=1;
    count1 number:=2;
BEGIN
    WHILE count1<=10
    LOOP
        n:=n*count1;
        count1:=count1+1;
    END LOOP;
    DBMS_OUTPUT.PUT_LINE (to_char(n));
END;
```

4. FOR-IN-LOOP-END 循环

语法格式为：

```
FOR <循环变量名> IN <变量初值>..<变量终值>        /*定义跟踪循环的变量*/
    LOOP
        <循环体>                                 /*执行循环体*/
    END LOOP;
```

说明：FOR 关键字后面指定一个循环变量，IN 确定循环变量的初值和终值，在循环变量的初值和终值之间是分隔符两个点号 ".."。如果循环变量的值小于终值，则运行循环体内的语句，否则跳出循环，执行下面的语句。每循环一次，循环变量会自动增加一个步长的值，直到循环变量的值超过终值，退出循环，再执行循环体后面的语句。

该循环的执行流程同 WHILE-LOOP-END 的执行流程基本一样，只有循环条件的设置不同。

【例 6.12】   用 FOR-IN-LOOP-END 循环求 10 的阶乘。

```
DECLARE
    n NUMBER:=1;
    count1 NUMBER;
BEGIN
    FOR count1 IN 2..10
        LOOP
            n:=n*count1;
        END LOOP;
    DBMS_OUTPUT.PUT_LINE (to_char(n));
END;
```

其中，变量 count 是控制循环次数的计数器，其初始值是 2，终值是 10，步长为 1。每循环一次，count 会自动累加 1，直到 count 大于终值 10（count=11）时跳出循环。

6.4.4　选择和跳转语句

1. CASE 语句

CASE 语句使用简单的结构对数值列表做出选择。更为重要的是，它还可以用来设置变量的值。语法格式为：

```
CASE <变量名>
    WHEN <值 1> THEN <语句 1>
    WHEN <值 2> THEN <语句 2>
    …
    WHEN <值 n> THEN <语句 n>
    [ELSE <语句>]
END CASE;
```

说明： 首先设定一个变量的值，然后顺序比较 WHEN 关键字后面给出的值，若相等，则执行 THEN 关键字后面的语句，并且停止 CASE 语句的执行。

【例 6.13】　CASE 语句的应用。

```
DECLARE
    v_kch char(3);
    v_Result varchar2(16);
BEGIN
    SELECT  课程号
        INTO v_kch
        FROM KCB
        WHERE  开课学期= 1;
    CASE v_kch                              /*判断 v_kch 的值，并给出结果 */
        WHEN '101' THEN v_Result:= '计算机基础';
        WHEN '102' THEN v_Result:= '程序设计与语言';
        WHEN '206' THEN v_Result:= '离散数学';
        WHEN '208' THEN v_Result:= '数据结构';
        ELSE
            v_Result:= 'Nothing';
    END CASE;
    DBMS_OUTPUT.PUT_LINE (v_result);
END;
```

> **注意：**
> CASE 语句是按顺序执行的，只要有值为 TRUE，那么执行完对应的语句后就将结束 CASE 语句。在上例中如果第一个 WHEN 子句条件为 TRUE，那么即使后面 WHEN 子句条件同样为 TRUE，它也不会执行。

执行结果为"计算机基础"。

2. GOTO 语句

PL/SQL 提供 GOTO 语句，实现将执行流程转移到标号指定的位置，语法格式为：

GOTO <标号>

GOTO 关键字后面的语句标号必须符合标识符规则，定义形式如下：

<<标号>> 语句

使用 GOTO 语句可以控制程序代码的执行顺序。

【例 6.14】　设表 temp(学号 char(6),性别 char(2),姓名 char(8))，初始化 temp 表。

```
DECLARE
    v_counter BINARY_INTEGER:=1;
    v_xh number(6);
BEGIN
    v_xh:=150001;
        LOOP
        INSERT INTO temp(学号,性别)
                VALUES(to_char(v_xh), '男');
            v_counter:=v_counter+1;
            v_xh:=v_xh+1;
            IF v_counter=10 THEN
                GOTO loop_end;
            END IF;
        END LOOP;
    <<loop_end>>
    DBMS_OUTPUT.PUT_LINE ('Init Ok');
END;
```

执行结果如图 6.12 所示。

图 6.12　【例 6.14】执行结果

👀注意:

　　使用 GOTO 语句时要十分谨慎，GOTO 跳转对于代码的理解和维护都会造成很大的困难，所以尽量不要使用 GOTO 语句。

6.4.5　异常

　　语句执行过程中，因为各种原因使语句不能正常执行，可能会造成更大错误或整个系统的崩溃，PL/SQL 提供"异常"这个处理错误的方法来防止此类情况的发生。在代码运行的过程中无论何时发生错误，PL/SQL 都能控制程序自动地转向执行异常部分。

1. 预定义异常

　　预定义异常是由运行系统产生的。如出现被 0 除时，PL/SQL 就会产生一个预定义的 ZERO_DIVIDE 异常。

　　【例 6.15】　ZERO_DIVIDE 异常。使用系统预定义的异常处理后，程序运行时系统就不会提示出现错误。

```
DECLARE
    v_number number(2):=10;
```

```
          v_zero number(2):=0;
          v_result number(5);
BEGIN
          v_result:=v_number/v_zero;          /*用 v_number 除以 v_zero，即 10/0，从而产生除零错误*/
          EXCEPTION
               WHEN ZERO_DIVIDE THEN
                    DBMS_OUTPUT.PUT_LINE('DIVIDE ZERO');
END;
```

输出结果为：DIVIDE ZERO。

当遇到预先定义的错误时，错误被当前块的异常部分相应的 WHEN-THEN 语句捕捉，跟在 WHEN 子句后的 THEN 语句的代码将执行。THEN 语句执行后，控制运行到达紧跟着当前块的 END 语句的行。如果错误陷阱代码只是退出内部嵌套的块，程序将继续执行跟在内部块 END 语句后的外部块的第一行。应用程序自己异常部分的嵌套块是一种控制程序流的方法。

如果在当前块中没有 WHEN 子句并且 BEGIN/END 块是嵌套的，程序将继续在外部块中寻找错误处理柄，直到找到一个。当错误发生而在任何异常部分没有与之联系的错误处理柄时，程序将终止。

除了除零错误，PL/SQL 还有很多系统预定义异常，如表 6.6 所示列出的常见异常，通过检测这些异常，用户可以查找到 PL/SQL 程序产生的错误。

表 6.6   PL/SQL 中常见的异常

异　　常	说　　明
no_data_found	如果一个 select 语句试图基于其条件检索数据，此异常表示不存在满足条件的数据行
too_many_rows	由于隐式游标每次只能检索一行数据，使用隐式游标时，这个异常可检测到有多行数据存在
dup_val_on_index	如果某索引中已有某键列值，若还要在该索引中创建该键码值的索引项时，出现此异常。例如，假设一个药店收费系统以发票号为键码，当某个应用程序准备创建一个重复的发票号时，就会产生此异常
value_error	此异常表示指定目标域的长度小于待放入其中的数据长度。例如，将"ABCDEFGH"字符串放入定义为"varchar2(6)"的域时，就会产生此异常
case_not_found	在 case 语句中发现不匹配的 when 语句

【例 6.16】   转换的错误处理。

```
DECLARE
          v_number number(5);
          v_result char(5):= '2w';
BEGIN
          v_number:=to_number(v_result);
          EXCEPTION
               WHEN VALUE_ERROR THEN
                    DBMS_OUTPUT.PUT_LINE('CONVERT TYPE ERROR');
END;
```

输出结果为：CONVERT TYPE ERROR。

【例 6.17】   联合的错误处理。

```
DECLARE
          v_result XSB.姓名%TYPE;
BEGIN
          SELECT 姓名 INTO v_result
               FROM XSB
               WHERE 姓名='王林';
```

```
        DBMS_OUTPUT.PUT_LINE('The student name is ' || v_result);
        EXCEPTION
            WHEN TOO_MANY_ROWS THEN
                DBMS_OUTPUT.PUT_LINE('There has TOO_MANY_ROWS error');
            WHEN NO_DATA_FOUND THEN
                DBMS_OUTPUT.PUT_LINE('There has NO_DATA_FOUND error');
    END;
```

输出结果为：There has TOO_MANY_ROWS error。

2. 用户定义异常

用户可以通过自定义异常来处理发生的错误，语法格式为：

```
EXCEPTION
        WHEN  异常名  THEN
                语句块 1;
        WHEN THEN
                语句块 2;
        [WHEN OTHERS THEN
                语句块 3;]
END;
```

每个异常处理部分都是由 WHEN 子句和相应的执行语句组成的。通过下例可以清楚地了解异常处理的执行过程。

【例 6.18】　自定义异常的处理。

```
DECLARE
        e_overnumber EXCEPTION;                              /*定义异常处理变量*/
        v_xs_number number(9);
        v_max_xs_number number(9):=20;
BEGIN
        SELECT COUNT(*) INTO v_xs_number
            FROM XSB;
        IF v_max_xs_number<v_xs_number THEN
            RAISE e_overnumber;                              /*使用 RAISE 语句调用异常*/
        END IF;
        EXCEPTION
            WHEN e_overnumber THEN
                DBMS_OUTPUT.PUT_LINE('Current Xs Number is: ' || v_xs_number ||
                                     ' max allowed is: ' || v_max_xs_number);
        END;
```

执行结果为：Current Xs Number is: 24 max allowed is: 20。

不仅可以同时使用多个 WHEN 子句捕捉几个异常情况，还可以结合系统预定义的异常处理来操作。此外，单个 WHEN 子句允许处理多个异常，也就是说如下的形式是合法的。

```
EXCEPTION
        WHEN  异常 1 OR  异常 3 THEN
        …        /*出现异常 1 或者异常 3 执行某些语句*/
        WHEN  异常 2 THEN
        …        /*出现异常 2 执行某些语句*/
END;
```

在上例中，出现异常 1 或异常 3 时使用相同的处理方式，这是可以的。但是，同一个异常不允许多个 WHEN 子句来处理，如下的形式是不合法的：

```
EXCEPTION
```

```
WHEN  异常 1
…        /*出现异常 1 执行某些语句*/
WHEN  异常 2 THEN
…        /*出现异常 2 执行某些语句*/
WHEN  异常 1 OR  异常 3 THEN
…        /*出现异常 1 或者异常 3 执行某些语句*/
END;
```

上面对于异常 1 的处理有两种方式，分别位于不同的 WHEN 子句，因此系统会认为是不合法的。可以使用 OTHERS 来处理那些不能由其他 WHEN 子句处理的异常，OTHERS 异常处理总是位于 EXCEPTION 语句的最后。

【例 6.19】 使用 OTHERS 处理异常。

```
DECLARE
    v_result number;
BEGIN
    SELECT  姓名  INTO v_result
        FROM XSB
        WHERE  学号= '150010';
    DBMS_OUTPUT.PUT_LINE('The student name is' ||v_result);
EXCEPTION
    WHEN TOO_MANY_ROWS THEN
        DBMS_OUTPUT.PUT_LINE('There has TOO_MANY_ROWS error ');
    WHEN OTHERS THEN
        DBMS_OUTPUT.PUT_LINE('Unkown error ');
END;
```

其实，OTHERS 异常处理可以借助两个函数来说明捕捉到的异常类型，这两个函数为 SQLCODE 和 SQLERRM，其中 SQLCODE 函数是用来说明当前错误代码的，如果是用户自定义的异常，则返回"1"。SQLERRM 函数返回的是当前错误的信息。为了说明这两个函数的使用，可以将上例中的 WHEN OHTERS 子句的执行语句换成如下语句：

```
DBMS_OUTPUT.PUT_LINE('The SQLCODE is: ' || SQLCODE);
DBMS_OUTPUT.PUT_LINE('The SQLERRM is: ' || SQLERRM);
```

6.5 系统内置函数

Oracle 11g 数据库提供了许多功能强大的函数，在编程中经常用到的有以下几类。

1. 数学运算函数

数学运算函数可对 Oracle 系统提供的数值数据进行数学运算并返回运算结果。常用的数学运算函数如表 6.7 所示。

表 6.7　常用的数学运算函数

函　数　名	说　　明
Abs(<数值>)	返回参数数值的绝对值，结果恒为正
Ceil(<数值>)	返回大于或等于参数数值最接近的整数
Cos(<数值>)	返回参数数值的余弦值
Floor(<数值>)	返回等于或小于参数的最大整数
Mod(<被除数>,<除数>)	返回两数相除的余数。如果除数等于 0，则返回被除数

续表

函　数　名	说　　明
Power(<数值>,n)	返回指定数值的 n 次幂
Round(<数值>,n)	结果近似到数值小数点右侧的 n 位
Sign(<数值>)	返回值指出参数值是正还是负。若参数大于 0 则返回 1；若小于 0 则返回-1；若等于 0 则返回 0
Sqrt(<数值>)	返回参数数值的平方根
Trunc(<数值>,n)	返回舍入到指定的 n 位的参数数值。如果 n 为正，就截取到小数右侧的该数值处；如果 n 为负，就截取到小数点左侧的该数值处；如果没有指定 n 就假定为 0，截取到小数点处

下面给出几个例子说明数学函数的使用。

（1）**ABS 函数**

语法格式为：

ABS(<数值>)

功能：返回给定数值的绝对值，参数为数值型表达式。

【例 6.20】　显示 ABS 函数对两个不同数值的效果。

SELECT ABS(-0.8) FROM dual;

SELECT ABS(0.8) FROM dual;

得出的结果都为 0.8。

说明：Oracle 11g 数据库中的 dual 表是虚拟的一个表，它有一行一列，所有者为 sys 用户，可供数据库中的所有用户使用。虽然不能向这个表中插入数据，但可以用这个表来选择系统变量（如 SELECT SYSDATE FROM dual 可查询当前的系统时间）或求一个表达式的值。因此，在理解系统内置函数时主要借助于 dual 表。

（2）**ROUND 函数**

语法格式为：

ROUND(<数值>,n)

功能：求一个数值的近似值，结果近似到小数点右侧的 n 位。

【例 6.21】　求几个数值的近似值。

SELECT ROUND(3.678,2) FROM dual;

结果为：3.68。

SELECT ROUND(3.3243,3) FROM dual;

结果为：3.324。

2. 字符串函数

字符串函数用于对字符串进行处理。一些常用的字符串函数如表 6.8 所示。

表 6.8　常用的字符串函数

函　数　名	返回值说明
Length(<值>)	返回字符串、数字或表达式的长度
Lower(<字符串>)	把给定字符串中的字符变成小写
Upper(<字符串>)	把给定字符串中的字符变成大写
Lpad(<字符串>,<长度>[,<填充字符串>])	在字符串左侧，使用指定的填充字符串进行填充直到指定的长度，若未指定填充字符串，则默认为空格

续表

函 数 名	返回值说明
Rpad(<字符串>,<长度>[,<填充字符串>])	在字符串右侧，使用指定的填充字符串进行填充直到指定的长度，若未指定填充字符串，则默认为空格
Ltrim(<字符串>,[,<匹配字符串>])	从字符串左侧删除匹配字符串中出现的任何字符，直到匹配字符串中没有字符为止
Rtrim(<字符串>,[,<匹配字符串>])	从字符串右侧删除匹配字符串中出现的任何字符，直到匹配字符串中没有字符为止
<字符串 1> ‖ <字符串 2>	合并两个字符串
Initcap(<字符串>)	将每个字符串的首字母大写
Instr(<源字符串>,<目标字符串>[,<起始位置>[,<匹配次数>]])	判断目标字符串是否存在于源字符串中，并根据匹配次数显示目标字符串的位置，返回数值
Replace(<源字符串>,<目标字符串>,<替代字符串>)	在源字符串中查找目标字符串，并用替代字符串来替换所有的目标字符串
Soundex(<字符串>)	查找与字符串发音相似的单词，该单词的首字母要与字符串的首字母相同
Subs(<字符串>,<开始位置>[,<删除字符的个数>])	在字符串中删除从指定位置开始的指定个数字符。若未指定个数，则删除从开始位置的所有字符

下面给出几个例子说明字符串函数的使用。

（1）**LENTH 函数**

语法格式为：

LENGTH(<值>)

功能：返回参数值的长度，返回值为整数。参数值可以是字符串、数字或者表达式。

（2）**LOWER 函数**

语法格式为：

LOWER(<字符串>)

功能：将给定字符串的字符变为小写。

【例 6.22】 转换字符的大小写。

SELECT LOWER('hello') FROM dual;
SELECT LOWER('Hello') FROM dual;
SELECT LOWER('HELLO') FROM dual;

结果都为：hello。

（3）**REPLACE 函数**

语法格式为：

Replace(<源字符串>,<目标字符串>,<替代字符串>)

功能：把源字符串中目标字符串用替代字符串代替。

【例 6.23】 字符替换。

SELECT REPLACE('Hello world', 'world', 'baby') FROM dual;

结果为：Hello baby。

3. 统计函数

Oracle 11g 数据库提供了丰富的统计函数用于处理数值型数据，如表 6.9 所示列出的常用统计函数。

表 6.9 常用统计函数

函 数 名	返回值说明
Avg([distinct]<列名>)	求列名中所有值的平均值, 若使用 DISTINCT 选项, 则只能使用不同的非空数值
Count([distinct]<值表达式>)	统计选择行的数目, 并忽略参数值中的空值。若使用 distinct 选项, 则只统计不同的非空数值。参数值可以是字段名, 也可以是表达式
Max(<value>)	从选定的 value 中选取数值/字符的最大值, 忽略空值
Min(<value>)	从选定的 value 中选取数值/字符的最小值, 忽略空值
Stddev(<value>)	返回所选择的 value 的标准偏差
Sum(<value>)	返回 value 的和。value 可以是字段名, 也可以是表达式
Variance([distinct] <value>)	返回所选行的所有数值的方差, 忽略 value 的空值

在此介绍几个常用统计函数的使用方法。

（1）**AVG 函数**

语法格式为:

AVG([DISTINCT]<列名>)

功能: 求所有数值型列中所有值的平均值, 若使用 DISTINCT 关键字, 则只能使用不能非空的数值。

【例 6.24】 求"计算机基础"课的平均成绩。

SELECT AVG(成绩)
    FROM CJB
    WHERE 课程号= '101';

执行结果为: 78.65。

（2）**COUNT 函数**

语法格式为:

COUNT([DISTINCT]<值>)

功能: 统计选择行的数目, 并忽略参数值中的空值。若使用 DISTINCT 选项, 则只统计不同的非空数值。参数值可以是字段名, 也可以是表达式。

【例 6.25】 求 XSB 表的学生总数。

SELECT COUNT(*)
    FROM XSB;

执行结果为: 24。

4. 日期函数

Oracle 11g 数据库提供了丰富的日期函数用来处理日期型数据, 如表 6.10 所示的常用日期函数。

表 6.10 常用日期函数

函 数 名	返回值说明
Add_months(<日期值>,<月份数>)	把一些月份加到日期上, 并返回结果
Last_day(<日期值>)	返回指定日期所在月份的最后一天
Months_between(<日期值 1>,<日期值>)	返回日期值 1 减去日期值 2 得到的月数
New_time(<当前日期>,<当前时区>,<指定时区>)	根据当前日期和当前时区, 返回在指定时区中的日期。其中, 当前时区和指定时区的值为时区的 3 个字母缩写
Next_day(<日期值>, 'day')	给出指定日期后的 day 所在的日期; day 是全拼的星期名称

函　数　名	返回值说明
Round(<日期值>, 'format')	把日期值四舍五入到由 format 指定的格式
To_char(<日期值>, 'format')	将日期型数据转换成以 format 指定形式的字符型数据
To_date(<字符串>, 'format')	将字符串转换成以 format 指定形式的日期型数据返回
Trunc(<日期值>, 'format')	把任何日期的时间设置为 00:00:00

（1）**LAST_DAY 函数**

语法格式为：

LAST_DAY(<日期值>)

功能：求指定日期所在月份的最后一天。

【例 6.26】　查询本月的最后一天。

SELECT LAST_DAY(SYSDATE) FROM dual;

其中，SYSDATE 也是日期函数，可返回当前系统的日期。

（2）**MONTHS_BETWEEN 函数**

语法格式为：

MONTHS_BETWEEN(<日期值 1>,<日期值 2>)

功能：返回日期值 1 减去日期值 2 得到的月数。如果日期值 1 比日期值 2 要早，则函数将返回一个负数。

【例 6.27】　求两个日期间相隔的月数。

SELECT MONTHS_BETWEEN('2016-01-25','2016-03-25') FROM dual;

执行结果如图 6.13 所示。

ᴬᴬ₂ MONTHS_BETWEEN('2016-01-25','2016-03-25')
1　　　　　　　　　　　　　　　　　　　　　　　　　-2

图 6.13　【例 6.27】执行结果

6.6　用户定义函数

用户定义函数是存储在数据库中的代码块，可以把值返回到调用程序。调用时如同系统函数一样，如 max(value)函数，其中 value 为参数。函数的参数有如下 3 种模式。

（1）**IN 模式**：表示该参数是输入给函数的参数。

（2）**OUT 模式**：表示该参数在函数中被赋值，并可以传给函数调用程序。

（3）**IN OUT 模式**：表示该参数既可以传值也可以被赋值。

6.6.1　创建函数

1. 以界面方式创建函数

右击 myorcl 连接的"函数"节点，选择"新建函数"选项，弹出"创建 PL/SQL 函数"对话框。在"名称"栏中输入函数的名称，在"参数"选项页的第一行选择返回值的类型，单击 按钮增加一个参数，设置参数名称、类型和模式，设置完成后单击"确定"按钮。在打开的主界面"COUNT_NUM"窗口中完成函数的编写工作，完成后单击"编译以进行调试"按钮完成函数的创建，整个过程的操作步骤如图 6.14 所示。

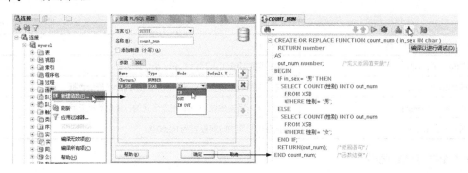

图 6.14   以界面方式创建函数

2. 以命令方式创建函数

在 Oracle 11g 数据库中,创建用户定义函数使用 CREATE FUNCTION 语句,其语法格式为:

```
CREATE [OR REPLACE] FUNCTION <函数名>                /*函数名称*/
(
        <参数名 1>, <参数类型> <数据类型>,                /*参数定义部分*/
        <参数名 2>, <参数类型> <数据类型>,
        <参数名 3>, <参数类型> <数据类型>,
        …
)
        RETURN <返回值类型>                              /*定义返回值类型*/
        {IS | AS}
        [声明变量]
        BEGIN
            <函数体>;                                   /*函数体部分*/
            [RETURN (<返回表达式>);]                     /*返回语句*/
        END [<函数名>];
```

相关参数说明如下。

(1)<函数名>:用户定义函数的名称必须符合标识符的规则,对其所有者来说,该名称在数据库中是唯一的。

(2)<参数类型>:参数类型可以是 IN 模式、OUT 模式或 IN OUT 模式,默认为 IN 模式。对应 IN 模式的实参可以是常量或变量,对于 OUT 模式和 IN OUT 模式的实参必须是变量。

(3)<数据类型>:这里定义参数的数据类型时不需要指定数据类型的长度。

(4)RETURN 选项:在函数参数定义部分后面的 RETURN 选项中,可以指定函数返回值的数据类型。

(5)<函数体>:函数体部分由 PL/SQL 的语句构成,是实现函数功能的主要部分。

(6)RETURN 语句:在函数体最后使用一条 RETURN 语句,将返回表达式的值返回给函数调用程序。函数执行完一个 RETURN 语句后将不再往下运行,流程控制权将立即返回到调用该函数的环境中。

下面给出一个函数,并说明函数的 3 种参数的合法性。

```
CREATE OR REPLACE FUNCTION  函数名称
(
        in_pmt IN char,
        out_pmt OUT char,
        in_out_pmt IN OUT char
)
        RETURN char
```

```
        AS
        return_char char;
        BEGIN
            <函数语句序列>
            RETURN(return_char);
        END [函数名称];
```

函数语句序列及其可能出现的情况如下。

① in_pmt:= 'hello';

该语句是错误的，因为 IN 类型参数只能作为形参来传递值，不能在函数体中赋值。

② return_char:=in_pmt;

该语句语法正确。因为 IN 类型参数本身就是用来传递值的，而 return_char 则是作为返回值变量，通过 IN 类型参数 in_pmt 给 return_char 赋值。

③ out_pmt:= 'hello';

该语句正确。因为 out_pmt 作为 OUT 类型参数，在函数体内被赋值是允许的。

④ return_char:= out_pmt;

该语句不正确。因为 OUT 类型参数不能传递值。

⑤ in_out_pmt:= 'world';

该语句正确。因为 IN OUT 类型参数可以在函数体中被赋值。

⑥ return_char:=in_out_pmt;

该语句正确。因为 IN OUT 类型参数既能传递值，也可以赋值。

【例 6.28】　计算某门课程全体学生的平均成绩。

```
CREATE OR REPLACE FUNCTION average (cnum IN char)
    RETURN number
AS
    avger number;                        /*定义返回值变量*/
BEGIN
    SELECT AVG(成绩) INTO avger
        FROM CJB
        WHERE 课程号=cnum
        GROUP BY 课程号;
    RETURN(avger);
END;
```

【例 6.29】　创建一个统计数据库中不同性别人数的函数。

```
CREATE OR REPLACE FUNCTION count_num ( in_sex IN char )
    RETURN number
AS
    out_num number;                      /*定义返回值变量*/
BEGIN
    IF in_sex= '男' THEN
        SELECT COUNT(性别) INTO out_num
            FROM XSB
            WHERE 性别='男';
    ELSE
        SELECT COUNT(性别) INTO out_num
            FROM XSB
            WHERE 性别='女';
    END IF;
    RETURN(out_num);                     /*返回语句*/
END count_num;                           /*函数结束*/
```

6.6.2 调用函数

无论是命令行还是程序语句，都可以通过名称直接在表达式中调用函数，语法格式为：

<变量名>:=<函数名>[(<实参 1>,<实参 2>,...)]

【例 6.30】   用函数 count_num 统计 XSB 表中有多少女学生。

```
DECLARE
    girl_num number;
BEGIN
    girl_num:=count_num('女');
    DBMS_OUTPUT.PUT_LINE(TO_CHAR(girl_num));
END;
```

输出结果为：8。

6.6.3 删除函数

用 DROP FUNCTION 语句可以删除用户定义的函数，语法格式为：

DROP FUNCTION [<用户方案名>.]<函数名>

例如，要把函数 count_num 删除，只需执行如下语句：

DROP FUNCTION count_num;

6.7 游　　标

一个对表进行查询的 SQL 语句通常都会产生一组记录，称为结果集，但是许多应用程序（尤其是将 PL/SQL 嵌入的主语言，如 C、Java、PowerBuilder 等）通常并不能把整个结果集作为一个单元来处理。因此，这些应用程序需要一种机制来保证每次只处理结果集中的一行或几行，游标就提供了这种机制，即对一个结果集进行逐行处理的能力。游标可作为一种特殊的指针，它与某个查询结果相联系，可以指向结果集的任意位置，以便对指定位置的数据进行操作。使用游标还可以在查询数据的同时处理数据。游标又可分为显式游标和隐式游标两种。

6.7.1 显式游标

对显式游标的使用要遵循声明游标→打开游标→读取数据→关闭游标的步骤。

1. 声明游标

显式游标是作为声明段的一部分进行定义的，定义方法如下：

```
DECLARE CURSOR <游标名>
    IS
    <SELECT 语句>
```

其中，游标名是与某个查询结果集联系的符号名，要遵循 Oracle 系统变量定义的规则。SELECT 语句可查询产生与所声明游标相关联的结果集。例如：

```
DECLARE CURSOR XS_CUR
    IS
    SELECT 学号, 姓名, 总学分
        FROM XSB
        WHERE 专业='计算机';
```

2. 打开游标

声明后，要使用游标就必须先打开它。使用 OPEN 语句打开游标，其格式为：

OPEN <游标名>

打开游标后，可以使用系统变量%ROWCOUNT返回最近一次提取到数据行的序列号。在打开游标之后，且提取数据之前可访问%ROWCOUNT值，并返回0。

【例6.31】 定义游标 XS_CUR，然后打开游标，输出当前行的序列号。

```
DECLARE CURSOR XS_CUR
    IS
        SELECT  学号, 姓名, 总学分
            FROM XSB;
    BEGIN
        OPEN XS_CUR;
        DBMS_OUTPUT.PUT_LINE(XS_CUR%ROWCOUNT);
    END;
```

输出结果为：0。

3. 读取数据

游标打开后，就可以使用 FETCH 语句从中读取数据。FETCH 语句的格式为：

FETCH <游标名> [INTO <变量名>,...n]

其中，INTO 子句将读取的数据存放到指定的变量中。

【例6.32】 将计算机专业每个学生的"学号"与"总学分"相加后的值输出。

```
DECLARE
    v_xh char(6);
    v_zxf number(2);
    CURSOR XS_CUR
    IS
    SELECT  学号,总学分
        FROM XSB
        WHERE  专业='计算机';
    BEGIN
        OPEN XS_CUR;
        FETCH XS_CUR INTO v_xh, v_zxf;
        WHILE XS_CUR%FOUND
        LOOP
            DBMS_OUTPUT.PUT_LINE (v_xh + v_zxf);
            FETCH XS_CUR INTO v_xh, v_zxf;
        END LOOP;
        CLOSE XS_CUR;
    END;
```

输出结果如图6.15所示。

```
151151
151154
151152
151153
151156
151161
151160
151159
151160
151161
151161
151165
```

图 6.15 【例 6.32】输出结果

说明：执行 FETCH 语句时，每次返回一个数据行，然后自动将游标指针移动指向下一个数据行。当检索到最后一行时，如果再执行 FETCH 语句，则会操作失败，并将游标%NOTFOUND 置为 TRUE。

4. 关闭游标

游标使用完以后要及时关闭。关闭游标可使用 CLOSE 语句，其格式为：

```
CLOSE <游标名>;
```

如关闭上例中的游标：

```
CLOSE XS_CUR;
```

关闭游标即关闭 SELECT 操作，释放所占的内存区。

5. 注意事项

关于显式游标要注意下述几点。

（1）用%FOUND 或%NOTFOUND 检验游标操作成功与否。%FOUND 属性表示当前游标是否指向有效的一行，如果游标能按照其选择条件从数据库中成功查询出一行数据，则返回 TRUE 表示成功，否则返回 FALSE 表示失败。%NOTFOUND 的功能与%FOUND 相同，但返回值的含义正好相反。所以每次执行完 FETCH 语句后，只要检查游标的这两个属性就可以判断 FETCH 语句是否执行成功。该测试必须在游标关闭前执行。

（2）循环执行游标进行取数操作时，将最近一次提取到数据行的序列号保存在系统变量%ROWCOUNT 中。

（3）用 FETCH 语句取游标数据到一个或多个变量中，目标变量的数目和类型必须与游标 SELECT 表中表列的数目、数据类型相一致，例如：

```
DECLARE
CURSOR mycur
    IS
    SELECT  课程号,                    /*课程号是字符型*/
           成绩                        /*成绩是数字型*/
           FROM CJB
           WHERE  课程号='101';
    v_kch char(3);                     /*v_kch 存储课程号，为字符型*/
    v_cj number(2);                    /*v_cj 存储成绩，为数字型*/
    BEGIN
        OPEN mycur;
        FETCH mycur INTO v_kch, v_cj;  /*目标变量的数目和类型都与 SELECT 表列相匹配*/
    END;
```

（4）如果试图打开一个已打开的游标或关闭一个已关闭的游标，都将会出现错误。因此用户在打开或关闭游标前，若不清楚其状态，应该用%ISOPEN 进行检查。根据其返回值（TRUE 或 FALSE）采取相应的动作，例如：

```
IF mycur%ISOPEN THEN
        FETCH mycur INTO v_kch,v_cj;   /*游标已打开，可以操作*/
ELSE
        OPEN mycur;                    /*游标没有打开，先打开游标*/
END IF;
```

6.7.2 隐式游标

如果在 PL/SQL 程序段中使用 SELECT 语句进行操作，PL/SQL 会隐含地处理游标定义，即为隐式游标。这种游标不需要同显式游标一样声明，也不必打开和关闭。

下面一段程序是在存储过程（详见第 7 章）定义中使用的隐式游标：

```
CREATE OR REPLACE PROCEDURE CX_XM
(    in_xh IN char, out_xm OUT varchar2    )
AS
BEGIN
    SELECT  姓名  INTO out_xm                    /*隐式游标必须用 INTO*/
        FROM XSB
        WHERE  学号=in_xh AND ROWNUM=1;
    DBMS_OUTPUT.PUT_LINE(out_xm);
END CX_XM;
```

使用隐式游标要注意以下几点。

（1）每一个隐式游标必须有一个 INTO。

（2）与显式游标一样，接收数据目标变量的数目、数据类型要与 SELECT 列表一致。

（3）隐式游标一次仅能返回一行数据，使用时必须检查异常，常见的异常有"NO_DATA_FOUND"和"TOO_MANY_ROWS"。

（4）为确保隐式游标仅返回一行数据，可用 ROWNUM=1 来限定，表示返回第一行数据。

相比隐式游标，显式游标可以通过简单地检测系统变量（%FOUND 或%NOTFOUND）来确认使用游标的 SELECT 语句执行成功与否，而且显式游标是在 DECLARE 段中由用户自己定义的（定义和使用分离），其 PL/SQL 块的结构化程度更高，因此在 PL/SQL 程序中应尽可能地使用显式游标。

6.7.3　游标 FOR 循环

FOR 循环和游标的结合使游标的使用更简明：用户不需要打开游标、取数据、测试数据的存在（用%FOUND 或%NOTFOUND），以及关闭游标这些重复且烦琐的操作。当游标被调用时，用 SELECT 语句中的同样一些元素创建一条记录，对于游标检索出的每一行继续执行循环内的全部代码，当发现没有数据时，游标自动关闭。游标 FOR 循环的语法格式如下：

```
FOR <变量名> IN <游标名>[(<参数 1> [,<参数 2>]…)] LOOP
    语句段
END LOOP;
```

其中，<游标名>必须是已经声明的游标名称，后面括号中是应用程序传递给游标的参数，FOR 关键字后面的<变量名>是 FOR 循环隐含声明的记录变量，其结构与游标查询语句返回的结果集结构相同。在程序中可以通过引用该记录变量中的成员来读取所提取的游标数据。记录变量中成员的名称与游标查询语句 SELECT 列表中所指定的列名相同。

【例 6.33】　从 CJB 表中选出优秀（大于 90 分）的成绩记录另存入一张表。

先在 XSCJ 数据库中创建 tempCj 表（结构与 CJB 相同），然后编写 PL/SQL 代码如下：

```
DECLARE
    v_xh char(6);
    v_kch char(3);
    v_cj number(4,2);
CURSOR kc_cur
IS
    SELECT  学号, 课程号, 成绩
        FROM CJB;
BEGIN
    OPEN kc_cur;
    FETCH kc_cur INTO v_xh,v_kch,v_cj;
    WHILE kc_cur%FOUND LOOP
        IF v_cj>90 THEN
            INSERT INTO tempCj VALUES(v_xh,v_kch,v_cj);
```

```
            END IF;
            FETCH kc_cur INTO v_xh,v_kch,v_cj;
        END LOOP;
        CLOSE kc_cur;
END;
```

上面的例子用游标的 FOR 循环重写如下：

```
DECLARE
    v_xh char(6);
    v_kch char(3);
    v_cj number(4,2);
CURSOR kc_cur
IS
    SELECT 学号, 课程号, 成绩
        FROM CJB;
BEGIN
    FOR kc_cur_rec IN kc_cur LOOP
        v_xh:=kc_cur_rec.学号;
        v_kch:=kc_cur_rec.课程号;
        v_cj:=kc_cur_rec.成绩;
        IF v_cj>90 THEN
            INSERT INTO tempCj VALUES(v_xh,v_kch,v_cj);
        END IF;
    END LOOP;
END;
```

执行结果如图 6.16 所示。

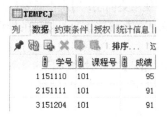

图 6.16　【例 6.33】执行结果

对比上面两段程序可知，当使用游标 FOR 循环时，游标名已经不必再输入一个用 OPEN 打开的游标。在每个 FOR 循环交互的时候，PL/SQL 将数据提取到隐式声明的记录（这种记录只在循环内部定义，外部无法引用）中。游标 FOR 循环减少了代码量，使程序的结构清晰明了，更容易按过程化方式处理。

6.7.4　游标变量

游标都是与一个 SQL 语句相关联的，在编译 PL/SQL 块时，这个语句就已经确定，它是静态的；而游标变量则可以在运行时与不同的语句关联，它是动态的。可见，游标与游标变量就像常量与变量之间的关系一样。游标变量常被用于处理多行的查询结果集。在同一个 PL/SQL 块中，游标变量并不与特定的查询绑定在一起，只有在打开游标时才能确定其所对应的查询，所以一个游标变量可以依次对应多个查询，能为任何兼容的查询打开游标变量，而且还可以将新的值赋予游标变量，将它作为参数传递给本地和存储过程，从而提高了灵活性。

1. 定义 REF CURSOR 类型

游标变量就像 C 语言的指针一样，在 PL/SQL 中，指针具有 REF X 数据类型（REF 是 REFERENCE

缩写，X 表示类对象），因此游标变量就具有 REF CURSOR 类型。创建游标变量首先要定义 REF CURSOR 类型，语法格式为：

```
TYPE <REF CURSOR 类型名>
    IS
    REF CURSOR [RETURN <返回类型>];
```

其中，<返回类型>表示一个记录或者数据库表的一行。例如，下面定义一个 REF CURSOR 类型游标：

```
DECLARE
TYPE xs_cur
    IS
    REF CURSOR RETURN XSB%ROWTYPE;
```

> 👀👀 **注意:**
>
> REF CURSOR 类型既可以是强类型，也可以是弱类型。强 REF CURSOR 类型有返回类型，而弱 REF CURSOR 类型则没有返回类型。

```
DECLARE
    TYPE xs_cur IS REF CURSOR RETURN XSB%ROWTYPE;        /*强类型*/
    TYPE mycur IS REF CURSOR;                            /*弱类型*/
```

2. 声明游标变量

一旦定义了 REF CURSOR 类型，就可以在 PL/SQL 块或子程序中声明游标变量，例如：

```
DECLARE
    TYPE xs_cur IS REF CURSOR RETURN XSB%ROWTYPE;
    xscur xs_cur;                                        /*声明游标变量*/
```

在 RETURN 子句中可定义用户自定义的 RECORD 类型。例如：

```
DECLARE
    TYPE kc_cj IS RECORD(
            kch number(4),
            kcm varchar2(10),
            cj number(4,2));
    TYPE kc_cjcur IS REF CURSOR RETURN kc_cj;
```

此外，还可以声明游标变量作为函数和过程的参数。例如：

```
DECLARE
    TYPE xs_cur IS REF CURSOR RETURN XSB%ROWTYPE;
    PRCEDURE open_xs(xscur IN OUT xs_cur) IS …
```

3. 控制游标变量

在使用游标变量时，要遵循如下步骤：打开→提取行数据→关闭。首先，使用 OPEN 打开游标变量；然后使用 FETCH 从结果集中提取行，当所有的行都处理完毕时，再使用 CLOSE 关闭游标变量。

OPEN 语句与多行查询的游标相关联，它执行查询并标识结果集。语法格式为：

```
OPEN {<弱游标变量名> | :<强游标变量名>}
    FOR
    <SELECT 语句>
```

例如，要打开游标变量 xscur，使用语句如下：

```
IF NOT xscur%ISOPEN THEN
    OPEN xscur FOR SELECT * FROM XSB;
END IF;
```

游标变量同样可以应用游标的属性，如%FOUND、%ISOPEN 和%ROWTYPE。

在使用过程中，其他的 OPEN 语句可以为不同查询打开相同的游标变量。因此，在重新打开之前，建议不要关闭该游标变量。游标变量还可以作为参数传递给存储过程。例如：

```
CREATE PACKAGE xs_data AS
    …
    TYPE xs_cur IS REF CURSOR RETURN xs%ROWTYPE;
    PROCEDURE open_xs(xscur IN OUT xs_cur);
END;
CREATE PACKAGE BODY xs_data AS
    …
    PROCEDURE open_xs(xscur IN OUT xs_cur) IS
    BEGIN
        OPEN xscur FOR SELECT * FROM XSB;
    END;
END;
```

当声明一个游标变量作为打开游标变量子程序的参数时，必须定义 IN OUT 模式。也就是说，子程序可以将一个打开的游标变量传给调用者。

6.8 包

利用包（package）可以将过程和函数安排在逻辑分组中。包有两个分离的部件：包说明（规范、包头）和包体（主体），它们都存储在数据字典中。包与过程和函数的区别是，包仅能存储在非本地的数据库中。除了允许相关的对象结合成组，包与依赖性强的存储子程序相比，其所受的限制较少。另外，包的效率也比较高。

从本质上讲，包就是一个命名的声明部分。任何可以出现在块声明中的语句都可以在包中使用，这些语句包括过程、函数、游标、类型和变量。把这些内容放入包中的好处是，用户可以从其他 PL/SQL块中对其进行引用，因此包为 PL/SQL 提供了全局变量。

6.8.1　包的创建

1．以界面方式创建包

右击 myorcl 连接的"程序包"节点，选择"新建程序包"选项，弹出"创建 PL/SQL 程序包"对话框。在"名称"栏中输入包的名称 TEST_PACKAGE，单击"确定"按钮。在打开的主界面"TEST_PACKGE"窗口中完成此包代码的编写工作，完成后单击"编译以进行调试"按钮完成包的创建。整个过程的操作步骤如图 6.17 所示。

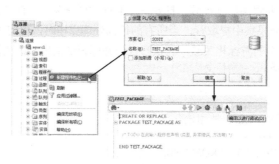

图 6.17　以界面方式创建包

2. 以命令方式创建包

用 SQL 命令创建包需要分别创建包头和包体两部分。

（1）创建包头

语法格式如下：

```
CREATE [OR REPLACE] PACKAGE [<用户方案名>.]<包名>                    /*包头名称*/
    IS│AS   <PL/SQL 程序序列>                                    /*定义过程、函数等*/
```

说明： <PL/SQL 程序序列>中可以是变量、常量及数据类型定义，游标定义，函数、过程定义和参数列表返回类型等。

在定义包头时，要遵循以下规则。

① 包元素的位置可以任意安排。然而，在声明部分，对象必须在引用前进行声明。

② 包头可以不对任何类型的元素进行说明。例如，包头可以只带过程和函数说明语句，而不声明任何异常和类型。

③ 对过程和函数的任何声明都只是对子程序及其参数（如果有的话）进行描述，而不带任何代码的说明，实现代码只能在包体中。它不同于块声明，在块声明中，过程或函数的代码可以同时出现在其声明部分。

（2）创建包体

语法格式如下：

```
CREATE [OR REPLACE] PACKAGE BODY [<用户方案名>.]<包名>
    IS│AS <PL/SQL 程序序列>
```

说明： 包体中的<PL/SQL 程序序列>部分可以是游标、函数、过程的具体定义。

包体是一个独立于包头的数据字典对象。包体只能在包头完成编译后才能进行编译。包体带有实现包头描述的前向子程序的代码段。除此之外，包体还可以包括具有包体全局属性的附加声明部分，但这些附加说明对于说明部分是不可见的。

（3）删除包

如果只是删除包体，则使用命令如下：

```
DROP PACKAGE BODY <包名>;
```

如果要同时删除包头和包体，则使用命令如下：

```
DROP PACKAGE <包名>;
```

【例 6.34】 定义一个包头，为后面的示例做准备。

```
CREATE OR REPLACE PACKAGE SELECT_TABLE
    IS
    TYPE tab_02 IS RECORD
    (
        itnum_1 varchar2(1),
        itnum_2 varchar2(1)
    );
    TYPE tab_03 IS RECORD
    (
        itnum_1 varchar2(1),
        itnum_2 varchar2(1),
        itnum_3 varchar2(1)
    );
    TYPE tab_04 IS RECORD
    (
        itnum_1 varchar2(1),
```

```
        itnum_2 varchar2(1),
        itnum_3 varchar2(1),
        itnum_4 varchar2(1)
    );
    TYPE tab_05 IS RECORD
    (
        itnum_1 varchar2(1),
        itnum_2 varchar2(1),
        itnum_3 varchar2(1),
        itnum_4 varchar2(1),
        itnum_5 varchar2(1)
    );
    TYPE tab_06 IS RECORD
    (
        itnum_1 varchar2(1),
        itnum_2 varchar2(1),
        itnum_3 varchar2(1),
        itnum_4 varchar2(1),
        itnum_5 varchar2(1),
        itnum_6 varchar2(1)
    );
    TYPE cur_02 IS REF CURSOR RETURN tab_02;
    TYPE cur_03 IS REF CURSOR RETURN tab_03;
    TYPE cur_04 IS REF CURSOR RETURN tab_04;
    TYPE cur_05 IS REF CURSOR RETURN tab_05;
    TYPE cur_06 IS REF CURSOR RETURN tab_06;
END;
```

其中，代码段如下：

```
TYPE tab_02 IS RECORD
(
    itnum_1 varchar2(1),
    itnum_2 varchar2(1)
);
```

表示可以查询两列，依此类推，本例中包头可以查询六列。

> **注意：**
> 在定义使用 SELECT 命令来查询数据库表数据时，一定要使用如上定义的包头，否则无法实现存储过程的定义。

【例 6.35】 应用前面统计全体学生平均成绩的函数创建包 TEST_PACKAGE。

（1）包头部分

```
CREATE OR REPLACE PACKAGE TEST_PACKAGE
    IS
    FUNCTION average ( cnum IN char )
        RETURN NUMBER;
END;
```

（2）包体部分

```
CREATE OR REPLACE PACKAGE BODY TEST_PACKAGE
    IS
    FUNCTION average( cnum IN char )
        RETURN NUMBER
```

```
        AS
        avger number;                              /*定义返回值变量*/
    BEGIN
        SELECT AVG(成绩) INTO avger
            FROM CJB
            WHERE  课程号=cnum
            GROUP BY  课程号;
        RETURN(avger);
    END average;
    END;
```

该包体部分包括了实现包头过程中前向说明的代码。如果在包头中没有前向说明的对象（如异常），则可以在包体中直接引用。

包体是可选的。如果包头中没有说明任何过程或函数（只有变量声明、游标、类型等），则该包体就不存在。由于包中的所有对象在包外都是可见的，所以这种说明方法可用来声明全局变量。

包头中的任何前向说明都不能出现在包体中。包头和包体中的过程和函数的说明必须一致，包括子程序名及其参数名、参数类型。

包头中声明的任何对象都在其作用域中，并且可在其外部使用包名作为前缀对其进行引用。例如，可以在下面的 PL/SQL 块中调用对象 TEST_PACKAGE.average，其代码如下：

```
DECLARE
    num number;
BEGIN
    num:= TEST_PACKAGE.average('101');
    DBMS_OUTPUT.PUT_LINE(TO_CHAR(num));
END;
```

上面函数调用的格式与调用独立函数的方法完全一致，唯一不同的是，在被调用的函数名前使用了包名作为前缀。

6.8.2　包的初始化

当第一次调用包子程序时，该包将进行初始化。也就是说，将该包从硬盘中读入内存，并启动调用的子程序编译代码。这时系统为该包中定义的所有变量分配内存单元。每个会话都有其打包变量的副本，以确保执行同一包子程序的两个对话使用不同的内存单元。

在大多数情况下，初始化代码要在包第一次初始化时运行。为了实现这种功能，可以在包体中的所有对象之后加入一个初始化部分，语法格式为：

```
CRETE OR REPLACE PACKAGE BODY <包名>
    IS | AS
    …
    BEGIN
        <初始化代码 >;
    END;
```

6.8.3　重载

在包的内部，过程和函数都可以被重载（Overloading），也就是说，可以有一个以上的名称相同，但参数不同的过程或函数。由于重载允许相同的操作施加在不同类型的对象上，因此，它是 PL/SQL 的一个重要特征。

【例 6.36】　把一个学生加入 temp 表中，通过重载实现两种不同的添加方式：① 只使用学生的学号，其他信息字段为空值；② 使用学号和性别两个字段添加学生信息。

```
CREATE OR REPLACE PACKAGE TempPackage
    AS
    PROCEDURE AddStudent    (v_xh IN temp.学号%TYPE);
    PROCEDURE AddStudent    (v_xh IN temp.学号%TYPE, v_xb IN temp.性别%TYPE);
END;
CREATE OR REPLACE PACKAGE BODY TempPackage
    AS
    PROCEDURE AddStudent (v_xh IN temp.学号%TYPE)
    IS
    BEGIN
        INSERT INTO temp(学号)
            VALUES(v_xh);
    END AddStudent;
    PROCEDURE AddStudent
    (
        v_xh IN temp.学号%TYPE,
        v_xb IN temp.性别%TYPE
    )
    IS
    BEGIN
        INSERT INTO temp(学号,性别)
            VALUES(v_xh, v_xb);
    END AddStudent;
END;
```

增加学生信息，执行语句如下：

```
BEGIN
    TempPackage.AddStudent('150010');
    TempPackage.AddStudent('150011', '女');
END;
```

打开数据库的 temp 表，可看到如图 6.18 所示的执行结果。

	学号	性别	姓名
1	150010	(null)	(null)
2	150011	女	(null)
3	150001	男	(null)
4	150002	男	(null)
5	150003	男	(null)
6	150004	男	(null)
7	150005	男	(null)
8	150006	男	(null)
9	150007	男	(null)
10	150008	男	(null)
11	150009	男	(null)

图 6.18 【例 6.36】执行结果

从上面这个例子看出，同样的操作可以通过不同类型的参数实现，可见重载是非常有用的技术。但是，重载又受到下列限制。

（1）如果两个子程序的参数仅在名称和模式上不同，则这两个子程序不能重载。例如，下面的两个存储过程就不能重载：

```
PROCEDURE overloadMe(p_theparameter IN number);
PROCEDURE overloadMe(p_theparameter OUT number);
```

（2）不能仅根据两个子程序不同的返回类型对其进行重载。如下面两个函数就不能重载：

FUNCTION overloadMeToo RETURN DATE;

FUNCTION overloadMeToo RETURN NUMBER;

（3）重载子程序的参数类族（type family）必须不同。如由于 CHAR 和 VARCHAR2 属于同一类族，故下面的两个存储过程也不能重载：

PROCEDURE OverloadChar(p_theparameter IN CHAR);

PROCEDURE OverloadVarchar(p_theparameter IN VARCHAR2);

根据用户定义的对象类型，包的子程序也可以重载。

说明：以上涉及存储过程的概念，有关存储过程的内容将在第 7 章介绍。

6.8.4　Oracle 11g 数据库的内置包

Oracle 11g 数据库提供了若干具有特殊功能的内置包，简述如下。

（1）DBMS_ALERT 包：用于数据库报警，允许会话间通信。

（2）DBMS_JOB 包：用于任务调度服务。

（3）DBMS_LOB 包：用于大型对象操作。

（4）DBMS_PIPE 包：用于数据库管道，允许会话间通信。

（5）DBMS_SQL 包：用于执行动态 SQL。

（6）UTL_FILE 包：用于文本文件的输入与输出。

以上这些包中，除了 UTL_FILE 包既存储在服务器中，又存储在客户端中，其他所有的包都只存储在服务器中。此外，在某些客户环境，Oracle 11g 数据库也会提供一些额外的包。

6.9　集　　合

PL/SQL 的集合类似于其他高级语言的数组，是管理多行数据必需的结构体。集合就是列表，可能有序，也可能无序。有序列表的索引是唯一性的数字下标，而无序列表的索引是唯一性的标识符，这些标识符可以是数字、哈希值，也可以是一些字符串名。

PL/SQL 提供了 3 种不同的集合类型：联合数组（以前称为 index_by 表）、嵌套表和可变数组。

6.9.1　联合数组

联合数组是具有 Oracle 11g 数据库的数据类型或用户自定义的记录/对象类型的一维体，类似于 C 语言中的二维数组。定义联合数组的语法格式为：

```
TYPE <联合数组名>
    IS
    TABLE OF <数据类型> INDEX BY BINARY_INTEGER;
```

下面的代码定义了一个联合数组类型：

```
TYPE xs_name
    IS
    TABLE OF XSB.姓名%TYPE
        INDEX BY BINARY_INTEGER;            /*声明类型*/
    v_name xs_name;                         /*声明变量*/
```

在声明了类型和变量后，就可以使用联合数组表中的单个元素，其语句为：

v_name(index)

其中 index 是指表中第几个元素，其数据类型属于 BINARY_INTEGER 类型。

1. 给元素赋值

可以使用以下语句给表中的元素赋值:

```
BEGIN
    v_name(1):= '韩许';
    v_name(2):= '陈俊';
END;
```

> ◑◐ 注意:
>
> 联合数组中的元素不是按特定顺序排列的,这与 C 语言数组不同。在 C 语言中,数组在内存中是按顺序存储的,因此元素的下标也是有序的。

在联合数组中下面的元素赋值也是合法的:

```
BEGIN
    v_name(1):= '韩许';
    v_name(-2):= '陈俊';
    v_name(5):= '朱珠';
END;
```

联合数组的元素个数只受 BINARY_INTEGER 类型的限制,即 index 的范围为-2 147 483 647～+2 147 483 647。因此只要在此范围内给元素赋值都是合法的。

2. 输出元素

需要注意的是,在调用每个联合数组的元素之前,都必须先给该元素赋值。

【例 6.37】 创建联合数组并输出其元素。

```
DECLARE
    TYPE studytab
        IS TABLE OF VARCHAR2(20) INDEX BY BINARY_INTEGER;
    v_studytab studytab;
BEGIN
    FOR v_count IN 1..5 LOOP
        v_studytab(v_count):=v_count*10;
    END LOOP;
    FOR v_count IN 1..5 LOOP
        DBMS_OUTPUT.PUT_LINE(v_studytab(v_count));
    END LOOP;
END;
```

输出结果如图 6.19 所示。

如果将第二个 FOR 循环中的循环范围改为 1..6,由于 v_studytab(6)元素没有赋值,因此系统会出现错误信息,如图 6.20 所示。

```
错误报告:
ORA-01403: 未找到任何数据
ORA-06512: 在 line 10
01403. 00000 -  "no data found"
*Cause:
*Action:
```

```
10
20
30
40
50
```

```
10
20
30
40
50
```

图 6.19 【例 6.37】输出结果　　　　图 6.20 元素未赋值时出错

6.9.2　嵌套表

嵌套表的声明和联合数组的声明十分类似，语法格式为：

TYPE <嵌套表名>
  IS
  TABLE OF <数据类型>[NOT NULL]

嵌套表与联合数组唯一不同的是没有 INDEX BY BINARY_INTEGER 子句，因此区别这两种类型的唯一方法就是看是否含有这个子句。

1. 嵌套表初始化

嵌套表的初始化与联合数组的初始化完全不同。在声明了类型之后，再声明一个联合数组变量类型，如果没有给该表赋值，那么该表就是一个空的联合数组。但是，在以后的语句中可以继续向联合数组中添加元素；声明了嵌套表变量类型时，如果嵌套表中没有任何元素，那么它会自动初始化为NULL，并且是只读的，如果还想向这个嵌套表中添加元素，系统就会提示出错。

【例 6.38】　嵌套表的初始化。

```
DECLARE
    TYPE studytab
        IS TABLE OF VARCHAR(20);
    v_studytab studytab:=studytab('Tom', 'Jack', 'Rose');
BEGIN
    FOR v_count IN 1..3 LOOP
        DBMS_OUTPUT.PUT_LINE(v_studytab(v_count));
    END LOOP;
END;
```

以上是嵌套表正确初始化的过程，系统输出结果如图 6.21 所示。

```
Tom
Jack
Rose
```

图 6.21　【例 6.38】输出结果

> ◉◉注意：
> 当初始化嵌套表时没有元素，而后再向其添加元素，系统就会提示无法加入。

2. 元素有序性

嵌套表与联合数组十分相似，只是嵌套表在结构上是有序的，而联合数组是无序的。如果给一个嵌套表赋值，表元素的 index 将会从 1 开始依次递增。

【例 6.39】　嵌套表元素的有序性演示。

```
DECLARE
    TYPE numtab
        IS TABLE OF NUMBER(4);
    v_num numtab:=numtab(1,3,4,5,7,9,11);
BEGIN
    FOR v_count IN 1..7 LOOP
        DBMS_OUTPUT.PUT_LINE('v_num(' || v_count || ')= ' || v_num(v_count));
    END LOOP;
END;
```

输出结果如图 6.22 所示。

```
v_num(1)= 1
v_num(2)= 3
v_num(3)= 4
v_num(4)= 5
v_num(5)= 7
v_num(6)= 9
v_num(7)= 11
```

图 6.22　【例 6.39】输出结果

由图 6.22 可以清楚地看到嵌套表是有序的。

6.9.3　可变数组

可变数组是具有相同数据类型的一组成员集合，每个成员都有一个唯一的下标，这个下标取决于成员在数组中的位置。

定义可变数组的语法格式为：

```
TYPE <可变数组名>
    IS
    {VARRAY | VARYING ARRAY} (<元素个数最大值>)
    OF <数组元素类型>[NOT NULL]
```

说明： 可变数组的"可变"是指当定义了数组的最大上限时，数组元素的个数可以在这个最大上限内变化，但是不得超过最大上限。当数组元素的个数超过了最大上限后，系统就会提示出错。可变数组的存储和 C 语言数组的存储是相同的，各个元素在内存中是连续存储的。

下面是一个合法的可变数组声明：

```
DECLARE
    TYPE dates
        IS VARRAY(7) OF VARCHAR2(10);
    TYPE months
        IS VARRAY(12) OF VARCHAR2(10);
```

与嵌套表一样，可变数组也需要初始化。初始化时需要注意的是，赋值的数量必须保证不大于可变数组的最大上限。

【例 6.40】　可变数组的初始化演示。

```
DECLARE
    TYPE dates
        IS VARRAY(7) OF VARCHAR2(10);
    v_dates dates:=dates('Monday', 'Tuesday', 'Wesdnesday');
BEGIN
    DBMS_OUTPUT.PUT_LINE(v_dates(1));
    DBMS_OUTPUT.PUT_LINE(v_dates(2));
    DBMS_OUTPUT.PUT_LINE(v_dates(3));
END;
```

输出结果如图 6.23 所示。

```
Monday
Tuesday
Wesdnesday
```

图 6.23　【例 6.40】输出结果

6.9.4 集合的属性和方法

联合数组、嵌套表和可变数组都是对象类型，因此它们本身就有属性和方法。集合的属性或方法的调用与其他对象类型的调用一样，以 Object.Attribute 或 Object.Method 的形式。

下面介绍集合类型的几种常用属性和方法。

1. COUNT 属性

COUNT 属性用来返回集合中的数组元素个数。

【例 6.41】 统计 3 种集合类型的元素个数。

```
DECLARE
        TYPE name IS TABLE OF VARCHAR2(20) INDEX BY BINARY_INTEGER;
        TYPE pwd IS TABLE OF VARCHAR2(20);
        TYPE dates IS VARRAY(7) OF VARCHAR2(20);
        v_name name;
        v_pwd pwd:=pwd('10000', '12345', '22', 'yes', 'no');
        v_dates dates:=dates('Monday', 'Sunday');
BEGIN
        v_name(1):= 'Tom';
        v_name(-1):= 'Jack';
        v_name(4):= 'Rose';
        DBMS_OUTPUT.PUT_LINE('The index_by count is: ' || v_name.count);
        DBMS_OUTPUT.PUT_LINE('The nested count is: ' || v_pwd.count);
        DBMS_OUTPUT.PUT_LINE('The varray count is: ' || v_dates.count);
END;
```

输出结果如图 6.24 所示。

```
The index_by count is: 3
The nested count is: 5
The varray count is: 2
```

图 6.24 【例 6.41】输出结果

COUNT 属性在 PL/SQL 编程中是十分有用的，对于那些元素个数未知的集合元素，而又想对其进行操作的模块十分方便。

2. DELETE 方法

DELETE 方法用来删除集合中的一个或多个元素。需要注意的是，由于 DELETE 方法执行删除操作的大小固定，故对于可变数组来说就没有 DELETE 方法。DELETE 方法有以下 3 种形式。

（1）DELETE：不带参数的 DELETE 方法，即将整个集合删除。

（2）DELETE(x)：将集合表中第 x 个位置的元素删除。

（3）DELETE(x,y)：将集合表中从第 x 个位置到第 y 个位置之间的所有元素删除。

> ◎◎注意：
>
> 执行 DELETE 方法后，集合的 COUNT 值将会立刻变化，而且当要删除的元素不存在时，DELETE 也不会报错，而是跳过该元素，继续执行下一步操作。

【例 6.42】 使用 DELETE 方法的演示。

```
DECLARE
        TYPE pwd IS TABLE OF VARCHAR2(20);
```

```
        v_pwd pwd:=pwd('10000', '12345', '22', 'yes', 'no');
BEGIN
        DBMS_OUTPUT.PUT_LINE('The original table count is: ');
        DBMS_OUTPUT.PUT_LINE(v_pwd.count);
        v_pwd.delete(4);
        DBMS_OUTPUT.PUT_LINE('After delete a element,table count is: ');
        DBMS_OUTPUT.PUT_LINE(v_pwd.count);
        v_pwd.delete(6, 8);
        DBMS_OUTPUT.PUT_LINE('After delete some element,table count is: ');
        DBMS_OUTPUT.PUT_LINE(v_pwd.count);
END;
```

输出结果如图 6.25 所示。

```
The original table count is:
5
After delete a element,table count is:
4
After delete some element,table count is:
4
```

图 6.25 【例 6.42】输出结果

3. EXISTS 方法

EXISTS 方法是用来判断集合中元素是否存在的，语法格式为：

EXISTS(x)

即判断位于 x 处的元素是否存在，如果存在则返回 TRUE；如果 x 大于集合的最大范围，则返回 FALSE。

> ◎◎注意：
>
> 　　使用 EXISTS 判断时，只要在指定位置处有元素存在即可，即使该处的元素为 NULL，EXISTS 也会返回 TRUE。

4. EXTEND 方法

EXTEND 方法用来将元素添加到集合的末端，具体形式有以下几种。

（1）EXTEND：不带参数的 EXTEND 是将一个 NULL 元素添加到集合的末端。

（2）EXTEND(x)：将 x 个 NULL 元素添加到集合的末端。

（3）EXTEND(x,y)：将 x 个位于 y 的元素添加到集合的末端。

【例 6.43】 使用 EXTEND 方法。

```
DECLARE
        TYPE pwd IS TABLE OF VARCHAR2(20);
        v_pwd pwd:=pwd('10000', '12345', '22', 'yes', 'no', 'OK', 'All', 'Hello', 'Right', 'Left', 'Football');
        v_count number;
BEGIN
        v_count:=v_pwd.LAST;
        DBMS_OUTPUT.PUT_LINE('v_pwd(' || v_count || '): ' || v_pwd(v_count));
        v_pwd.EXTEND(2, 2);                    /*向集合末端添加两个"12345"元素*/
        v_count:=v_pwd.LAST;
        DBMS_OUTPUT.PUT_LINE('v_pwd(' || v_count || '): ' || v_pwd(v_count));
        v_pwd.EXTEND(2);                       /*向集合末端添加两个 NULL 元素*/
        v_count:=v_pwd.LAST;
        v_pwd(v_count):= 'Basketball';         /*为末尾的元素赋值*/
```

```
        DBMS_OUTPUT.PUT_LINE('v_pwd(' || v_count || '): ' || v_pwd(v_count));
END;
```

输出结果如图 6.26 所示。

```
v_pwd(11): Football
v_pwd(13): 12345
v_pwd(15): Basketball
```

图 6.26　【例 6.43】输出结果

注意：
由于联合数组表元素的随意性，因此 EXTEND 方法只对嵌套表和可变数组有效。

---

5. LIMIT 属性

LIMIT 属性用于返回集合中的最大元素个数。由于嵌套表没有上限，所以当嵌套表使用 LIMIT 属性时，总是返回 NULL。

【例 6.44】 使用 LIMIT 属性。

```
DECLARE
        TYPE pwd IS TABLE OF VARCHAR2(20);
        v_pwd pwd:=pwd('10000', '12345', '22', 'yes', 'no', 'OK', 'All', 'Hello', 'Right', 'Left', 'Football');
        TYPE name IS VARRAY(20) OF VARCHAR2(20);
        v_name name:=name('10000', '12345', '22', 'yes', 'no', 'OK', 'All', 'Hello', 'Right', 'Left', 'Football');
BEGIN
        DBMS_OUTPUT.PUT_LINE('The nestedtable limit is: ' || v_pwd.LIMIT);
        DBMS_OUTPUT.PUT_LINE('The varraytable limit is: ' || v_name.LIMIT);
END;
```

输出结果如图 6.27 所示。

```
The nestedtable limit is:
The varraytable limit is: 20
```

图 6.27　【例 6.44】输出结果

6. FIRST/LAST 属性

FIRST 属性用来返回集合第一个元素的序列号，LAST 属性则是返回集合最后一个元素的序列号。

7. NEXT/PRIOR 方法

使用这两个方法时，后面都会跟一个参数。其中，NEXT(x)方法返回位置为 x 处元素后面的那个元素；PRIOR(X)方法返回 x 处元素前面的那个元素。

【例 6.45】 通常 NEXT/PRIOR 方法与 FIRST/LAST 属性一起使用，共同进行循环处理。

```
DECLARE
        TYPE pwd IS TABLE OF VARCHAR2(20);
        v_pwd pwd:=pwd('10000', '12345', '22', 'yes', 'no', 'OK', 'All', 'Hello', 'Right', 'Left', 'Football');
        v_count integer;
BEGIN
        v_count:=v_pwd.FIRST;
        WHILE v_count<=v_pwd.LAST LOOP
            DBMS_OUTPUT.PUT_LINE(v_pwd(v_count));                    /*循环输出 pwd 的内容*/
            v_count:=v_pwd.NEXT(v_count);
        END LOOP;
END;
```

输出结果如图 6.28 所示。

```
10000
12345
22
yes
no
OK
All
Hello
Right
Left
Football
```

图 6.28 【例 6.45】输出结果

8. TRIM 方法

TRIM 方法用来删除集合末端的元素，其具体形式如下。

（1）TRIM 方法：从集合的末端删除一个元素。

（2）TRIM(x) 方法：从集合的末端删除 x 个元素，其中 x 要小于集合的 COUNT 值。

> 👀 注意：
> 与 EXTEND 方法一样，由于联合数组表元素的随意性，因此 TRIM 方法只对嵌套表和可变数组有效。

第7章 存储过程和触发器

存储过程是数据库对象之一，存储过程可以理解成数据库的子程序，在客户端和服务器端可以直接调用它。触发器是与表直接关联的特殊存储过程，是在对表记录进行操作时触发的。

7.1 存储过程

在 Oracle 11g 数据库中，可以在数据库中定义子程序，这种程序块称为存储过程（Procedure）。它存放在数据字典中，可以在不同用户和应用程序之间共享，并可实现程序的优化和重用。存储过程的优点如下。

（1）存储过程在服务器端运行，且执行速度快。

（2）存储过程执行一次后，代码就驻留在高速缓存中，以后再操作时，只需从高速缓存中调用已编译代码执行即可，从而提高了系统性能。

（3）确保数据库的安全。可以不授权用户直接访问应用程序中的一些表，而是授权用户执行访问这些表的存储过程。非表的授权用户除非通过存储过程，否则就不能访问这些表。

（4）自动完成需要预先执行的任务。存储过程可以在系统启动时自动执行，而不必在系统启动后再进行手工操作，从而大大方便了用户的使用，可以自动完成一些需要预先执行的任务。

7.1.1 存储过程的创建

用户存储过程只能定义在当前数据库中，可以使用命令方式或界面方式创建存储过程。默认情况下，用户创建的存储过程归登录数据库的用户所有，DBA 可以把许可授权给其他用户。

1. 以命令方式创建存储过程

创建存储过程使用 CREATE PROCEDURE 语句，语法格式为：

```
CREATE [OR REPLACE] PROCEDURE <过程名>                          /*定义过程名*/
    [ (<参数名> <参数类型> <数据类型> [ DEFAULT <默认值>] [, ...n])]
                                                               /*定义参数类型及属性*/
{ IS | AS }
    [<变量声明>]                                                /*变量声明部分*/
    BEGIN
        <过程体>                                               /*PL/SQL 过程体*/
    END [<过程名>][;]
```

相关参数说明如下。

（1）过程名：存储过程名称要符合标识符规则，并且在所属方案中必须是唯一的。关键字 OR REPLACE 表示在创建存储过程时，如果已存在同名的过程，则重新创建。

（2）参数名：存储过程的参数名也要符合标识符规则，创建过程时，可以声明一个或多个参数，执行过程时应提供相对应的参数。存储过程的参数模式和函数参数一样，也有 3 种模式，分别为 IN、OUT 和 IN OUT。

① IN：表示参数是输入给过程的。

② OUT：表示参数在过程中将被赋值，可以传给过程体的外部。

③ IN OUT：表示该类型的参数既可以向过程体传值，也可以在过程体中赋值。

（3）DEFAULT：指定过程中 IN 参数的默认值，且默认值必须是常量。

（4）过程体：表示包含 PL/SQL 语句块。

在存储过程的定义体中，不能使用下列对象创建语句：

```
CREATE VIEW
CREATE DEFAULT
CREATE RULE
CREATE PROCEDURE
CREATE TRIGGER
```

【例 7.1】 创建一个简单的存储过程，输出 hello world。

```
CREATE PROCEDURE proc
AS
BEGIN
    DBMS_OUTPUT.PUT_LINE('hello world');
END;
```

【例 7.2】 创建存储过程，计算指定学生的总学分。

```
CREATE OR REPLACE PROCEDURE totalcredit
    ( xh IN varchar2)
AS
    xf number;
BEGIN
    SELECT 总学分
        INTO xf
        FROM XSB
        WHERE 学号=xh AND ROWNUM=1;
    DBMS_OUTPUT.PUT_LINE(xf);
END;
```

> 👀 **注意：**
>
> 在存储过程体中，不能使用 SELECT 语句直接查询，否则会出现编译错误。

【例 7.3】 计算某专业总学分大于 50 分的人数，该存储过程使用了一个输入（IN）参数和一个输出（OUT）参数。

```
CREATE OR REPLACE PROCEDURE count_grade
    ( zy IN char, person_num OUT number )
AS
BEGIN
    SELECT COUNT(学号)
        INTO person_num
        FROM XSB
        WHERE 专业=zy AND 总学分>50;
END;
```

2. 以界面方式创建存储过程

如果要通过界面方式定义上面的存储过程 count_grade，其步骤如下。

（1）启动 SQL Developer，选择 myorcl 连接的"过程"节点，右击选择"新建过程"选项进入"创建 PL/SQL 过程"对话框，如图 7.1 所示。

（2）在"名称"文本框中输入存储过程的名称，单击 ➕ 按钮添加一个参数，在"参数"选项页的"Name"栏中输入各参数名称,在"Type"栏中选择参数的类型,在"Mode"栏中选择参数的模式,在"Default Value"栏中输入参数默认值(如果有的话)。

(3)单击"确定"按钮,在出现的"COUNT_GRADE"过程的编辑框中编写过程语句块,如图7.2 所示,单击"编译以进行调试"按钮完成过程的创建。

图 7.1 "创建 PL/SQL 过程"对话框

图 7.2 编写过程语句块

7.1.2 存储过程的调用

调用存储过程一般使用 EXEC 语句,语法格式为:

```
[ { EXEC | EXECUTE } ]   <过程名>
    [ ( [<参数名> =>] <实参> | @<实参变量> [,...n]) ] [;]
```

说明:EXEC 是 EXECUTE 的缩写,<参数名>为 CREATE PROCUDURE 定义的参数名称。在传递参数的实参时,如果指定了变量名,该变量则用于保存 OUT 参数返回的值;如果省略"<参数名>=>",则后面的实参顺序要与定义时参数的顺序一致。在使用"<参数名>=><实参>"格式时,参数名称和实参不必按在过程中定义的顺序提供。但是,如果任何参数使用了"<参数名>=<实参>"格式,则对后续的所有参数均必须使用该格式。如果在定义存储过程时为 IN 参数设置了默认值,则调用过程可以不为这些参数提供值。

在 PL/SQL 块中也可以直接使用过程名来调用存储过程。

【例 7.4】 调用【例 7.1】中的存储过程 proc。

```
EXEC proc;
```

或

```
BEGIN
    proc;
END;
```

输出结果均为:"hello world"。

【例 7.5】 从 XSCJ 数据库的 XSB 表中查询某人的总学分,并根据总学分写评语。

```
CREATE OR REPLACE PROCEDURE update_info
  ( xh in char )
AS
    xf number;
BEGIN
    SELECT 总学分 INTO xf
        FROM XSB
        WHERE 学号=xh AND ROWNUM=1;
```

```
    IF xf>50 THEN
        UPDATE XSB SET  备注= '三好学生' WHERE  学号=xh;
    END IF;
    IF xf<42 THEN
        UPDATE XSB SET  备注= '学分未修满' WHERE  学号=xh;
    END IF;
END;
```

执行存储过程 update_info：

```
EXEC update_info(xh=>'151242');
```

执行结果如图 7.3 所示。

```
24 151242    周何骏    男      1998-09-25      通信工程           90 三好学生
```

图 7.3 【例 7.5】执行结果

【例 7.6】　统计 XSB 表中男女学生的人数。

```
CREATE OR REPLACE PROCEDURE count_number
    ( sex IN char, num OUT number )
AS
BEGIN
    IF sex= '男' THEN
        SELECT COUNT(性别) INTO num
            FROM XSB
            WHERE  性别= '男';
    ELSE
        SELECT COUNT(性别) INTO num
            FROM XSB
            WHERE  性别= '女';
    END IF;
END;
```

在调用过程 count_number 时，需要先定义 OUT 类型参数，其代码如下：

```
DECLARE
    girl_num number;
BEGIN
    count_number('女', girl_num);
    DBMS_OUTPUT.PUT_LINE(girl_num);
END;
```

输出结果为：8。

7.1.3　存储过程的修改

修改存储过程和修改视图一样，虽然也有 ALTER PROCEDURE 语句，但它是用于重新编译或验证现有过程的。如果要修改过程定义，仍然使用 CREATE OR REPLACE PROCEDURE 命令，语法格式一样。

其实，修改已有过程的本质就是使用 CREATE OR REPLEACE PROCEDURE 命令重新创建一个新的过程，只要保持名字与原来的过程相同即可。

使用界面方式也可以很方便地修改存储过程定义。在 SQL Developer 中，在"过程"节点下选择要修改的存储过程，右击选择"编辑"选项，在打开的存储过程编辑窗口中修改定义后单击"编译以进行调试"按钮即可。

7.1.4 存储过程的删除

当某个过程不再需要时，应将其删除，以释放它占用的内存资源。

删除过程的语法格式为：

DROP PROCEDURE [<用户方案名>.] <过程名>;

【例 7.7】 删除 XSCJ 数据库中的 count_number 存储过程。

DROP PROCEDURE count_number;

也可以使用界面方式删除存储过程，具体操作如图 7.4 所示，请读者自行尝试。

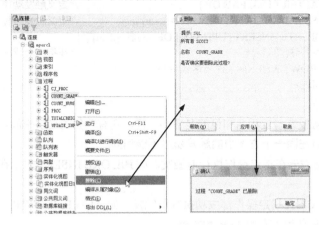

图 7.4 删除存储过程

7.2 触 发 器

触发器是被指定关联到一个表的数据对象，它不需要调用，当一个表出现特别事件时就会被激活。触发器的代码也是由 SQL 语句组成的，因此用在存储过程中的语句也可以用在触发器的定义中。触发器是一类特殊的存储过程，与表的关系密切，用于保护表中的数据。当有操作影响到触发器保护的数据时，触发器将自动执行。

（1）DML 触发器。当数据库中发生数据操纵语言（DML）事件时将调用 DML 触发器。一般情况下，DML 事件包括用于表或视图的 INSERT 语句、UPDATE 语句和 DELETE 语句，因此 DML 触发器又可分为 3 种类型：INSERT、UPDATE 和 DELETE。

利用 DML 触发器可以方便地保持数据库中数据的完整性。例如，XSCJ 数据库有 XSB 表、CJB 表和 KCB 表，当插入某学生的某门课成绩时，该学生学号应是 XSB 表中已存在的，课程号应是 KCB 表中已存在的，此时，可通过定义 INSERT 触发器实现上述功能。用 DML 触发器还可实现多个表间数据的一致性。例如，在 XSB 表中删除一条学生信息时，XSB 表的 DELETE 触发器就要同时删除 CJB 表中该学生的所有成绩记录。

（2）替代触发器。由于在 Oracle 系统中不能直接对由两个以上的表建立的视图进行操作，所以给出了替代触发器。它是 Oracle 系统专门为进行视图操作的一种处理方式。

（3）系统触发器。系统触发器也由相应的事件触发，但它的激活一般基于对数据库系统所进行的操作，如数据定义语句（DDL）、启动或关闭数据库、连接与断开、服务器错误等系统事件。

7.2.1 以命令方式创建触发器

创建触发器都使用 CREATE TRIGGER 语句，但创建 DML 触发器、替代触发器与系统触发器的语法略有不同。

1. 创建 DML 触发器

语法格式为：

```
CREATE [OR REPLACE] TRIGGER [<用户方案名>.] <触发器名>
    { BEFORE | AFTER | INSTEAD OF }                        /*定义触发动作*/
    { DELETE | INSERT | UPDATE [ OF <列名>[,...n] ] }       /*定义触发器种类*/
        [OR { DELETE | INSERT | UPDATE [ OF <列名>[,...n] ]}]
    ON    {<表名> | <视图名>}                               /*在指定表或视图中建立触发器*/
    [ FOR EACH ROW [ WHEN(<条件表达式>) ] ]
    <PL/SQL 语句块>
```

相关参数说明如下。

（1）触发器名：触发器与过程名和包的名字不一样，它有单独的名字空间，因此触发器名可以和表名或过程名同名，但在同一个方案中的触发器名不能相同。

（2）BEFORE：触发器在指定操作执行前触发，如 BEFORE INSERT 表示在向表中插入数据前激活触发器。

（3）AFTER：触发器在指定操作都成功执行后触发，如 AFTER INSERT 表示向表中插入数据时激活触发器。不能在视图上定义 AFTER 触发器。

（4）INSTEAD OF：指定创建替代触发器，触发器指定的事件不执行，而执行触发器本身的操作。

（5）DELETE|INSERT|UPDATE：指定一个或多个触发事件，多个触发事件之间用 OR 连接。

（6）OF：指定在某列上应用 UPDATE 触发器，如果为多个列，则需要使用逗号分隔。

（7）FOR EACH ROW：在触发器定义中，如果未使用 FOR EACH ROW 子句则表示触发器为语句级触发器，触发器在激活后只执行一次，而不管这个操作将影响多少行。使用 FOR EACH ROW 子句则表示触发器为行级触发器，行级触发器在 DML 语句操作影响到多行数据时，触发器将针对每一行执行一次。WHEN 子句用于指定触发条件，即只有满足触发条件的行才能执行触发器。

在行级触发器执行部分中，PL/SQL 语句可以访问受触发器语句影响的每行列值。在列名的前面加上限定词 ":OLD." 表示变化前的值，在列名前加上 ":NEW." 表示变化后的值。在 WHEN 子句中引用时不用加前面的冒号 ":"。

有关 DML 触发器，还有以下几点说明。

（1）创建触发器的限制。创建触发器有以下限制。

① 代码大小。触发器代码大小必须小于 32 KB。

② 触发器中有效语句可以包括 DML 语句，但不能包括 DDL 语句。另外，ROLLBACK 语句、COMMIT 语句、SAVEPOINT 语句也不能使用。

③ LONG、LONG RAW 和 LOB 的限制如下。

● 不能插入数据到 LONG 或 LONG RAW 中。

● 来自 LONG 或 LONG RAW 的数据可以转换成字符型（如 char、varchar2），但是不能超过 32KB。

● 使用 LONG 或 LONG RAW 不能声明变量。

● 在 LONG 或 LONG RAW 列中不能使用:NEW 和:OLD。

● 在 LOB 中的:NEW 变量不能被修改。

④ 引用包变量的限制。如果 UPDATE 语句或 DELETE 语句检测到与当前的 UPDATE 语句冲突，则 Oracle 系统将执行 ROLLBACK 语句到 SAVEPOINT 语句上并重新启动更新，这样可能需要多次才能成功。

（2）触发器触发次序。Oracle 系统对事件的触发是按照一定次序执行的。

① 执行 BEFORE 语句级触发器。

② 对于受语句影响的每一行，执行顺序为：BEFORE 行级触发器→DML 语句→AFTER 行级触发器。

③ 执行 AFTER 语句级触发器。

【例 7.8】　创建一个表 table1，其中只有一列 a。在表上创建一个触发器，每次插入操作时，将变量 str 的值设为"TRIGGER IS WORKING"并显示。

创建表 table1：

```
CREATE TABLE table1(a number);
```

创建 INSERT 触发器 table1_insert：

```
CREATE OR REPLACE TRIGGER table1_insert
    AFTER INSERT ON table1
DECLARE
    str char(100) :='TRIGGER IS WORKING';
BEGIN
    DBMS_OUTPUT.PUT_LINE(str);
END;
```

向 table1 中插入一行数据：

```
INSERT INTO table1 VALUES(10);
```

输出结果如图 7.5 所示。

说明：本例定义的是 INSERT 触发器，每次向表中插入一行数据时就会激活它，从而执行触发器中的操作。

```
table TABLE1 已创建。
TRIGGER TABLE1_INSERT 已编译
1 行已插入。
TRIGGER IS WORKING
```

图 7.5　【例 7.8】输出结果

【例 7.9】　在 XSCJ 数据库中增加一个日志表 XSB_HIS，表结构和 XSB 表相同，用来存放从 XSB 表中删除的记录。创建一个触发器，当 XSB 表被删除一行时，可把删除的记录写到 XSB_HIS 表中。

```
CREATE OR REPLACE TRIGGER del_xs
    BEFORE DELETE ON XSB FOR EACH ROW
BEGIN
    INSERT INTO XSB_HIS (学号, 姓名, 性别, 出生时间, 专业, 总学分, 备注)
        VALUES(:OLD.学号,:OLD.姓名, :OLD.性别, :OLD.出生时间, :OLD.专业, :OLD.总学分, :OLD.备注);
    END;
```

其中，OLD 修饰访问操作完成前列的值。触发器建立后向 XSB 表中插入一行数据，之后查看 XSB_HIS 表中并没有添加该行数据，这是因为触发器中的 DML 语句并没有使用提交语句，而触发器中又不能使用 COMMIT 语句，所以需要定义自治事务来提交，修改方法参考第 10.1.3 节中的【例 10.4】。

【例 7.10】　利用触发器在数据库 XSCJ 的 XSB 表中执行插入、更新和删除后，并给出相应提示。

```
CREATE TRIGGER cue_xs
    AFTER INSERT OR UPDATE OR DELETE ON XSB FOR EACH ROW
DECLARE
    Infor char(10);
BEGIN
    IF INSERTING THEN              /*INSERT 语句激活了触发器*/
```

```
        Infor:= '插入';
    ELSIF UPDATING THEN                   /*UPDATE 语句激活了触发器*/
        Infor:= '更新';
    ELSIF DELETING THEN                   /*DELETE 语句激活了触发器*/
        Infor:= '删除';
    END IF;
    DBMS_OUTPUT.PUT_LINE(Infor);
END;
```

说明： 程序中使用条件谓词 IF 通过谓词 INSERTING、UPDATING 和 DELETING 分别判断是否是 INSERT、UPDATE 和 DELETE 激活了触发器。另外，在 UPDATE 触发器中使用 UPDATING(列名)的形式来判断特定列是否被更新。

2. 创建替代触发器

创建替代触发器使用 INSTEAD OF 关键字，一般用于对视图的 DML 触发。由于视图有可能由多个表进行关联而成，因而并非所有的关联都是可更新的。INSTEAD OF 触发器触发时只执行触发器内部的 SQL 语句，而不执行激活该触发器的 SQL 语句。

例如，若在一个多表视图上定义了 INSTEAD OF INSERT 触发器，视图各列的值可能允许为空，也可能不允许。若视图某列的值不允许为空，则 INSERT 语句必须为该列提供相应的值。

【例 7.11】 在 XSCJ 数据库中创建视图 stu_view，包含学生学号、专业、课程号、成绩。该视图依赖的 XSB 表和 CJB 表都是不可更新视图。在视图上可以创建 INSTEAD OF 触发器，当向视图中插入数据时分别向 XSB 表和 CJB 表插入数据，从而实现向视图插入数据的功能。

创建视图：

```
CREATE VIEW stu_view
AS
SELECT XSB.学号, 专业, 课程号, 成绩
    FROM XSB, CJB
    WHERE XSB.学号=CJB.学号
```

创建 INSTEAD OF 触发器：

```
CREATE TRIGGER InsteadTrig
    INSTEAD OF INSERT ON stu_view FOR EACH ROW
DECLARE
    xm char(8);
    xb char(2);
    cssj date;
BEGIN
    xm:='徐鹤';
    xb:= '男';
    cssj:= '1997-07-28';
    INSERT INTO XSB(学号, 姓名, 性别, 出生时间, 专业)
        VALUES(:NEW.学号,xm, xb, cssj, :NEW.专业);
    INSERT INTO CJB VALUES(:NEW.学号, :NEW.课程号, :NEW.成绩);
END;
```

向视图插入一行数据：

```
INSERT INTO stu_view VALUES('151116', '计算机', '101', 85 );
```

查看数据是否插入：

```
SELECT * FROM stu_view WHERE 学号= '151116';
```

执行结果如图 7.6 所示。

学号	专业	课程号	成绩
1 151116	计算机	101	85

图 7.6　插入成功

查看与视图关联的 XSB 表情况：

SELECT * FROM XSB WHERE 学号= '151116';

执行结果如图 7.7 所示。

学号	姓名	性别	出生时间	专业	总学分	备注
1 151116	徐鹤	男	1997-07-28	计算机	0	(null)

图 7.7　与视图关联 XSB 表数据行

说明： 向视图插入数据的 INSERT 语句并没有执行，实际执行插入操作的语句是 INSTEAD OF 触发器中的 SQL 语句。由于 XSB 表中姓名、性别和出生时间列不能为空，所以在向 XSB 表插入数据时给姓名、性别和出生时间专门设了值。

3. 创建系统触发器

系统触发器可以在 DDL 或数据库系统事件上被触发。DDL 指的是数据定义语句，如 CREATE、ALTER 和 DROP 等。数据库系统事件包括数据库服务器的启动（STARTUP）、关闭（SHUTDOWN）、出错（SERVERERROR）等。

创建系统触发器的语法格式为：

```
CREATE OR REPLACE TRIGGER [<用户方案名>.] <触发器名>
    { BEFORE | AFTER }
    { <DDL 事件> | <数据库事件> }
    ON { DATABASE | [用户方案名.] SCHEMA }
    <触发器的 PL/SQL 语句块>
```

相关参数说明如下。

（1）DDL 事件：可以是一个或多个 DDL 事件，事件间用 OR 分开。激活 DDL 事件的语句主要是以 CREATE、ALTER、DROP 等关键字开头的语句。DDL 事件包括 CREATE、ALTER、DROP、TRUNCATE、GRANT、RENAME、COMMENT、REVOKE 和 LOGON 等。

（2）数据库事件：可以是一个或多个数据库事件，事件间用 OR 分开，其中包括 STARTUP、SHUTDOWN、SERVERERROR 等事件。对于 STARTUP 事件和 SERVERERROR 事件只可以创建 AFTER 触发器，对于 SHUTDOWN 事件只可以创建 BEFORE 触发器。

（3）DATABASE：表示是数据库级触发器，对应数据库事件，而 SCHEMA 表示是用户级触发器，对应 DDL 事件。

【例 7.12】 创建一个用户事件触发器，记录用户 SYSTEM 所删除的所有对象。

以用户 SYSTEM 身份连接数据库，创建一个存储用户信息的表：

```
CREATE TABLE dropped_objects
(
    object_name varchar2(30),
    object_type varchar(20),
    dropped_date date
);
```

创建 BEFORE DROP 触发器，在用户删除对象之前记录到信息表 dropped_objects 中：

```
CREATE OR REPLACE TRIGGER dropped_obj_trigger
    BEFORE DROP ON SYSTEM.SCHEMA
```

```
BEGIN
    INSERT INTO dropped_objects
        VALUES(ora_dict_obj_name, ora_dict_obj_type, SYSDATE);
END;
```

现在删除 SYSTEM 模式下的一些对象，并查询表 dropped_objects：

```
DROP TABLE table1;
DROP TABLE table2;
SELECT * FROM dropped_objects;
```

执行结果如图 7.8 所示。

OBJECT_NAME	OBJECT_TYPE	DROPPED_DATE
TABLE1	TABLE	2015-07-29
TABLE2	TABLE	2015-07-29

图 7.8 【例 7.12】执行结果

7.2.2 以界面方式创建触发器

触发器也可以利用 SQL Developer 的界面方式创建。

（1）选择 myorcl 连接的"触发器"节点，右击选择"新建触发器"选项，进入"创建触发器"窗口，如图 7.9 所示。

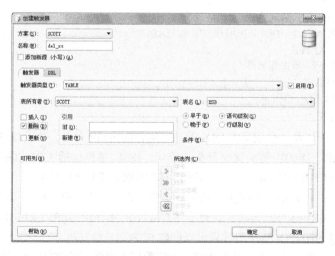

图 7.9 "创建触发器"窗口

（2）在"名称"栏中输入触发器名称，并在"触发器"选项卡中的"触发器类型"下拉列表中选择触发依据，有"TABLE"、"VIEW"、"SCHEMA"和"DATABASE"等选项。例如，如果是在表中创建触发器，则选择"TABLE"。在"表名"栏中选择触发器所在的表，选中"早于"或"晚于"选项对应 BEFORE 和 AFTER 关键字，勾选"插入"、"删除"和"更新"复选项对应的触发事件，完成后单击"确定"按钮。

（3）在出现的触发器代码编辑框中，编写触发器定义的 PL/SQL 语句，完成后单击工具栏的"编译以进行调试"按钮完成触发器的创建，如图 7.10 所示。

图 7.10 编写触发器定义语句

7.2.3 启用和禁用触发器

在 Oracle 系统中，与过程、函数、包不同，触发器是可以被禁用或启用的。在有大量数据要导入数据库中时，为了避免触发相应的触发器以节省处理时间，应该禁用触发器，使其暂时失效。触发器被禁用后仍然存储在数据库中，只要重新启用触发器即可使它重新工作。

Oracle 系统提供了 ALTER TRIGGER 语句用于启用和禁用触发器，语法格式为：

ALTER TRIGGER [<用户方案名>.]<触发器名>
    DISABLE | ENABLE;

其中，DISABLE 表示禁用触发器，ENABLE 表示启用触发器。如要禁用触发器 del_xs，可使用语法如下：

ALTER TRIGGER del_xs DISABLE;

如果要启用或禁用一个表中的所有触发器，还可以使用语法如下：

ALTER TABLE <表名>
    {   DISABLE | ENABLE   }
    ALL TRIGGERS;

7.2.4 触发器的删除

1. 以命令方式删除触发器

删除触发器使用 DROP TRIGGER 语句，语法格式为：

DROP TRIGGER [<用户方案名>.] <触发器名>

【例 7.13】 删除触发器 del_xs。

DROP TRIGGER del_xs;

2. 以界面方式删除触发器

在"触发器"节点中选择要删除的触发器，右击选择"删除触发器"选项，在弹出的"删除触发器"对话框中单击"应用"按钮即可。操作过程如图 7.11 所示。

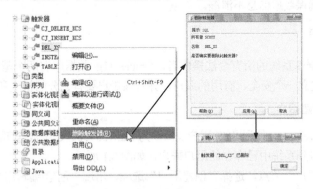

图 7.11 "删除触发器"对话框

第 *8* 章 系统安全管理

数据库中保存了大量的数据，有些数据对企业是极其重要的，是企业的核心机密，必须保证这些数据和操作的安全。因此，数据库系统一定要具备完善、方便的安全管理机制。

在 Oracle 11g 数据库中，数据库的安全性主要包括以下两个方面。

（1）对用户登录进行身份认证。当用户登录到数据库系统时，系统对该用户的账号和口令进行认证，包括确认用户账户是否有效，以及能否访问数据库系统。

（2）对用户操作进行权限控制。当用户登录到数据库后，只能对数据库中的数据在允许的权限内进行操作。数据库管理员（DBA）对数据库的管理具有最高的权限。

一个用户如果要对某个数据库进行操作，必须满足以下 3 个条件。

（1）登录 Oracle 系统服务器时必须通过身份验证。

（2）必须是该数据库的用户或者是某个数据库角色的成员。

（3）必须有执行该操作的权限。

在 Oracle 系统中，为了实现数据的安全性，采取了用户、角色和概要文件等管理策略。本章通过实例讲解用户、角色和概要文件的创建和维护。

8.1 用　户

Oracle 系统有一套严格的用户管理机制，新创建的用户只有通过管理员授权才能获得系统数据库的使用权限，否则该用户只有连接数据库的权利。正是有了这套严格的安全管理机制，才能保证数据库系统的正常运转，确保数据信息不泄漏。

8.1.1 创建用户

用户就是使用数据库系统的所有合法操作者。Oracle 11g 数据库有两个基本用户：SYSTEM 和 SYS。创建用户就是建立一个安全、有用的账户，并且该账户要有充分的权限和正确的默认设置值。

1. 以界面方式创建用户

（1）启动 SQL Developer，使用 SYS 用户（口令为 Mm123456）连接数据库，打开连接，展开"其他用户"节点，可以看到系统中已存在的用户账户，如图 8.1 所示。

（2）右击"其他用户"节点，选择"创建用户"选项，出现"创建/编辑用户"对话框，如图 8.2 所示，该对话框界面包括 6 个选项页：用户、角色、系统权限、限额、SQL 和结果，分别用于设置和管理用户的不同类型信息。

（3）设置"用户"选项页，如图 8.3 所示。

"用户"选项页的设置主要包括以下几个方面。

① 用户名：将要创建的用户名一般采用 Oracle 11g 数据库字符集中的字符，最长可为 30 字节。

② 输入新口令和确认口令：只有在两者完全一致时才能通过确认。

图 8.1 系统已有用户

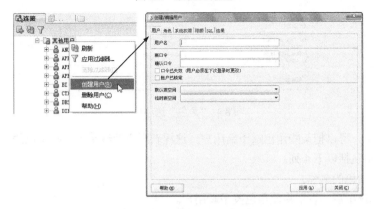

图 8.2 "创建/编辑用户"对话框

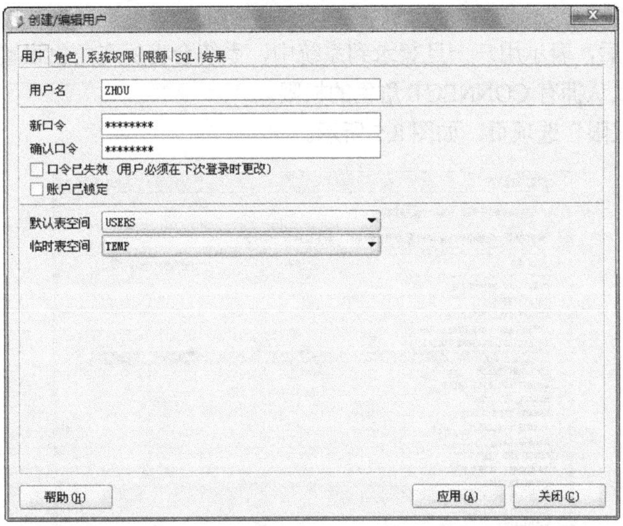

图 8.3 "用户"选项页

③ 口令已失效（用户必须在下次登录时更改）：撤销原来的口令，撤销后可以更改用户口令。

④ 账户已锁定：表示锁定用户的账户并禁止访问该账户。

⑤ 默认表空间：为用户创建的对象选择默认表空间。

⑥ 临时表空间：为用户创建的对象选择临时表空间。

输入新用户名称为 ZHOU；设定自己的口令，如 Mm123456；默认表空间为 USERS；临时表空间为 TEMP，其他选项均为默认值。

（4）设置"角色"选项页，如图 8.4 所示。

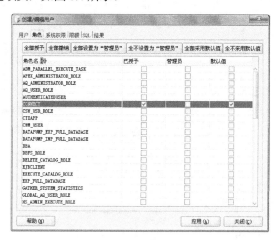

图 8.4 "角色"选项页

在该选项页中，可以把某些角色赋予新用户，这样新用户就继承了这些角色的权限。

界面中的表格包括以下 4 列。

① 角色名：角色的名称。

② 已授予：选中后，表示将此角色授予新用户。

③ 管理员：表示新用户是否可以将角色授予其他用户或角色，默认情况下为禁用，选中复选项可以解除禁用。

④ 默认值：选中后，表示用户一旦登录到系统中，系统会将所选角色设置为用户默认。

这里设置新用户默认拥有 CONNECT 角色的权限。

（5）设置"系统权限"选项页，如图 8.5 所示。

图 8.5 "系统权限"选项页

在该选项页中，赋予新用户指定的权限。在列表中列出了当前可用的权限，其中包括创建、修改、删除数据库对象等操作权限。根据实际需要授予新用户不同的系统权限。

（6）设置"限额"选项页，如图 8.6 所示。

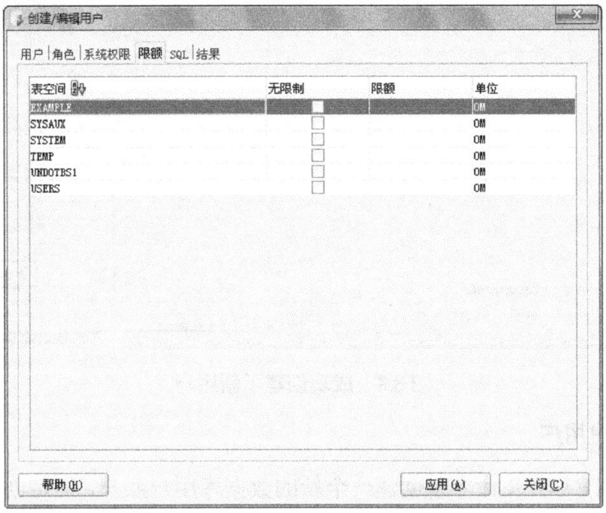

图 8.6　"限额"选项页

在该选项页中对新用户指定对应表空间的大小限额。在列表中选择表空间并通过勾选"无限制"复选项或直接指定限额大小及单位。在此设置所有表空间的限额为 0M。

（7）至此，新用户的所有信息及权限都已设置完毕，切换到"SQL"选项页，可以查看创建该用户相应的 SQL 语句，如图 8.7 所示。

图 8.7　"SQL"选项页

（8）单击"应用"按钮，系统创建新用户并自动切换到"结果"选项页显示执行结果，如图 8.8 所示，完成后单击"关闭"按钮关闭对话框。若操作成功，将在"其他用户"节点下看到新创建的用户 ZHOU。

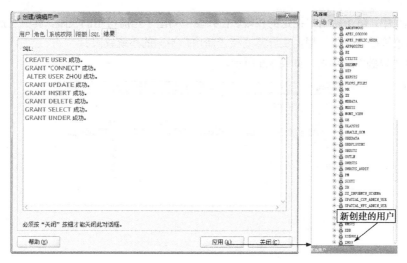

图 8.8　成功创建了新用户

2. 以命令方式创建用户

也可以使用 CREATE USER 命令来创建一个新的数据库用户账户，但是创建者必须具有 CREATE USER 系统权限。语法格式为：

CREATE USER <用户名>	/*将要创建的用户名*/
[IDENTIFIED BY {<密码> | EXTERNALLLY |	
GLOBALLY AS '<外部名称>' }]	/*表明 Oracle 系统如何验证用户*/
[DEFAULT TABLESPACE <默认表空间名>]	/*标识用户所创建对象的默认表空间*/
[TEMPORARY TABLESPACE <临时表空间名>]	/*标识用户的临时段的表空间*/
/*用户规定的表空间存储对象，最多可达到这个定额规定的总尺寸*/	
[QUOTA <数字值> K | <数字值> M | UNLIMTED ON <表空间名>]	
[PROFILE <概要文件名>]	/*将指定的概要文件分配给用户*/
[PASSWORD EXPIRE]	
[ACCOUNT {LOCK | NULOCK}]	/*账户是否锁定*/

相关参数说明如下。

（1）IDENTIFIED BY：表示 Oracle 系统验证用户的过程。

① <密码>：创建一个本地用户，该用户必须指定密码进行登录。密码只能包含数据库字符集中的单字节字符，而不管该字符集是否还包含多字节字符。

② EXTERNALLY：创建一个外部用户，该用户必须由外部服务程序（如操作系统或第三方服务程序）来进行验证。这样就使 Oracle 系统依靠操作系统的登录验证来保持特定的操作系统用户，拥有对特定数据库用户的访问权。

③ GLOBALLY AS '<外部名称>'：创建一个全局用户（Global user），必须由企业目录服务器验证用户。

（2）DEFAULT TABLESPACE：标识用户所创建对象的默认表空间为指定的表空间，如果忽略该子句就放入 SYSTEM 表空间。

（3）TEMPORARY TABLESPACE：标识用户临时段的表空间为指定的表空间。如果忽略该子句，临时段就默认为 SYSTEM 表空间。

（4）QUOTA：允许用户在指定的表空间中分配空间定额并建立一个指定字节的定额，使用 K 或 M 为单位来指定该定额。该定额是在表空间中用户能分配的最大空间。可有多个 QUOTA 子句用于分配多个表空间。UNLIMITED 关键字允许用户无限制地分配表空间中的空间定额。

（5）PROFILE：将指定的概要文件分配给用户。该概要文件限制用户可使用的数据库资源的总量。如果忽略该子句，Oracle 系统就将 DEFAULT 概要文件分配给用户。

（6）PASSWORD EXPIRE：使用户的密码失效。这种设置强制使用户在试图登录数据库之前更改口令。

（7）ACCOUNT {LOCK | UNLOCK}：LOCK 表示锁定用户的账户并禁止访问。UNLOCK 表示解除用户的账户锁定并允许访问该账户。

【例 8.1】　创建一个名称为 AUTHOR 的用户，口令为 ANGEL，默认表空间为 USERS，临时表空间为 TEMP。没有定额，使用默认概要文件。

```
CREATE USER AUTHOR
    IDENTIFIED BY ANGEL
    DEFAULT TABLESPACE USERS
    TEMPORARY TABLESPACE TEMP;
```

执行结果如图 8.9 所示。

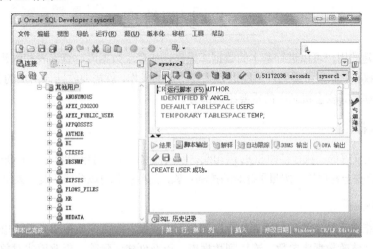

图 8.9　【例 8.1】执行结果

8.1.2　管理用户

对用户的管理就是对已有用户的信息进行管理，如修改用户和删除用户等。

1. 修改用户

使用 ALTER USER 语句可以对用户信息进行修改，但是执行者必须具有 ALTER USER 权限。语法格式为：

```
ALTER USER <用户名>
    [IDENTIFIED BY {<密码> | EXTERNALLLY |
        GLOBALLY AS '<外部名称>' }]
    [DEFAULT TABLESPACE <默认表空间名>]
    [TEMPORARY TABLESPACE <临时表空间名>]
    [QUOTA <数字值> K | <数字值> M | UNLIMTED ON <表空间名>]
    [PROFILE <概要文件名>]
    [PASSWORD EXPIRE]
    [ACCOUNT {LOCK | NULOCK}]
```

说明：在 ALTER USER 语句中，IDENTIFIED GLOBALLY AS 表明用户必须通过 LDAP V3 兼容

目录服务（如 Oracle Internet Directory）验证。只有当直接授权给该用户的所有外部角色被收回时，才能将验证用户访问的方法更改为 IDENTIFIED GLOBALLY AS '<外部名称>'。ALTER USER 语句中其他关键字和参数与 CREATE USER 语句中的意思相同。

【例 8.2】 修改用户 AUTHOR 后，该用户的密码失效，使用户登录数据库前修改口令。

```
ALTER USER AUTHOR
    PASSWORD EXPIRE;
```

2. 删除用户

删除用户可以使用 DROP USER 语句，但是执行者必须具有 DROP USER 权限。语法格式为：

```
DROP USER <用户名> [CASCADE];
```

如果使用 CASCADE 选项，则会删除该用户模式中的所有对象。若不使用 CASCADE 选项，系统将给出错误信息。例如，要删除用户 AUTHOR，可使用语句如下：

```
DROP USER AUTHOR CASCADE;
```

8.2 权限管理

为了使新创建的用户可以进行基本的数据库操作，如登录数据库、查询表和创建表等，就需要赋予该用户操作的权限。如果希望用户不能进行某些特殊的操作，就需要收回该用户的相应权限。Oracle 系统中的权限管理是其安全机制中的重要组成部分。

8.2.1 权限概述

权限是预先定义好的、执行某种 SQL 语句或访问其他用户模式对象的能力。在 Oracle 11g 数据库中是利用权限来进行安全管理的。按照所针对的控制对象，这些权限可以分成两类：系统权限与对象权限。

1. 系统权限

系统权限是指在系统级控制数据库的存取和使用的机制，即执行某种 SQL 语句的能力。例如，启动或停止数据库、修改数据库参数、连接到数据库，以及创建、删除、更改模式对象（如表、视图、索引、过程等）等权限。系统权限是针对用户而设置的，用户必须被授予相应的系统权限才可以连接到数据库中进行相应的操作。在 Oracle 11g 数据库中，SYSTEM 和 SYS 是数据库管理员，都具有 DBA 所有的系统权限。

2. 对象权限

对象权限是指在对象级控制数据库的存取和使用的机制，即访问其他用户模式对象的能力。例如，用户可以存取哪个用户模式中的哪个对象，并能对该对象进行查询、插入、更新操作等。对象权限一般是针对用户模式对象的。对象权限是用户之间的表、视图等模式的相互存取权限。例如，以用户"SCOTT"登录到数据库，可以查询该用户模式中的 XSB 表。但是，如果以用户"SYS"登录数据库，则不可以查询 XSB 表，因为 XSB 表不属于 SYS 用户，并且 SYS 用户没有被授予查询 XSB 表的权限，如图 8.10 所示。

8.2.2 系统权限管理

系统权限一般需要授予数据库管理人员和应用程序开发人员，数据库管理员既可以将系统权限授予其他用户，也可以将该权限收回。

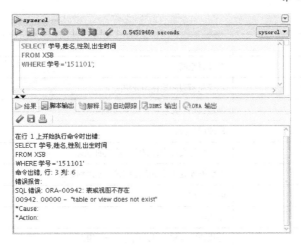

图 8.10 以 SYS 用户登录并查询 XSB 表

1. 系统权限的分类

Oracle 11g 数据库提供了多种系统权限，每一种分别能使用户进行某种或某类系统级的数据库操作。数据字典视图 SYSTEM_PRIVILEGE_MAP 中包括 Oracle 11g 数据库中的所有系统权限，通过查询该视图可以了解系统权限的信息，具体内容如下：

```
SELECT COUNT(*)
    FROM SYSTEM_PRIVILEGE_MAP;
```

输出结果为 208，可见 Oracle 11g 数据库的系统权限有 208 个。

根据用户在数据库中所进行的操作不同，Oracle 系统的权限又可分为多种不同的类型。

（1）数据库维护权限

对于数据库管理员，需要创建表空间、修改数据库结构、创建用户、修改用户权限等进行数据库维护的操作。如表 8.1 所示的这些操作权限及功能。

表 8.1 数据库维护权限及功能

系 统 权 限	功　　能
ALTER DATABASE	修改数据库的结构
ALTER SYSTEM	修改数据库系统的初始化参数
DROP PUBLIC SYNONYM	删除公共同义词
CREATE PUBLIC SYNONYM	创建公共同义词
CREATE PROFILE	创建资源配置文件
ALTER PROFILE	更改资源配置文件
DROP PROFILE	删除资源配置文件
CREATE ROLE	创建角色
ALTER ROLE	修改角色
DROP ROLE	删除角色
CREATE TABLESPACE	创建表空间
ALTER TABLESPACE	修改表空间
DROP TABLESPACE	删除表空间

系 统 权 限	功　能
MANAGE TABLESPACE	管理表空间
UNLMITED TABLESPACE	不受配额限制地使用表空间
CREATE SESSION	创建会话，允许用户连接到数据库
ALTER SESSION	修改用户会话
ALTER RESOURCE COST	更改配置文件中计算资源消耗的方式
RESTRICTED SESSION	在数据库处于受限会话模式下连接到数据
CREATE USER	创建用户
ALTER USER	更改用户
BECOME USER	当执行完全装入时，成为另一个用户
DROP USER	删除用户
SYSOPER（系统操作员权限）	STARTUP
	SHUTDOWN
	ALTER DATABASE MOUNT/OPEN
	ALTER DATABASE BACKUP CONTROLFILE
	ALTER DATABASE BEGINJEBID BACKUP
	ALTER DATABASE ARCHIVELOG
	RECOVER DATABASE
	RESTRICTED SESSION
	CREATE SPFILE/PFILE
	SYSDBA（系统管理员权限）　SYSOPER 的所有权限
	WITH ADMIN OPTION 子句
SELECT ANY DICTIONARY	允许查询以"DBA"开头的数据字典

（2）数据库模式对象权限

对数据库开发人员而言，只需要了解操作数据库对象的权限，如创建表、创建视图等权限，就足够了，如表 8.2 所示。

表 8.2　数据库模式对象权限及功能

系 统 权 限	功　能
CREATE CLUSTER	在自己模式中创建聚簇
DROP CLUSTE	删除自己模式中的聚簇
CREATE PROCEDURE	在自己模式中创建存储过程
DROP PROCEDURE	删除自己模式中的存储过程
CREATE DATABASE LINK	创建数据库连接权限，通过数据库连接允许用户存取远程的数据库
DROP DATABASE LINK	删除数据库连接
CREATE SYNONYM	创建私有同义词
DROP SYNONYM	删除同义词
CREATE SEQUENCE	创建开发者所需要的序列

续表

系 统 权 限	功　能
CREATE TIGER	创建触发器
DROP TRIGGER	删除触发器
CREATE TABLE	创建表
DROP TABLE	删除表
CREATE VIEW	创建视图
DROP VIEW	删除视图
CREATE TYPE	创建对象类型

（3）ANY 权限

系统权限中还有一种权限是 ANY，表示可以在任何用户模式中进行操作。例如，具有 CREATE ANY TABLE 系统权限的用户可以在任何用户模式中创建表。与此相对应，不具有 ANY 权限表示只能在自己的模式中进行操作。一般情况下，应该给数据库管理员授予 ANY 权限，以便其管理所有用户的模式对象。但不应该将 ANY 权限授予普通用户，以防其影响其他用户的工作。如表 8.3 所示的 ANY 权限及功能。

表 8.3　ANY 权限及功能

系 统 权 限	功　能
ANALYZE ANY	允许对任何模式中的任何表、聚簇或索引执行分析，查找其中的迁移记录和链接记录
CREATE ANY CLUSTER	在任何用户模式中创建聚簇
ALTER ANY CLUSTER	在任何用户模式中更改聚簇
DROP ANY CLUSTER	在任何用户模式中删除聚簇
CREATE ANY INDEX	在数据库中任何表上创建索引
ALTER ANY INDEX	在任何模式中更改索引
DROP ANY INDEX	在任何模式中删除索引
CREATE ANY PROCEDURE	在任何模式中创建过程
ALTER ANY PROCEDURE	在任何模式中更改过程
DROP ANY PROCEDURE	在任何模式中删除过程
EXECUTE ANY PROCEDUE	在任何模式中执行或者引用过程
GRANT ANY PRIVILEGE	将数据库中任何权限授予任何用户
ALTER ANY ROLE	修改数据库中任何角色
DROP ANY ROLE	删除数据库中任何角色
GRANT ANY ROLE	允许用户将数据库的任何角色授予数据库的其他用户
CREATE ANY SEQUENCE	在任何模式中创建序列
ALTER ANY SEQUENCE	在任何模式中更改序列
DROP ANY SEQUENCE	在任何模式中删除序列
SELECT ANY SEQUENCE	允许使用任何模式中的序列
CREATE ANY TABLE	在任何模式中创建表
ALTER ANY TABLE	在任何模式中更改表
DROP ANY TABLE	允许删除任何用户模式中的表

续表

系 统 权 限	功 能
COMMENT ANY TABLE	在任何模式中为任何表、视图或者列添加注释
SELECT ANY TABLE	查询任何用户模式中基本表的记录
INSERT ANY TABLE	允许向任何用户模式中的表插入新记录
UPDATE ANY TABLE	允许修改任何用户模式中表的记录
DELETE ANY TABLE	允许删除任何用户模式中表的记录
LOCK ANY TABLE	对任何用户模式中的表加锁
FLASHBACK ANY TABLE	允许使用 AS OF 子句对任何模式中的表、视图执行一个 SQL 语句的闪回查询
CREATE ANY VIEW	在任何用户模式中创建视图
DROP ANY VIEW	在任何用户模式中删除视图
CREATE ANY TRIGGER	在任何用户模式中创建触发器
ALTER ANY TRIGGER	在任何用户模式中更改触发器
DROP ANY TRIGGER	在任何用户模式中删除触发器
ADMINISTER DATABASE TRIGGER	允许创建 ON DATABASE 触发器。在能够创建 ON DATABASE 触发器之前，必须拥有 CREATE TRIGGER 权限或 CREATE ANY TRIGGER 权限
CREATE ANY SYNONYM	在任何用户模式中创建专用同义词
DROP ANY SYNONYM	在任何用户模式中删除同义词

2．系统权限的授予

系统权限授予使用 GRANT 语句，语法格式为：

GRANT <系统权限名> TO {PUBLIC|<角色名>|<用户名> [,...n]}
　　　[WITH ADMIN OPTION]

其中， PUBLIC 是 Oracle 系统中的公共用户组，如果将权限授予 PUBLIC，则意味着数据库中的所有用户都将拥有该权限。如果使用 WITH ADMIN OPTION 选项，则被授权的用户还可以将这些系统权限传递给其他用户或角色。

【例 8.3】　授予用户 AUTHOR 连接数据库的权限。

创建用户 AUTHOR 后，若该用户没有任何权限，使用该用户连接数据库时将会出现错误，如图 8.11 所示。

图 8.11　使用未授权用户 AUTHOR 连接数据库

使用 SYS 用户连接数据库，执行如下语句：

GRANT CREATE SESSION TO AUTHOR;

之后再使用 AUTHOR 用户连接数据库，结果如图 8.12 所示。

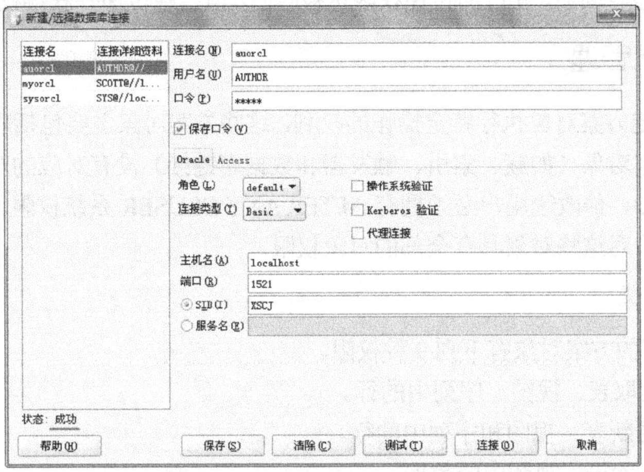

图 8.12　使用授权后的 AUTHOR 用户连接数据库

【例 8.4】　授予用户 AUTHOR 在任何用户模式下创建表和视图的权限，并允许该用户将这些权限授予其他用户。

GRANT CREATE ANY TABLE, CREATE ANY VIEW
　　　TO AUTHOR
　　　WITH ADMIN OPTION;

具有 CREATE ANY TABLE 权限的用户 AUTHOR 可以创建表，如图 8.13 所示。

图 8.13　使用用户 AUTHOR 创建表

如果需要了解当前用户所具有的系统权限，可以查询数据字典 USER_SYS_PRIVS、ROLE_SYS_PRIVS，如图 8.14 所示。

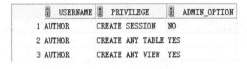

	USERNAME	PRIVILEGE	ADMIN_OPTION
1	AUTHOR	CREATE SESSION	NO
2	AUTHOR	CREATE ANY TABLE	YES
3	AUTHOR	CREATE ANY VIEW	YES

图 8.14　查询系统权限

3. 系统权限的收回

数据库管理员或者具有向其他用户授权的用户都可以使用 REVOKE 语句将已经授予的系统权限收回，语法格式为：

REVOKE <系统权限名> FROM {PUBLIC | <角色名> | <用户名> [,…n]};

例如，使用 SYS 用户登录时，以下语句可以收回用户 AUTHOR 的 CREATE ANY VIEW 权限：

REVOKE CREATE ANY VIEW FROM AUTHOR;

用户的系统权限被收回后，相应的传递权限也被收回，但已经传递并获得权限的用户并不受影响。

8.2.3　对象权限管理

对象权限是对特定方案对象执行特定操作的权利，这些方案对象主要包括表、视图、序列、过程、函数和包等。有些方案对象（如簇、索引、触发器和数据库链接）没有对应的对象权限，它们是通过系统权限控制的。例如，修改簇用户必须拥有 ALTER ANY CLUSER 系统权限。对于属于某个用户模式的方案对象，该用户对这些对象具有全部的对象权限。

1. 对象权限的分类

Oracle 11g 数据库的方案对象有下列 9 种权限。

（1）SELECT：读取表、视图、序列中的行。

（2）UPDATE：更新表、视图和序列中的行。

（3）DELETE：删除表、视图中的数据。

（4）INSERT：向表和视图中插入数据。

（5）EXECUTE：执行类型、函数、包和过程。

（6）READ：读取数据字典中的数据。

（7）INDEX：生成索引。

（8）REFERENCES：生成外键。

（9）ALTER：修改表、序列、同义词中的结构。

2. 对象权限的授予

授予对象权限也可使用 GRANT 语句，语法格式为：

GRANT {<对象权限名> | ALL [PRIVILEGE] [(<列名> [,…n])]}
　　　ON [用户方案名.] <对象权限名> TO {PUBLIC | <角色名> | <用户名> [,…n]}
　　　[WITH GRANT OPTION];

其中，关键字 ALL 表示授予该对象全部的对象权限，还可以在括号中用列名来指定表的某列权限。ON 关键字用于指定权限所在的对象，WITH GRANT OPTION 选项用于指定用户可以将这些权限授予其他用户。

【例 8.5】　将 SYS 方案中 XSB 表的查询、添加、修改和删除数据的权限赋予用户 AUTHOR。

使用 SYS 用户连接数据库，执行语句如下：

GRANT SELECT, INSERT, UPDATE, DELETE
　　　ON XSB
　　　TO AUTHOR;

然后使用 AUTHOR 连接数据库，并使用 SELECT 语句查询 XSB 表，可以发现，用户 AUTHOR 可以查询 XSB 表中的数据了。

3. 对象权限的收回

收回对象权限也使用 REVOKE 语句，语法格式为：

REVOKE {<对象权限名> | ALL [PRIVILEGE] [(<列名> [,…n])]}
　　　ON [用户方案名.] <对象权限名> TO {PUBLIC | <角色名> | <用户名> [,…n]}
　　　[CASCADE CONSTRAINTS];

其中，CASCADE CONSTRAINTS 选项表示在收回对象权限时，同时删除利用 REFERENCES 对象权限在该对象上定义的参照完整性约束。

【例 8.6】 收回用户 AUTHOR 查询 XSB 表的权限。

```
REVOKE SELECT
    ON XSB
    FROM AUTHOR;
```

8.2.4 安全特性

1. 表安全

在表和视图上赋予 DELETE、INSERT、SELECT 和 UPDATE 的权限可进行查询和操作表数据。可以限制 INSERT 权限到表的特定列，而所有其他列都接受 NULL 或者默认值。使用可选的 UPDATE 权限，用户能够更新特定列的值。

如果用户需要在表上执行 DDL 操作，那么需要 ALTER、INDEX 和 REFERENCES 的权限，还可能需要其他系统或者对象权限。例如，如果需要在表上创建触发器，用户就需要 ALTER TABLE 对象权限和 CREATE TRIGGER 系统权限。与 INSERT 和 UPDATE 的权限相同，REFERENCES 权限能够对表的特定列授予权限。

2. 视图安全

对视图的方案对象权限允许执行大量的 DML 操作，影响视图创建的基本表，对基本表的 DML 对象权限与视图相似。要创建视图，必须满足下面两个条件：

- 授予 CREATE VIEW 系统权限或者 CREATE ANY VIEW 系统权限。
- 显式授予 SELECT、INSERT、UPDATE 和 DELETE 的对象权限，或者显式授予 SELECT ANY TABLE、INSERT ANY TABLE、UPDATE ANY TABLE、DELETE ANY TABLE 的系统权限。

为了其他用户能够访问视图，可以通过 WITH GRANT OPTION 子句或者使用 WITH ADMIN OPTION 子句授予适当的系统权限，以下两点可以增加基本表的安全层次，包括列层和基于值的安全性。

- 视图访问基本表所选择的列数据。
- 在定义视图时，使用 WHERE 子句控制基本表的部分数据。

3. 过程安全

过程方案的对象权限（其中包括独立的过程、函数和包）只有 EXECUTE 权限。将这个权限授予需要执行过程或需要编译另一个需要调用它的过程。

（1）过程对象

具有某个过程的 EXECUTE 对象权限的用户可以执行该过程，也可以编译引用该过程的程序单元。过程调用时不会检查权限。具有 EXECUTE ANY PROCEDURE 系统权限的用户可以执行数据库中的任何过程。当用户需要创建过程时，必须拥有 CREATE PROCEDURE 系统权限或者 CREATE ANY PROCEDURE 系统权限。当用户需要修改过程时，需要拥有 ALTER ANY PROCEDURE 系统权限。

拥有过程的用户必须具有在过程体中引用方案对象的权限。为了创建过程，必须为过程引用的所有对象授予用户必要的权限。

（2）包对象

拥有包的 EXECUTE 对象权限的用户，可以执行包中的任何公共过程和函数，能够访问和修改任何公共包变量的值。对于包不能授予 EXECUTE 权限，当为数据库应用开发过程、函数和包时，要考虑建立安全性。

4．类型安全

（1）命名类型的系统权限。Oracle 11g 数据库为命名类型（对象类型、VARRAY 和嵌套表）定义了系统权限，如表 8.4 所示。

表 8.4   命名类型的系统权限及说明

权　　限	说　　明
CREATE TYPE	在用户自己的模式中创建命名类型
CREATE ANY TYPE	在所有的模式中创建命名类型
ALTER ANY TABLE	修改任何模式中的命名类型
DROP ANY TABLE	删除任何模式中的命名类型
EXECUTE ANY TYPE	使用和参考任何模式中的命名类型

CONNECT 和 RESOURCE 的角色包含 CREATE TYPE 系统权限，DBA 角色包含所有的权限。

（2）对象权限。如果在命名类型上存在 EXECUTE 权限，那么用户可以使用命名类型完成定义表、在关系包中定义列及声明命名类型的变量和类型。

（3）创建类型和表权限。

① 在创建类型时，必须满足以下要求。

● 如果在自己模式上创建类型，则必须拥有 CREATE TYPE 系统权限；如果需要在其他用户上创建类型，则必须拥有 CREATE ANY TYPE 系统权限。

● 类型的所有者必须显式授予访问定义类型引用其他类型的 EXECUTE 权限，或者授予 EXECUTE ANY TYPE 系统权限，所有者不能通过角色获取所需的权限。

● 如果类型所有者需要访问其他类型，则必须接受 EXECUTE 权限或者 EXECUTE ANY TYPE 系统权限。

② 如果使用类型创建表，则必须满足以下要求。

● 表的所有者必须显式授予 EXECUTE 对象权限，能够访问所有引用的类型，或者授予 EXECUTE ANY TYPE 系统权限。

● 如果表的所有者需要访问其他用户的表时，则必须在 GRANT OPTION 选项中接受参考类型的 EXECUTE 对象权限，或者在 ADMIN OPTION 中接受 EXECUTE ANY TYPE 系统权限。

（4）类型访问和对象访问的权限。在列层和表层上的 DML 命令权限，可以应用到对象列和行对象中。

8.3   角色管理

8.3.1   角色概述

通过角色 Oracle 11g 数据库提供了简单、易于控制的权限管理。角色（ROLE）是一组权限，可授予用户或其他角色。通过利用角色来管理数据库权限，将权限添加到角色中，然后再将角色授予用户。用户可使该角色起作用，并实施角色授予的权限。一个角色包含所有授予角色的权限及授予它的其他角色的全部权限。角色的这些属性大大简化了在数据库中的权限管理。

一个应用可以包含几个不同的角色，每个角色都包含不同的权限集合。DBA 可以创建带有密码的角色，防止未经授权就使用角色权限的情况发生。

1. 安全应用角色

DBA 可以授予安全应用角色运行给定数据库应用时所有必要的权限,然后将该安全应用角色授予其他角色或者用户,应用可以包含几个不同的角色,每个角色都包含不同的权限集合。

2. 用户自定义角色

DBA 可以为数据库用户组创建自定义的角色,赋予一般的权限需要。

3. 数据库角色的权限

(1)角色可以被授予系统和方案对象权限。

(2)角色被授予其他角色。

(3)任何角色都可以被授予任何数据库对象。

(4)授予用户的角色可在给定的时间里启用或禁用。

4. 角色和用户的安全域

每个角色和用户都包含自己唯一的安全域,角色的安全域包括授予角色的权限。用户安全域包括对应方案中的所有方案对象的权限、授予用户的权限和授予当前启用的用户角色的权限。用户安全域同样包含授予用户组 PUBLIC 的权限和角色。

5. 预定义角色

Oracle 系统在安装完成后就有整套的用于系统管理的角色,这些角色称为预定义角色。常见的预定义角色及权限说明如表 8.5 所示。数据字典视图 DBA_ROLES 中包含了数据库中的所有角色信息,包括预定义角色和自定义角色。

表 8.5 常见的预定义角色及权限说明

角 色 名	权 限 说 明
CONNECT	ALTER SESSION、CREATE CLUSTER、CREATE DATABASE LINK、CREATE SEQUENCE、CREATE SESSION、CREATE SYNONYM、CREATE VIEW、CREATE TABLE
RESOURCE	CREATE CLUSTER、CREATE INDEXTYPE、CREATE OPERATOR、CREATE PROCEDURE、CREATE SEQUENCE、CREATE TABLE、CREATE TRIGGER、CREATE TYPE
DBA	拥有所有权限
EXP_FULL_DATABASE	SELECT ANY TABLE、BACKUP ANY TABLE、EXECUTE ANY PROCEDURE、EXECUTE ANY TYPE、ADMINISTER RESOURCE MANAGER 在 SYS.INCVID、SYSINCFIL 和 SYS.INCEXP 表中的 INSERT、DELETE 和 UPDATE 权限;EXECUTE_CATALOG-ROLE、SELECT_CATALOG_ROLE
IMP_FULL_DATABASE	执行全数据库导出所需要的权限,包括系统权限列表(用 DBA_SYS_PRIVS)和以下角色:EXECUTE_CATALOG_ROLE、SELECT_CATALOG_ROLE
DELETE_CATALOG_ROLE	删除权限
EXECUTE_CATALOG_ROLE	在所有目录包中 EXECUTE 权限(见 HS_ADMIN_ROLE)
SELECT_CATALOG_ROLE	在所有表和视图中有 SELECT 权限(见 HS_ADMIN_ROLE)

8.3.2　创建用户角色

用户角色是在创建数据库以后，由 DBA 用户按实际业务需要创建的。新创建的用户角色没有任何权限，但可以将权限授予角色，然后将角色授予用户。这样可以增强权限管理的灵活性和方便性。

用 CREATE ROLE 语句可以在数据库中创建角色，语法格式为：

CREATE ROLE <角色名>
  [NOT IDENTIFIED]
  [IDENTIFIED {BY <密码> | EXTERNALLY | GLOBALLY}];

相关参数说明如下。

（1）NOT IDENTIFIED：表示该角色由数据库授权，不需要使用口令。

（2）IDENTIFIED：表示在用 SET ROLE 语句使该角色生效之前，必须用指定的方法来授权一个用户。

（3）BY：创建一个局部角色，在使角色生效之前，用户必须指定密码。密码只能是数据库字符集中的单字节字符。

（4）EXTERNALLY：创建一个外部角色。在使角色生效之前，必须用外部服务（如操作系统）来授权用户。

（5）GLOBALLY：创建一个全局角色。在利用 SET ROLE 语句使角色生效前或登录时，用户必须由企业目录服务授权使用该角色。

【例 8.7】　创建一个新的角色 ACCOUNT_CREATE，并不设置密码。

CREATE ROLE ACCOUNT_CREATE;

执行后可在"创建/编辑用户"对话框的"角色"选项页列表中看到新创建的角色，如图 8.15 所示。

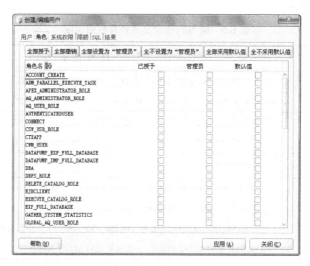

图 8.15　查看新创建的角色

8.3.3　管理用户角色

角色管理就是修改角色权限、授予，以及取消角色权限、启用和禁用的角色权限等工作。

1. 修改角色权限

使用 ALTER ROLE 语句可以修改角色的定义，语法格式为：

ALTER ROLE <角色名>

```
[ NOT IDENTIFIED ]
[ IDENTIFIED {BY <密码> | EXTERNALLY | GLOBALLY} ];
```

其中 ALTER ROLE 语句的选项含义与 CREATE ROLE 语句相同。

2. 授予和取消角色权限

用 CREATE ROLE 语句创建新角色时，最初权限是空的。这时，可以使用 GRANT 语句给角色授予权限，同时使用 REVOKE 语句取消角色的权限。

【例 8.8】　给角色 ACCOUNT_CREATE 授予在任何模式中创建表和视图的权限。

```
GRANT CREATE ANY TABLE, CREATE ANY VIEW
    TO ACCOUNT_CREATE;
```

【例 8.9】　取消角色 ACCOUNT_CREATE 的 CREATE ANY VIEW 权限。

```
REVOKE CREATE ANY VIEW
    FROM ACCOUNT_CREATE;
```

3. 授予用户角色权限

将角色授予用户才能发挥角色的作用，角色授予用户以后，用户将立即拥有该角色所拥有的权限。将角色授予用户也可使用 GRANT 语句，语法格式为：

```
GRANT <角色名> [,…n]
    TO {<用户名> | <角色名> | PUBLIC}
    [WITH ADMIN OPTION];
```

也可以将角色授予其他角色或 PUBLIC 公共用户组，其中 WITH GRANT OPTION 选项表示用户可以将这些权限授予其他用户。

【例 8.10】　将角色 ACCOUNT_CREATE 授予用户 AUTHOR。

```
GRANT ACCOUNT_CREATE
    TO AUTHOR;
```

4. 启用和禁用的角色权限

可以使用 SET ROLE 语句为数据库用户的会话启用角色或禁用角色，语法格式为：

```
SET ROLE
    {  <角色名> [ IDENTIFIED BY <密码> ][,…n]
    | ALL [ EXCEPT <角色名> [, …n] ]
    | NONE
    } ;
```

其中，IDENTIFIED BY 子句用于为该角色指定密码，使用 ALL 选项表示将启用用户被授予的所有角色，但必须保证所有的角色没有设置密码。使用 EXCEPT 子句表示启用除了该子句指定角色的其他全部角色。NONE 选项表示禁用所有角色。

5. 收回用户角色权限

从用户手中收回已经授予的角色也可使用 REVOKE 语句，语法格式为：

```
REVOKE <角色名>[,…n]
    FROM {<用户名> | <角色名> | PUBLIC}
```

其中 PUBLIC 表示公共用户组。

8.4　概要文件和数据字典视图

概要文件用来限制由用户使用的系统和数据库资源，并管理口令限制。如果数据库中没有创建概要文件，将使用默认的概要文件。

8.4.1 创建概要文件

使用 CREATE PROFILE 命令创建概要文件时，操作者必须有 CREATE PROFILE 的系统权限，语法格式为：

```
CREATE PROFILE <概要文件名> LIMIT
    <限制参数> | <口令参数>
```

相关参数说明如下。

（1）**<限制参数>**：使用表达式对一个用户指定资源限制的参数，语法格式如下。

```
<限制参数>::=
[ SESSIONS_PER_USER <数字数> | UNLIMITED | DEFAULT ]
    /*限制一个用户及会话个数，UNLIMITED 表示无限制，DEFAULY 表示默认值，下同*/
[ CPU_PER_SESSION <数字数> | UNLIMITED | DEFAULT]
    /*限制一次会话的 CPU 时间，以秒/100 为单位*/
[ CPU_PER_CALL <数字数> | UNLIMITED | DEFAULT]
    /*限制一次调用的 CPU 时间，以秒/100 为单位*/
[ CONNECT_TIME <数字数> | UNLIMITED | DEFAULT]
    /*一次会话持续的时间，以分钟为单位*/
[ IDLE_TIME <数字数> | UNLIMITED | DEFAULT ]
    /*限制一次会话期间的连续不活动时间，以分钟为单位*/
[ LOGICAL_READS_PER_SESSION <数字数> | UNLIMITED | DEFAULT ]
    /*规定一次会话中读取数据块的数目，包括从内存和磁盘中读取的块数*/
[ LOGICAL_READS_PER_CALL <数字数> | UNLIMITED | DEFAULT ]
    /*规定处理一个 SQL 语句一次调用所读的数据块的数目*/
[ COMPOSITE_LIMT <数字数> | UNLIMITED | DEFAULT ]
    /*规定一次会话的资源开销，以服务单位表示该参数值*/
[ PRIVATE_SGA <数字数>{ K | M } | UNLIMITED | DEFAULT ]
    /*规定一次会话在系统全局区（SGA）的共享池中，可分配私有空间的
        数目，以字节表示。可以使用 K 或 M 表示千字节或兆字节*/
```

（2）**<口令参数>**：语法格式如下。

```
[ FAILED_LOGIN_ATTEMPTS <表达式> | UNLIMITED | DEFAULT ]
    /*在锁定用户账户之前，登录用户账户的失败次数*/
[ PASSWORD_LIFE_TIME <表达式> | UNLIMITED | DEFAULT ]
    /*限制同一口令可用于验证的天数*/
[ PASSWORD_REUSE_TIME <表达式> | UNLIMITED | DEFAULT ]
    /*规定口令不能被重复使用的天数*/
[ PASSWORD_REUSE_MAX <表达式> | UNLIMITED | DEFAULT ]
    /*规定当前口令被重新使用前，需要更改口令的次数，如果 PASSWORD_REUSE_TIME
        设置为一个整数值，则应设置为 UNLIMITED*/
[ PASSWORD_LOOK_TIME <表达式> | UNLIMITED | DEFAULT ]
    /*指定登录失败的次数而引起账户封锁的天数*/
[ PASSWORD_GRACE_TIME <表达式> | UNLIMITED | DEFAULT ]
    /*在依然被允许登录但已开始发出警告之后的天数*/
[ PASSWORD_VERIFY_FUNCTION <function> | NULL | DEFAULT ]
    /*允许将 PL/SQL 的口令校验脚本作为 CREATE PROFILE 语句的参数*/
    /*< function>表示复杂性口令校验程序的名字。NULL 表示没有口令校验功能*/
```

【例 8.11】 创建一个 LIMITED_PROFILE 概要文件，把它提供给用户 AUTHOR 使用。

创建概要文件：

```
CREATE PROFILE LIMITED_PROFILE LIMIT
    FAILED_LOGIN_ATTEMPTS 5
    PASSWORD_LOCK_TIME 10;
```

修改用户 AUTHOR：

```
ALTER USER AUTHOR
    PROFILE LIMITED_PROFILE;
```

如果连续五次与 AUTHOR 账户的连接失败，该账户将自动由 Oracle 系统锁定。即使 AUTHOR 账户的口令正确，系统也会提示错误信息，只有对账户解锁后，才能再使用该账户。若一个账户由于多次连接失败而被锁定，当超过其概要文件的 PASSWORD_LOCK_TIME 值时将自动解锁。例如，本例为 AUTHOR 锁定 10 天后即被解锁。

8.4.2 修改概要文件

使用 ALTER PROFILE 语句修改概要文件，语法格式为：

ALTER PROFILE <概要文件名> LIMIT
<限制参数> | <口令参数>

该语句的关键字和参数与 CREATE PROFILE 语句相同，请参照其语法说明。

> **◉◉注意：**
> 不能从 DEFAULT 概要文件中删除限制。

【例 8.12】 强制 LIMITED_PROFILE 概要文件的用户每 10 天改变一次口令。

```
ALTER PROFILE LIMITED_PROFILE LIMIT
    PASSWORD_LIFE_TIME 10;
```

命令修改了 LIMITED_PROFILE 概要文件，将 PASSWORD_LIFE_TIME 设为 10，因此使用这个概要文件的用户在 10 天后口令就会过期。如果口令过期，就必须在下次注册时修改它，除非概要文件对过期口令有特定的宽限期。

【例 8.13】 设置 PASSWORD_GRACE_TIME 为 10 天。

```
ALTER PROFILE LIMITED_PROFILE LIMIT
    PASSWORD_GRACE_TIME 10;
```

为过期口令设定宽限期为 10 天，若 10 天后还未修改口令，账户就会过期。过期账户需要数据库管理员人工干预才能重新激活。

如果要删除概要文件，可使用 DROP PROFILE 语句，语法格式为：

DROP PROFILE <概要文件名>;

8.4.3 数据字典视图

Oracle 11g 数据库在 SYS 用户方案中内置了许多视图，可以用来查看系统相关的信息，下面将介绍如何使用视图查看用户、角色和权限。

（1）ALL_USERS 视图：当前用户可以看见的所有用户。

以 SYS 用户连接数据库，输入下列命令：

SELECT * FROM SYS.ALL_USERS;

执行结果如图 8.16 所示。

（2）DBA_USERS 视图：查看数据库中所有的用户信息。

（3）USER_USERS 视图：当前正在使用数据库的用户信息。

（4）DBA_TS_QUOTAS 视图：用户的表空间限额情况。

（5）USER_PASSWORD_LIMITS 视图：分配给该用户的口令配置文件参数。

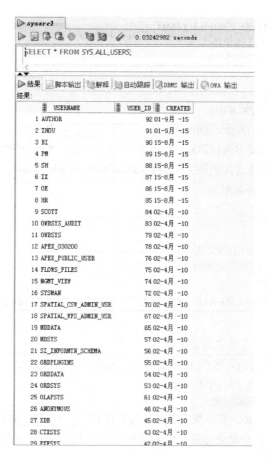

图 8.16 查看用户

（6）USER_RESOURCE_LIMITS 视图：当前用户的资源限制。

（7）V$SESSION 视图：每个当前会话的会话信息。

（8）V$SESSTAT 视图：用户会话的统计数据。

（9）DBA_ROLES 视图：当前数据库中存在的所有角色。

（10）SESSION_ROLES 视图：用户当前启用的角色。

（11）DBA_ROLE_PRIVS 视图：授予用户（或角色）的角色，也就是用户（或角色）与角色之间的授予关系。

使用 SQL 语句查看如下：

SELECT * FROM DBA_ROLE_PRIVS;

执行结果如图 8.17 所示。

（12）USER_ROLE_PRIVS 视图：授予当前角色的系统权限。

（13）DBA_SYS_PRIVS 视图：授予用户或角色的系统权限。

（14）USER_SYS_PRIVS 视图：授予当前用户的系统权限。

（15）SESSION_PRIVS 视图：用户当前启用的权限。

（16）ALL_COL_PRIVS 视图：当前用户或 PUBLIC 用户组是其所有者、授予者或者被授予者的用户所有列对象（表中的字段）的授权。

（17）DBA_COL_PRIVS 视图：数据库中所有列对象的授权。

（18）USER_COL_PRIVS 视图：当前用户或其所有者、授予者或者被授予者的所有列对象的授权。

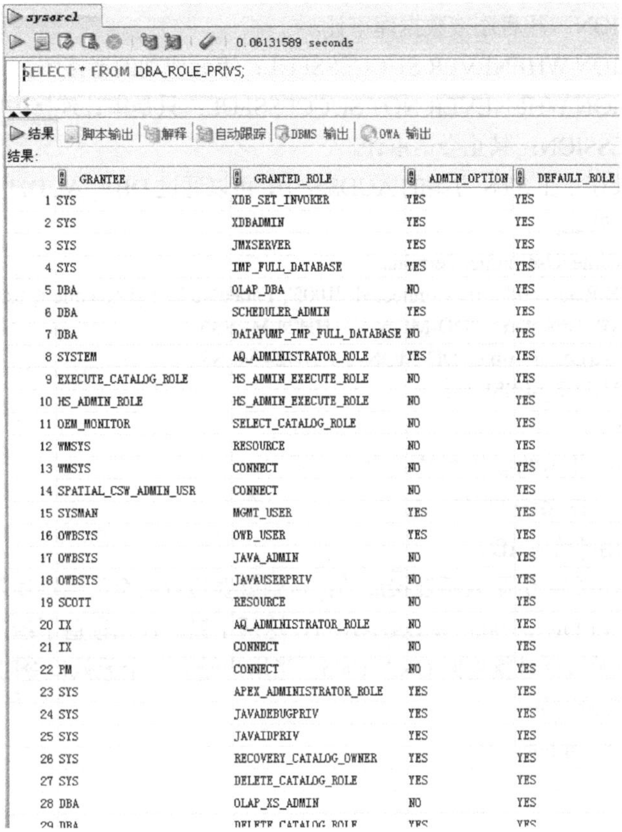

	GRANTEE	GRANTED_ROLE	ADMIN_OPTION	DEFAULT_ROLE
1	SYS	XDB_SET_INVOKER	YES	YES
2	SYS	XDBADMIN	YES	YES
3	SYS	JMXSERVER	YES	YES
4	SYS	IMP_FULL_DATABASE	YES	YES
5	DBA	OLAP_DBA	NO	YES
6	DBA	SCHEDULER_ADMIN	YES	YES
7	DBA	DATAPUMP_IMP_FULL_DATABASE	NO	YES
8	SYSTEM	AQ_ADMINISTRATOR_ROLE	YES	YES
9	EXECUTE_CATALOG_ROLE	HS_ADMIN_EXECUTE_ROLE	NO	YES
10	HS_ADMIN_ROLE	HS_ADMIN_EXECUTE_ROLE	NO	YES
11	OEM_MONITOR	SELECT_CATALOG_ROLE	NO	YES
12	WMSYS	RESOURCE	NO	YES
13	WMSYS	CONNECT	NO	YES
14	SPATIAL_CSW_ADMIN_USR	CONNECT	NO	YES
15	SYSMAN	MGMT_USER	YES	YES
16	OWBSYS	OWB_USER	YES	YES
17	OWBSYS	JAVA_ADMIN	NO	YES
18	OWBSYS	JAVAUSERPRIV	NO	YES
19	SCOTT	RESOURCE	NO	YES
20	IX	AQ_ADMINISTRATOR_ROLE	NO	YES
21	IX	CONNECT	NO	YES
22	PM	CONNECT	NO	YES
23	SYS	APEX_ADMINISTRATOR_ROLE	YES	YES
24	SYS	JAVADEBUGPRIV	YES	YES
25	SYS	JAVAIDPRIV	YES	YES
26	SYS	RECOVERY_CATALOG_OWNER	YES	YES
27	SYS	DELETE_CATALOG_ROLE	YES	YES
28	DBA	OLAP_XS_ADMIN	NO	YES

图 8.17　查看用户与角色之间的授予关系

（19）DBA_TAB_PRIVS：数据库中所用对象的权限。

（20）ALL_TAB_PRIVS：用户或 PUBLIC 是其授予者对象的授权。

（21）USER_TAB_PRIVS：当前用户是其被授予者所有对象的授权。

8.5 审　　计

审计是监视和记录所选用户的数据活动，通常用于调查可疑活动，以及监视与收集特定数据库活动的数据。审计操作类型包括登录企图、对象访问和数据库操作。审计操作项目包括执行成功的语句或执行失败的语句，以及在每个用户会话中执行一次的语句和所有用户或者特定用户的活动。审计记录包括被审计的操作、执行操作的用户、操作的时间等信息。审计记录被存储在数据字典中。审计跟踪记录包含不同类型的信息，主要依赖于所审计的事件和审计选项设置。每个审计跟踪记录中的信息通常包含用户名、会话标识符、终端标识符、访问方案对象的名称、执行的操作、操作的完成代码、日期和时间戳，以及使用的系统权限。

管理员可以启用和禁用审计信息记录，但是，只有安全管理员才能对记录审计信息进行管理。当在数据库中启用审计时，可在语句执行阶段生成审计记录。注意，PL/SQL 程序单元中的 SQL 语句是单独审计的。

8.5.1　登录审计

用户连接数据库的操作过程称为登录，登录审计使用下列命名方式。

（1）AUDIT SESSION：开启连接数据库审计。

（2）AUDIT SESSION WHENEVER SUCCESSFUL：审计成功的连接图。

（3）AUDIT SESSION WHENEVER NOT SUCCESSFUL：只是审计连接失败。

（4）NOAUDIT SESSION：禁止会话审计。

数据库的审计记录存放在 SYS 方案的 AUD$表中，可以通过 DBA_AUDIT_SESSION 数据字典视图来查看 SYS.AUD$。例如：

```
SELECT    OS_Username, Username, Terminal,
          DECODE(Returncode, '0', 'Connected', '1005', 'FailedNull', '1017', 'Failed', Returncode),
          TO_CHAR(Timestamp, 'DD-MON-YY HH24:MI:SS'),
          TO_CHAR(Logoff_time, 'DD-MON-YY HH24:MI:SS')
     FROM DBA_AUDIT_SESSION;
```

相关参数说明如下。

（1）OS_Username：使用的操作系统账户。

（2）Username：Oracle 系统的账户名。

（3）Terminal：使用的终端 ID。

（4）Returncode：如果为 0 则表示连接成功；否则就要检查两个常用错误号，确定失败的原因。检查的两个常用错误号为 ORA-1005 和 ORA-1017，这两个错误代码覆盖了经常发生的登录错误。当用户输入一个用户名但无口令时就返回 ORA-1005；当用户输入一个无效口令时就返回 ORA-1017。

（5）Timestamp：登录时间。

（6）Logoff_time：注销的时间。

8.5.2   操作审计

对表、数据库链接、表空间、同义词、回滚段、用户或索引等数据库对象的任何操作都可被审计。这些操作包括对象的建立、修改和删除。语法格式为：

```
AUDIT {<审计操作> | <系统权限名>}
      [BY <用户名> [,...n]]
      [BY {SESSION | ACCESS}]
      [WHENEVER [NOT] SUCCESSFUL]
```

相关参数说明如下。

（1）<审计操作>：对于每个审计操作，其产生的审计记录都包含执行操作的用户、操作类型、操作涉及的对象及操作的日期和时间等信息。审计记录被写入审计跟踪（Audit trail），审计跟踪包含审计记录的数据库表。可以通过数据字典视图检查审计跟踪来了解数据库的活动。

（2）<系统权限名>：指定审计的系统权限，Oracle 系统为指定的权限和语句选项组提供捷径。

（3）BY <用户名>：指定审计的用户。若忽略该子句，Oracle 系统将审计所有用户的语句。

（4）BY SESSION：在同一会话中，同一类型的全部 SQL 语句仅写单个记录。

（5）BY ACCESS：每个被审计的语句写一个记录。

（6）WHENEVER SUCCESSFUL：只审计完全成功的 SQL 语句。若包含 NOT，则只审计失败或产生错误的语句。若完全忽略 WHENEVER SUCCESSFUL 子句，则审计全部的 SQL 语句，不管语句是否执行成功。

【例 8.14】   使用户 AUTHOR 的所有更新操作都被审计。

AUDIT UPDATE TABLE BY AUTHOR;

若要审计影响角色的所有命令，可输入命令：

AUDIT ROLE;

若要禁止这个设置值，可输入命令：

NOAUDIT ROLE;

被审计的操作都会被指定一个数字代码，这些代码可通过 AUDIT_ACTIONS 视图来访问。例如：

SELECT   Action, Name
    FROM AUDIT_ACTIONS;

已知操作代码就可以通过 DBA_AUDIT_OBJECT 视图检索登录审计记录。例如：

SELECT
        OS_Username, Username, Terminal, Owner, Obj_Name, Action_Name,
        DECODE(Returncode, '0', 'Success',Returncode),
        TO_CHAR(Timestamp, 'DD-MON-YYYYY HH24:MI:SS')
    FROM DBA_AUDIT_OBJECT;

相关参数说明如下。

（1）OS_Username：操作系统账户。

（2）Username：账户名。

（3）Terminal：所用的终端 ID。

（4）Action_Name：操作码。

（5）Owner：对象拥有者。

（6）Obj_Name：对象名。

（7）Returncode：返回代码。若是 0 则表示连接成功；否则就报告一个错误数值。

（8）Timestamp：登录时间。

8.5.3 对象审计

除了系统级的对象操作，还可以审计对象的数据处理操作。这些操作可能包括对表的选择、插入、更新和删除操作。这种操作类型的审计方式与操作审计非常相似。语法格式为：

AUDIT {<审计选项> | ALL} ON
    {[用户方案名.]<对象名> | DIRECTORY   <逻辑目录名> | DEFAULT}
    [BY SESSION | ACCESS]
    [WHENEVER [NOT] SUCCESSFUL]

相关参数说明如下。

（1）<审计选项>：如表 8.6 所示的对象审计选项。

表 8.6 对象审计选项

对 象 选 项	表	视 图	序 列	过程/函数/包	显形图/快照	目 录	库	对 象 类 型	环 境
ALTER	×		×		×			×	
AUDIT	×	×	×	×	×	×		×	×
COMENT	×	×			×				
DELETE	×	×			×				
EXECUTE				×			×		
GRANT	×	×	×	×	×	×	×	×	×
INDEX	×				×				
INSERT	×				×				
LOCK	×	×			×				
READ						×			

续表

对 象 选 项	表	视 图	序 列	过程/函数/包	显形图/快照	目 录	库	对 象 类 型	环 境
RENAME	×	×			×				
SELECT	×	×	×	×	×				
UPDATE	×	×			×				

（2）ALL：指定所有对象类型的对象选项。

（3）<对象名>：标识审计对象。对象必须是表、视图、序列、存储过程、函数、包、快照或库，也可是它们的同义词。

（4）ON DEFAULT：默认审计选项，以后创建的任何对象都自动用这些选项审计。用于视图的默认审计选项总是视图基本表审计选项的联合。若改变默认审计选项，先前创建的对象审计选项保持不变。只能通过指定 AUDIT 语句的 ON 子句中的对象来更改已有对象的审计选项。

（5）ON DIRECTORY：指定审计的目录名。

（6）BY SESSION：Oracle 系统在同一会话中，对在同一对象上的同一类型的全部操作写单个记录。

（7）BY ACCESS：对每个被审计的操作写一个记录。

【例 8.15】 对 XSB 表的所有 INSERT 命令都要进行审计；对 CJB 表的每个命令都要进行审计；对 KCB 表的所有 DELETE 命令都要进行审计。

```
AUDIT INSERT ON SYSTEM.XSB;
AUDIT ALL ON SYSTEM.CJB;
AUDIT DELETE ON SYSTEM.KCB;
```

通过对 DBA_AUDIT_OBJECT 视图进行查询，就可以看到最终的审计记录。

8.5.4 权限审计

权限审计表示只审计某个系统权限的使用状况。既可以审计某个用户所使用的系统权限，也可以审计所有用户使用的系统权限。

【例 8.16】 分别对 AUTHOR 用户和 ZHOU 用户进行系统权限级别的审计。

```
AUDIT DELETE ANY TABLE WHENEVER NOT SUCCESSFUL;
AUDIT CREATE TABLE WHENEVER NOT SUCCESSFUL;
AUDIT ALTER ANY TABLE,ALTER ANY PROCEDURE BY AUTHOR BY ACCESS
    WHENEVER NOT SUCCESSFUL;
AUDIT CREATE USER BY ZHOU WHENEVER NOT SUCCESSFUL;
```

通过查询数据字典 DBA_PRIV_AUDIT_OPTS（必须以 SYS 用户连接数据库进行查询），可以了解对哪些用户进行了权限审计及审计的选项。

```
SELECT USER_NAME, PRIVILEGE, SUCCESS, FAILURE
    FROM DBA_PRIV_AUDIT_OPTS
    ORDER BY USER_NAME;
```

查询结果如图 8.18 所示。

	USER_NAME	PRIVILEGE	SUCCESS	FAILURE
1	AUTHOR	ALTER ANY PROCEDURE	NOT SET	BY ACCESS
2	AUTHOR	ALTER ANY TABLE	NOT SET	BY ACCESS
3	ZHOU	CREATE USER	NOT SET	BY ACCESS
4	(null)	CREATE ANY TABLE	NOT SET	BY ACCESS
5	(null)	CREATE TABLE	NOT SET	BY ACCESS
6	(null)	DELETE ANY TABLE	NOT SET	BY ACCESS

图 8.18 【例 8.16】查询结果

第*9*章　表空间、备份和恢复

表空间就像一个文件夹，是存储数据库对象的容器，数据库的表就是存放在表空间的。备份就是数据库信息的一个复制，对于 Oracle 11g 数据库而言，这些信息包括控制文件、数据文件及重做日志文件等。数据库备份的目的是在意外事件发生并造成数据库的破坏时恢复数据库中的数据信息。

9.1　表　空　间

表空间由数据文件组成，这些数据文件是数据库实际存放数据的地方，数据库的所有系统数据和用户数据都必须存放在数据文件中。创建每一个数据库时，系统都会默认地为它创建一个"SYSTEM"表空间以存储系统信息，故一个数据库至少有一个表空间（SYSTEM）。一般情况下，用户数据应该存放在单独的表空间中，所以必须要学会创建和使用自己的表空间。

9.1.1　创建表空间

创建表空间使用 CREATE TABLESPACE 语句，创建的用户必须拥有 CREATE TABLESPACE 系统权限。语法格式为：

```
CREATE TABLESPACE <表空间名>
        DATAFILE '<文件路径>/<文件名>' [SIZE <文件大小> [ K｜M ]] [ REUSE ]
            [ AUTOEXTEND { OFF｜ON [ NEXT <磁盘空间大小> [ K｜M ] ]
            [ MAXSIZE { UMLIMITED｜<最大磁盘空间大小> [ K｜M ] } ] } ]
            [ MINMUM EXTENT <数字值> [ K｜M ] ]
            [ DEFAULT <存储参数> ]
            [ ONLINE｜OFFLINE ]
            [ LOGGING｜NOLOGGING ]
            [ PERMANENT｜TEMPORARY ]
            [ EXTENT MANAGEMENT [ DICTIONARY｜LOCAL [ AUTOALLOCATE｜UNIFORM [ SIZE
<数字值>[ K｜M ] ] ] ] ]
```

相关参数说明如下。

（1）DATAFILE：用于为表空间创建数据文件，格式与 CREATE DATABASE 语句中的 DATAFILE 相同。当使用关键字 REUSE 时，表示若该文件存在，则清除该文件再重新建立该文件；如该文件不存在，则建立新文件。

（2）AUTOEXTEND：用于指定是否禁止或允许自动扩展数据文件。若选择 OFF，则禁止自动扩展数据文件。若选择 ON，则允许自动扩展数据文件。NEXT 指定当需要更多盘区时分配给数据文件的磁盘空间。

（3）MAXSIZE：指定允许分配给数据文件的最大磁盘空间。其中，UMLIMITED 表示对分配给数据文件的磁盘空间没有设置限制。

（4）MINMUM EXTENT：指定最小的长度，默认为由操作系统和数据库块确定。

（5）ONLINE 和 OFFLINE：ONLINE 表示在创建表空间之后，使授权访问该表空间的用户立即可用该表空间；OFFLINE 表示在创建表空间之后使该表空间不可用，默认为 ONLINE。

（6）DEFAULT：为在该表空间创建的全部对象指定默认的存储参数。其中，**<存储参数>**的语法格式如下：

```
<存储参数>::=
STORAGE
(
        INITIAL <第一个区的大小> [ K | M ]
        NEXT <下一个区的大小> [ K | M ]
        MINEXTENTS <区的最小个数> | UNLIMITED
        MAXEXTENTS <区的最大个数>
        PCTINCREASE <数字值>
        FREELISTS <空闲列表数量>
        FREELIST GROUPS <空闲列表组数量>
)
```

其中，INITIAL 指定对象（段）的第一个区的大小，单位为 KB 或 MB，默认值是 5 个数据块的大小；NEXT 指定下一个区及后续区的大小，单位为 KB 或 MB，最小值是 1 个数据块的大小；MINEXTENTS 指定创建对象（段）时就应该分配的区的个数，默认为 1；MAXEXTENTS 指定可以为一个对象分配的区的最大个数，该参数最小值是 MINEXTENTS；PCTINCREASE 指定第 3 个区及后续区在前面区基础之上增加的百分比；FREELISTS 指定表、簇或索引的每个空闲列表组的空闲列表数量；FREELIST GROUPS 指定表、簇或索引的空闲列表组的数量。

在 Oracle 11g 数据库中，DEFAULT STORAGE 子句对于存储参数的设置只在数据字典管理的表空间中有效，在本地化管理的表空间中，虽然可以使用该子句，但已经不再起作用。

（7）LOGGING/NOLOGGING：指定日志属性，它表示将来的表、索引等是否需要进行日志处理。默认值为 LOGGING。

（8）PERMANENT：指定表空间，将用于保存永久对象，这是默认设置。

（9）TEMPORARY：指定表空间，将用于保存临时对象。

（10）EXTENT MANAGEMENT：指定如何管理表空间的盘区。

（11）DICTIONARY：指定使用字典表来管理表空间，这是默认设置。

（12）LOCAL：指定本地管理表空间。

（13）AUTOALLOCATE：指定表空间由系统管理，用户不能指定盘区尺寸。

（14）UNIFORM：指定使用 SIZE 字节的统一盘区来管理表空间，默认的 SIZE 为 1MB。如果既没指定 AUTOALLOCATE，又没指定 UNIFORM，那么默认为 AUTOALLOCATE。

> ◉◉**注意：**
> 如果指定了 LOCAL，就不能指定 DEFAULT <存储参数>和 TEMPORARY。

【例 9.1】 创建大小为 50MB 的表空间 TEST，禁止自动扩展数据文件。

```
CREATE TABLESPACE TEST
    LOGGING
    DATAFILE 'E:\app\Administrator\oradata\XSCJ\TEST01.DBF' SIZE 50M
    REUSE AUTOEXTEND OFF;
```

执行结果如图 9.1 所示。

【例 9.2】 创建表空间 DATA，允许自动扩展数据文件。

```
CREATE TABLESPACE DATA
    LOGGING
    DATAFILE 'E:\app\Administrator\oradata\XSCJ\DATA01.DBF' SIZE 50M
        REUSE AUTOEXTEND ON NEXT 10M MAXSIZE 200M
```

EXTENT MANAGEMENT LOCAL;

图 9.1 【例 9.1】执行结果

执行结果如图 9.2 所示。

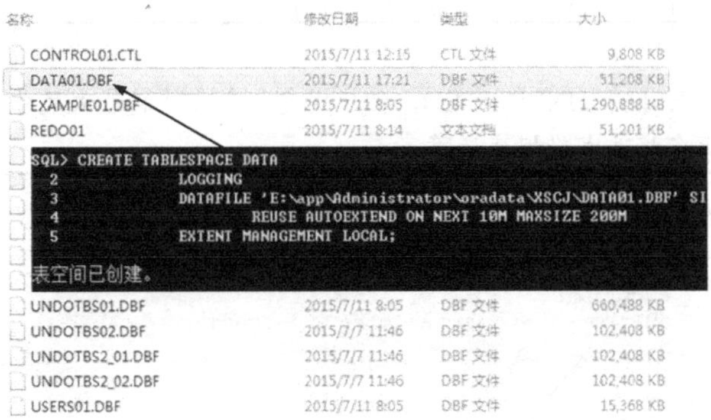

图 9.2 【例 9.2】执行结果

由图 9.2 可见，本例中的表空间只有一个初始大小为 50MB 的数据文件。当这个 50MB 的数据文件填满而其中的对象又需要另外的空间时，数据文件按 10MB 大小进行自动扩展。这个扩展根据需要一直进行下去，直到文件已达到 200MB 为止，这是该文件所能达到的最大尺寸。

9.1.2 管理表空间

利用 ALTER TABLESPACE 命令可以修改现有的表空间或它的一个或多个数据文件。可以为数据库中每一个数据文件指定各自的存储扩展参数值；Oracle 11g 数据库会在自动扩展数据文件时使用这些参数。语法格式为：

```
ALTER TABLESPACE <表空间名>
    [ ADD DATAFILE | TEMPFILE  '<路径>/<文件名>' [ SIZE <文件大小> [ K | M ]]] [ REUSE ]
    [ AUTOEXTEND { OFF | ON [ NEXT <磁盘空间大小>  [ K | M ]]
    [MAXSIZE { UNLIMITED | <最大磁盘空间大小> [ K | M ]}]}]
    [ RENAME DATAFILE '<路径>/<文件名>',...n TO '<路径>/<新文件名>",...n ]
```

```
[ DEFAULT STORAGE <存储参数>]
[ ONLINE | OFFLINE [ NORMAL | TEMPORARY | IMMEDIATE ] ]
[ LOGGING | NOLOGGING ]
[ READ ONLY | WRITE ]
[ PERMANENT ]
[ TEMPORARY ]
```

相关参数说明如下。

（1）ADD DATAFILE | TEMPFILE：向表空间添加指定的数据文件或临时文件。

（2）RENAME DATAFILE：对一个或多个表空间的数据文件重命名。在重命名数据文件之前要使表空间脱机。

（3）READ ONLY：表明表空间上不允许进一步写操作。该子句在现有的事务全部提交或回滚后才生效，使表空间变成只读。

（4）READ WRITE：表明在先前只读表空间上允许写操作。

其他请参照 CREATE TABLESPACE 的参数和关键字说明。

【例 9.3】　通过 ALTER TABLESPACE 命令把一个新的数据文件添加到 DATA 表空间，并指定了 AUTOEXTEND ON 和 MAXSIZE 300M。

```
ALTER TABLESPACE DATA
    ADD DATAFILE 'E:\app\Administrator\oradata\XSCJ\DATA02.DBF' SIZE 50M
    REUSE AUTOEXTEND ON NEXT 50M MAXSIZE 300M;
```

> ◎◎ 注意：
>
> 尽管可以设置 MAXSIZE UNLIMITED，但应规定一个文件的最大尺寸值。否则，使用磁盘设备上全部可用空间的事务将造成数据库故障。

执行结果如图 9.3 所示。

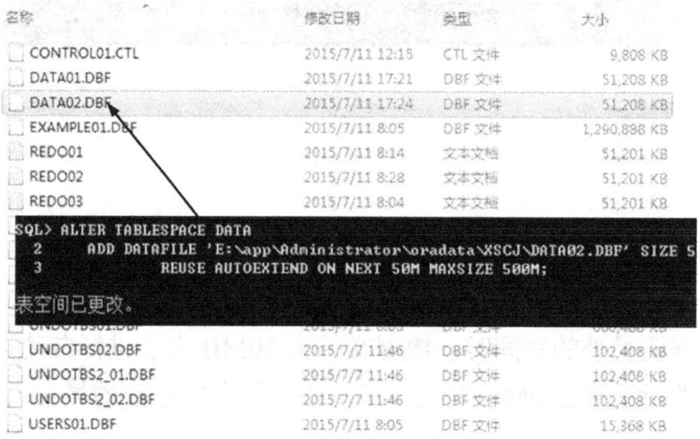

图 9.3　【例 9.3】执行结果

9.1.3　删除表空间

如果不再需要表空间和其中保存的数据，就可以使用 DROP TABLESPACE 语句删除已经创建的表空间。语法格式为：

```
DROP TABLESPACE <表空间名>
    [ INCLUDING CONTENTS [ {AND | KEEP} DATAFILES ]
      [ CASCADE CONSTRAINTS ]
    ];
```

说明： 在删除表空间时，如果其中还保存有数据库对象，则必须使用 INCLUDING CONTENTS 子句，表示将表空间和其中保存的数据库对象全部删除，但对应的数据文件并不会从操作系统中被删除。如果要删除表空间对应的数据文件，则必须加上 AND DATAFILES 选项，如果要保留数据文件，则要加上 KEEP DATAFILES 选项。CASCADE CONSTRAINTS 选项用于删除与表空间相关的数据文件，但只对最新创建的或最后一个表空间有效。

【例 9.4】 删除表空间 DATA 及其对应的数据文件。

```
DROP TABLESPACE DATA
    INCLUDING CONTENTS AND DATAFILES;
```

9.2　备份和恢复

备份和恢复是两个互相联系的概念，备份就是将数据信息保存起来，而恢复则是指当意外事件发生或者有某种需要时，将已备份的数据信息还原到数据库系统中。

9.2.1　备份概述

Oracle 11g 数据库提供了多种备份方法，每种方法都有自己的特点。如何根据具体的应用状况选择合适的备份方法是很重要的。

设计备份策略的指导思想：以最小的代价恢复数据。备份与恢复是互相联系的，因此，备份策略与恢复应结合起来考虑。

1. 备份原则

（1）日志文件归档到磁盘。归档日志文件最好不要与数据库文件或联机重做日志文件存储在同一个物理磁盘设备上。如果数据库文件和当前激活重做日志文件丢失，可使用联机备份或脱机备份，然后可以继续进行安全操作。当使用 CREATE DATABASE 命令创建数据库时，MAXLOGFILES 参数值大于 2，将简化丢失未激活但联机的重做日志文件的恢复操作。

（2）如果数据库文件备份到磁盘上，应使用单独的磁盘或磁盘组保存数据文件的备份。备份到磁盘上通常可以在较短时间内恢复。

（3）应保持控制文件的多个备份，控制文件的备份应置于不同磁盘控制器下的不同磁盘设备上。增加控制文件可以先关闭数据库，备份控制文件，改变服务器参数文件的参数 CONTROL_FILES，再重新启动数据库即可。

（4）联机日志文件应为多个，每个组至少应保持两个成员。日志组的两个成员不应保存在同一个物理设备上，因为这将削弱多重日志文件的作用。

（5）保持归档重做日志文件的多个备份，应在多个磁盘上保留备份。使用服务器参数文件中的 LOG_ARCHIVE_DUPLEX_DEST 参数和 LOG_ARCHIVE_MIN_SUCCEED_DEST 参数，Oracle 系统会自动双向归档日志文件。

（6）通过在磁盘上保存最小备份和数据库文件向前回滚所需的所有归档重做日志文件，在许多情况下可以使从备份中向前回滚数据库或数据库文件的过程简化和加速。

（7）增加、重命名、删除日志文件和数据文件，以及改变数据库结构和控制文件等操作都应备份，因为控制文件存放了数据库的模式结构。此外，增加数据文件后也要备份。

（8）若企业有多个 Oracle 数据库，则应使用具有恢复目录的 Oracle 系统恢复管理器。这将使用户备份和恢复过程中引起错误的风险最小化。

2. 数据库备份应用

下面讨论如何将集成的数据库备份用于实例失败和磁盘失败。

（1）实例失败。从实例失败中恢复应自动进行，数据库需要访问位于正确位置的所有控制文件、联机重做日志文件和数据文件。数据库中任何未提交的事务都要回滚。一个实例失败（如由服务器引起的失败）之后，当数据库要重启动时，必须检查数据库报警日志中的错误信息。

当由实例失败引发数据库重启时，Oracle 系统会检查数据文件和联机重做日志文件，并把所有文件同步到同一个时间点上。即使数据库未在 ARCHIVELOG 方式中运行，Oracle 系统也将执行该同步。

（2）磁盘失败。磁盘失败又称介质失败（Media Failure），通常由磁盘损坏或磁盘读错误引起。这时，磁盘上驻留的当前数据库文件无法读出。驻留联机重做日志文件的磁盘应被镜像，失败时，它们不会丢失。镜像可通过使用重做日志文件实现，或在操作系统级制作镜像文件。

如果丢失的是控制文件，不管选择什么备份方式都很容易恢复。每个数据库都有其控制文件的多个备份（使数据库保持同步），且存储在不同的设备上。由 Oracle 系统安装程序生成的默认数据库创建脚本文件，为各个数据库创建 3 个控制文件，并将它们放在 3 个不同的设备上。要恢复一个丢失的控制文件，只需关闭数据库并从保留有控制文件的位置复制一个到正确的位置即可。

如果所有控制文件都丢失，可以使用 CREATE CONTROLFILE 命令。该命令允许为数据库创建一个新的控制文件，并指定数据库中的所有数据文件、联机重做日志文件和数据库参数。如果对使用的参数有疑问并正在运行 ARCHIVELOG 备份，可用以下命令：

ALTER DATABASE BACKUP CONTROLFILE TO TRACE;

当执行该命令时，系统将把一条合适的 CREATE CONTROLFILE 命令写入到跟踪文件。这时，可根据需要编辑这个由 Oracle 系统创建的跟踪文件。

如果丢失的是归档重做日志文件，就无法恢复了。因此，最重要的是使归档重做日志文件目标设备也保持镜像。归档重做日志文件与联机重做日志文件同等重要。

如果丢失的是数据文件，可从热备份中恢复，步骤如下。

（1）从备份中把丢失的文件恢复到其原来位置。

cp /backup/XSCJ/users01.dbf /zhou/oradata/XSCJ

（2）安装数据库。

```
ORACLE_SID=XSCJ;          export ORACLE_SID
ORAENV_ASK=NO;            export ORAENV_AS
connect system/Mm123456 as sysdba
startup mount XSCJ;
```

（3）恢复数据库。

要求给出恢复所需的各归档日志文件名。

RECOVER DATABASE;

出现提示时，为需要的归档重做日志文件输入文件名。另外，当数据库恢复操作发出提示时，可以使用 AUTO 选项。AUTO 选项使用定义的归档重做日志文件目标目录和文件名格式，为归档重做日志文件名生成默认值。如果移动了归档重做日志文件，就不能使用该选项。

（4）打开数据库。

ALTER DATABASE OPEN;

当从备份恢复数据文件时，数据库会辨认它是否来自数据库停止前的那个时间点。要找到那个时间点，就要应用从归档重做日志文件里找到的事务。

3. 数据库备份类型

备份一个 Oracle 数据库有 3 种标准方式：导出（Export）、脱机备份（Offline Backup）和联机备份（Online Backup）。

导出方式是数据库的逻辑备份。脱机备份和联机备份都是物理备份（低级备份）。

（1）逻辑备份。将数据库中数据备份到一个称为"导出转储文件"的二进制系统文件中。导出有以下 3 种模式。

● 用户（User）模式：导出用户所有对象及对象中的数据。

● 表（Table）模式：导出用户的所有表或者用户指定的表。

● 全局（Full）模式（数据库模式）：导出数据库中所有对象，包括所有数据、数据定义和用来重建数据库的存储对象。

导出备份可以导出整个数据库、指定用户或指定表。在导出期间，可以选择是否导出与表相关的数据字典的信息，如权限、索引和与其相关的约束条件。导出备份有 3 种类型。

● 完全型（Complete Export）：对所有表执行全数据库导出或仅对上次导出后修改过的表执行全数据库导出。

● 积累型（Cumulative）：备份上一次积累型备份所改变的数据。

● 增量型（Incremental）：备份上一次备份后改变的数据。

导入是导出的逆过程，导入时读取导出创建的转储二进制文件以恢复数据。可以导入全部或部分已导出的数据。如果导入一个完全导出的整个导出转储文件，则所有数据库对象（包括表空间、数据文件和用户）都会在导入时创建。如果只打算从导出转储文件中导入部分数据，那么表空间、数据文件和将拥有并存储那些数据的用户必须在导入前设置好。

（2）物理备份。物理备份是备份数据库文件而不是其逻辑内容。Oracle 系统支持两种不同类型的物理备份：脱机备份（冷备份）和联机备份（热备份）。

脱机备份在数据库已经正常关闭的情况下进行。数据库正常关闭后会给用户提供一个完整的数据库。当数据库处于脱机备份状态时，备份的文件包括所有数据文件、所有控制文件、所有联机重做日志和服务器参数文件（可选）。当数据库关闭时，对所有这些文件进行备份可以提供一个数据库关闭时的完整镜像，以后可以从备份中获取整个文件集并恢复数据库的功能。

数据库可能要求 24 小时运行，而且随时会对数据进行操作。联机备份可以在数据库打开的情况下进行。一般通过使用 ALTER 命令改变表空间的状态开始进行备份，备份完成后应恢复原来状态，否则重做日志会错配，在下次启动数据库时引起表空间的修改。联机备份时要求数据库必须在归档方式下操作，即在数据库不使用或使用率低的情况下进行，同时还要有大量的存储空间。

数据库可从一个联机备份中完全恢复，并且可以通过归档的重做日志，前滚到任一时刻。只要数据库是打开的，数据库中任一提交的事务都将被恢复，任何未提交的事务都将被回滚。联机备份主要备份的文件包括所有数据文件、所有归档的重做日志文件和一个控制文件。

联机备份过程具备强有力功能的原因有两个：第一，提供了完全的时间点（Point-in-time）恢复；第二，在文件系统备份时允许数据库保持打开状态。

9.2.2　恢复概述

数据库恢复就是当数据库出现故障时，将备份的数据库加载到系统，从而使数据库恢复到备份时的正确状态。Oracle 系统中数据库的恢复方法取决于故障类型，一般可以分为实例恢复和介质恢复。

1. 实例恢复

在数据库实例的运行期间，当意外掉电、后台进程故障或人为中止出现实例故障时，就需要进行实例恢复。

如果出现实例故障，由于 Oracle 系统中的实例没有正常关闭，而且当实例发生故障时，服务器可能正在管理对数据库信息进行处理的事务。在这种情况下，数据库来不及执行一个数据库检查点，以保存内存缓冲区中的数据到数据文件，这会造成数据文件中数据的不一致性。实例恢复的目的就是将数据库恢复到与故障之前的事务一致的状态。实例恢复只需要使用联机日志文件，不需要归档日志文件。实例恢复的最大特点是，Oracle 系统在下次数据库启动时会自动执行实例恢复。实例恢复由下列操作步骤完成。

（1）为了解恢复数据文件中没有记录的数据，进行向前滚。该数据记录于在线日志中，包括对回退段的内容恢复。

（2）回退未提交的事务，按步骤（1）重新生成回退段所指定的操作。

（3）释放在发生故障时正在处理事务所持有的资源。

（4）解决在发生故障时正经历这一阶段提交的任何悬而未决的分布事务。

2. 介质恢复

如果在联机备份时发现实例故障，则需进行介质恢复。介质恢复主要在存储介质发生故障，导致数据文件被破坏时使用。介质故障是当一个文件或者磁盘不能读取或写入时出现的故障。这种状态下的数据库都是不一致的，需要 DBA 手动进行数据库的恢复。这种恢复有两种形式：完全介质恢复和不完全介质恢复。

（1）完全介质恢复。它使用重做数据或增量备份将数据库更新到最近的时间点，通常在介质故障损坏数据文件或控制文件后执行完全介质恢复操作。实施完全数据库恢复时，根据数据库文件的破坏情况，可以使用不同的方法。例如，当数据文件被物理破坏，数据库不能正常启动时，就可以对全部的或单个被破坏的数据文件进行完全介质恢复。

（2）不完全介质恢复。这是在完全介质恢复不可能或者有特殊要求时进行的介质恢复。例如，系统表空间的数据文件被损坏、在线日志损坏或人为误删基本表和表空间等。这时可以进行不完全恢复，使数据库恢复到故障前或用户出错之前的一个事务的一致性状态。不完全介质恢复有不同的使用类型。

① 基于撤销（CANCEL）恢复：在某种情况下，不完全介质恢复必须被控制，DBA 可撤销在指定点的操作。基于撤销恢复在由于一个或多个日志组（在线或归档的）已被介质故障所破坏，不能用于恢复过程时使用。所以介质恢复必须受控制，以致在使用最近、未损的日志组于数据文件后中止恢复操作。

② 基于时间（TIN/IE）和基于修改（SCN）的恢复：如果 DBA 希望恢复到过去的某个指定点，这是一种理想的不完全介质恢复，一般发生在恢复到某个特定操作之前，如恢复到意外删除某个数据表之前。

9.3　导入和导出

导出是数据库的逻辑备份，导入是数据库的逻辑恢复。在 Oracle 11g 数据库中，既可以使用 Import 和 Export 实用程序进行导入和导出，也可以使用新的数据泵技术（将在第 9.6 节介绍）进行导入和导出。在本节介绍使用 Import 和 Export 实用程序实现导入和导出功能。

9.3.1　导出

数据库的逻辑备份步骤包括读一个数据库记录集和将记录集写入一个文件中。这些记录的读取与其物理位置无关。在 Oracle 系统中，Export 实用程序就是用来完成这样的数据库备份的。若要恢复使用由一个导出生成的文件，可使用 Import 实用程序。

Oracle 系统的 Export 实用程序用来读取数据库（包括数据字典）和把输出写入一个称为导出转储文件（Export Dump File）的二进制文件中。它可以导出整个数据库、指定用户或指定表。在导出期间，可以选择是否导出与表相关的数据字典信息。例如，权限、索引和与其相关的约束条件。Export 所写的文件包括完全重建全部被选对象所需的命令。

可以对所有表执行全数据库导出（Complete Export）或者仅对上次导出后修改过的表执行全数据库导出。增量导出有两种不同类型：Incremental（增量）型和 Cumulative（积累）型。Incremental 型将上次导出后修改过的全部表导出，而 Cumulative 型将上次全部导出后修改过的表导出。可使用 Export 实用程序来压缩数据段碎片的盘区。

从命令行调用 Export 程序并且传递各类参数和参数值，可以完成导出操作。参数和参数值决定了导出的具体任务。如表 9.1 所示为 Export 指定的运行期选项。可以在"命令提示符"窗口中输入"EXP HELP=Y"调用 EXP 命令的帮助信息。

表 9.1　Export 指定的运行期选项

关　键　字	描　　　　述
Userid	执行导出账户的用户名和口令，如果是 EXP 命令后的第一个参数，则关键字 Userid 可以省略
Buffer	用于获取数据行的缓冲区尺寸，默认值随系统而定，通常设定一个高值（>64 000）
File	导出转储文件的名字
Filesize	导出转储文件的最大尺寸。如果 file 条目中列出多个文件，则根据 Filesize 设置值导出这些文件
Compress	Y/N 标志，用于指定导出是否应把碎片段压缩成单个盘区。这个标志将影响存储到导出文件中的 storage 子句
Grants	Y/N 标志，指定数据库对象的权限是否导出
Indexes	Y/N 标志，指定表上的索引是否导出
Rows	Y/N 标志，指定行是否导出。如果设置 N，在导出文件中将只创建数据库对象的 DDL
Constraints	Y/N 标志，用于指定表上的约束条件是否导出
Full	若设为 Y，则执行 Full 数据库导出
Ower	导出数据库账户的清单，可以执行这些账户的 User 导出
Tables	导出表的清单，可以执行这些表的 Table 导出
Recordlength	导出转储文件记录的长度，以字节为单位。除非是在不同的操作系统间转换导出文件，否则就使用默认值
Direct	Y/N 标志，用于指示是否执行 Direct 导出。Direct 可以在导出期间绕过缓冲区，从而大大提高导出处理的效率
Inctype	要执行的导出类型，即允许值为 complete（默认）、cumulative 和 incremental

续表

关 键 字	描 述
Record	用于 incremental 导出，Y/N 标志指示一个记录是否存储在导出的数据字典中
Parfile	传递给 Export 的一个参数文件名
Statistics	指示导出对象的 analyze 命令是否应写到转储文件上。它的有效值是 compute、estimate（默认）和 N
Consistent	Y/N 标志，用于指示是否应与保留全部导出对象的版本一致。在 Export 处理期间，当相关的表被用户修改时需要这个标志
Log	导出日志的文件名
Feedback	表导出时显示进度的行数。默认值为 0，所以在表全部导出前没有反馈显示
Query	用于导出表的子集 select 语句
Transport_tablespace	如果正在使用可移动表空间选项，就设置为 Y。必须同关键字 tablespace 一起使用
Tablespaces	移动表空间时应导出其元数据的表空间
OBJECT_CONSISTENT	导出对象时的事务集，默认为 N，建议采用默认值
Flashback_SCN	用于回调会话快照的 SCN 号，特殊情况下使用，建议不用
Flashback_time	用于回调会话快照的 SCN 号的时间，如果希望导出不是现在的数据，而是过去某个时刻的数据，可使用该参数
Resumable	遇到错误时挂起，建议采用默认值
Resumable_timeout	可恢复的文本字符串，默认值为 Y，建议采用默认值
Tts_full_check	对 TTS 执行完全或部分相关性检查，默认值为 Y，建议采用默认值
Template	导出的模板名

导出有以下 3 种模式。

（1）交互模式。在输入 EXP 命令后，根据系统的提示输入导出参数，如用户名、口令和导出类型等参数。

（2）命令行模式。命令行模式和交互模式类似，不同的是使用命令模式时，只能在模式被激活后，才能把参数和参数值传递给导出程序。

（3）参数文件模式。参数文件模式的关键参数是 Parfile。Parfile 的对象是一个包含激活控制导出对话参数和参数值的文件名。

【例 9.5】 以交互模式进行数据库 XSCJ 的 XSB 表导出。

执行结果如图 9.4 所示。

数据导出完毕后，在"C:\Documents and Settings\Administrator"目录下的 XSB.DMP 文件就是导出文件。

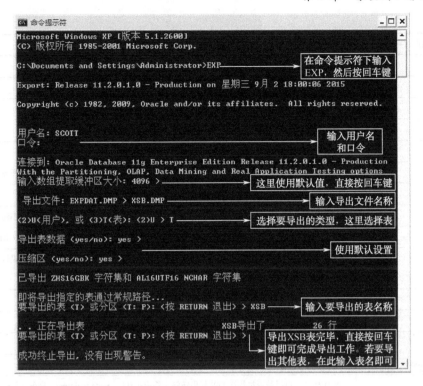

图 9.4　导出 XSB 表

9.3.2　导入

　　导入数据通过 Oracle 系统的 Import 实用程序进行，可以导入全部或部分数据。如果导入一个全导出的转储文件，则包括表空间、数据文件和用户在内的所有数据库对象都会在导入时创建。不过，为了在数据库中指定对象的物理分配，通常需要预先创建表空间和用户。如果只从导出转储文件中导入部分数据，那么表空间、数据文件和用户则必须在导入前设置好。

　　当数据库出现错误的修改或删除操作时，可以利用导入操作通过导出文件恢复重要的数据。在使用应用程序前，将对其操作的表导出到一个概要中，这样，如果由于应用程序中的错误而删除或修改了表中数据时，就可以从已经导出到概要的备份表中恢复误操作的数据。

　　导入操作可把一个操作系统中的 Oracle 数据库导出后再导入到另一个操作系统中。

　　导入操作既可以交互进行，也可通过命令进行。导入操作选项同导出的基本一样，如表 9.2 所示。

表 9.2　Import 选项

关 键 字	描　述
Userid	需执行导入操作账户的用户名/口令。如果这是 imp 命令后的第一个参数，就不必指定 Userid 关键字
Buffer	取数据行用的缓冲区尺寸。默认值随系统而定，该值通常设为一个高值（>100 000）
File	要导入的导出转储文件名
Show	Y/N 标志，指定文件内容显示而不是执行
Ignore	Y/N 标志，指定在发出 Create 命令时遇到错误是否忽略。若要导入的对象已存在，则使用这个标志
Grants	Y/N 标志，指定数据库对象的权限是否导入

续表

关 键 字	描　述
Indexes	Y/N 标志，指定表的索引是否导入
Constraints	Y/N 标志，指定表的约束条件是否导入
Rows	Y/N 标志，确定行是否导入。若将其设为 N，就只对数据库对象执行 DDL
Full	Y/N 标志，如果设置 Y，就导入 Full，并导出转储文件
Fromuser	导出转储文件中读取其对象的数据库账户的列表（当 Full=N 时）
Touser	导出转储文件中的对象将被导入到数据库账户的列表。Fromuser 和 Touser 不必设置成相同的值
Table	导入的表列表
Recordlength	导出转储文件记录的长度，以字节为单位。除非在不同的操作系统间转换，否则都用默认值
Inctype	要被执行导入的类型，即有效值是 COMPLETE（默认）、CUMULATIVE 和 INCREMENTAL
commit	Y/N 标志，确定每个数组导入后 Import 是否提交（其大小由 Buffer 设置），如果设置为 N，则在每个表导入后都要提交 Import。对于大型表，commit=N 则需要同样大的回滚段
Parfile	传递给 Import 的参数名，这个文件可以包含所列出的全部参数条目
Indexfile	Y/N 标志，指定表上的索引是否导入
Charset	V5 和 V6 执行导入操作期间使用的字符集（过时但被保留）
Point_in_time_recover	Y/N 标志，确定导入是否为表空间时间点恢复的一部分
Destroy	Y/N 标志，指示是否执行在 Full 导出转储文件中找到的 create tablespace 命令（从而破坏正在导入的数据库数据文件）
Log	Import 日志将要写入的文件名
Skip_unusable_indexes	Y/N 标志，确定 Import 是否应跳过标有 unusable 的分区索引。在导入操作期间只跳过这些索引，然后用人工创建它们，以改善创建索引的功能
Analyze	Y/N 标志，指示 Import 是否应执行在导出转储文件中找到的 Analyze 命令
Feedback	表导入时显示进展的示数，其默认值为 0，所以在没有完全导入一个表前不显示反馈
Tiod_novalidate	使 Import 能跳过对指定对象类型的确认。这个选项通常与磁带一起安装使用，可以指定一个或多个对象
Filesize	如果参数 Filesize 用在 Export 上，这个标志就是对 Export 指定的最大转储尺寸
Recalculate_statistics	Y/N 标志，确定是否生成优化程序统计
Transport_tablespace	Y/N 标志，指示可移植的表空间元数据被导入到数据库中
Tablespace	要传送到数据库中的表空间名字和名字清单
Datafiles	要传送到数据库的数据文件清单
Tts_owner	可移植表空间中数据拥有者的名字和名字清单
Resumable	导入时若遇到与使用 Resumable_name 编码字符串有关的问题，需延缓执行。延缓时间由 Resumable_timeout 参数确定

导入操作中，如果参数相互冲突或者引起指令不一致时操作就会失败。例如，设置"FULL=Y"和"OWNER=SYSTEM"，因为 FULL 参数调用 FULL 导入，而 OWNER 参数指定 USER 导入。

当从一个增量型导出或积累型导出中导入数据时，先使用最新的完全型导出，操作完成后，必须导入最新的积累型导出，再导入之后的所有增量型导出。导入的模式包括用户模式、表模式和全局模式（数据库模式），与导出完全相同。

【例 9.6】　以交互模式进行 XSCJ 数据库中 XSB 表的导入。

为了查看导入的效果，先将 XSB 表删除：

DROP TABLE XSB;

导入结果如图 9.5 所示。

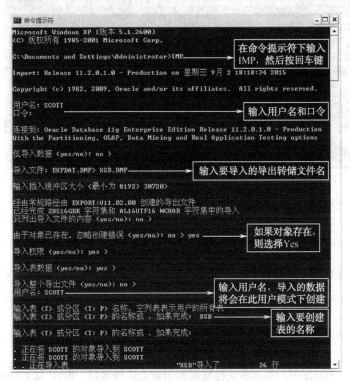

图 9.5　导入 XSB 表

导入完成后查看 XSB 表和表中数据是否恢复。

下面介绍命令行模式和参数模式的 EXP 用法与 IMP 用法。

（1）命令行模式。命令行模式其实与交互模式的道理一样，只是命令行模式将交互模式中逐步输入的数据在一行命令中全部输入。例如，要导出 XSB 表，可以在命令提示符下输入命令如下：

EXP USERID=SCOTT/Mm123456 FULL=N BUFFER=10000 FILE=XSB.DMP TABLES=XSB

执行结果如图 9.6 所示。

由上面的例子可以看出，当用户对 IMP 和 EXP 的命令参数比较熟悉时，使用命令行模式比交互模式要方便很多。

（2）参数模式。参数模式其实就是将命令行模式中命令后面所带的参数写在一个参数文件中，然后再使用命令，使其后面带一个调用该文件的参数。通过普通的文本文件编辑器就可以创建这个文件。为了便于标识，将该参数文件的后缀命名为.parfile。以下是一个参数文件的内容：

USERID=SCOTT/Mm123456
FULL=N
BUFFER=10 000
FILE=XSB.DMP
TABLES=XSB

使用参数模式执行过程如下：

EXP PARFILE=XSB.PARFILE

图 9.6 使用命令行模式导出 XSB 表

9.4 脱机备份

脱机备份又称冷备份。冷备份是数据库文件的物理备份，需要在数据库关闭状态下进行。通常在数据库通过一个 shutdown normal 命令或 shutdown immediate 命令正常关闭后进行。当数据库关闭时，对其使用的各个文件都可以进行备份，这些文件构成了数据库关闭时的一个完整映像。冷备份要备份的文件包括所有数据文件、所有控制文件、所有联机重做日志、init.ora 文件和 SPFILE 文件（可选）。

在磁盘空间容许的情况下，将这些文件复制到磁盘上。冷备份一般在 SQL*Plus 中进行。在进行备份前，应该确定备份哪些文件，通过查询 V$DATAFILE 视图可以获取数据文件的列表；通过查询 V$LOGFILE 视图可以获取联机重做日志文件的列表；通过以下语句可查询控制文件的列表：

SHOW PARAMENTER CONTROL_FILES;

【例 9.7】 把 XSCJ 数据库的所有数据文件、重做日志文件和控制文件都进行备份。

（1）正常关闭要备份的实例，在"命令提示符"窗口中输入如下命令：

sqlplus/nolog
connect scott/Mm123456 as sysdba
shutdown normal

（2）备份数据库。使用操作系统的备份工具，备份所有的数据文件、重做日志文件、控制文件和参数文件。

（3）启动数据库：

startup mount

9.5 联机备份

联机备份又称热备份或 ARCHIVELOG 备份，它要求数据库运行在 ARCHIVELOG 方式下。Oracle 系统是以循环方式编写联机重做日志文件的，写满第一个日志后，开始写第二个……以此类推。当最后一个联机重做日志文件写满后，LGWR（Log Writer）后台进程将开始重新向第一个文件写入内容。当 Oracle 系统以 ARCHIVELOG 方式运行时，ARCH 后台进程重写重做日志文件前，将对日志文件进行备份。

9.5.1　以 ARCHIVELOG 方式运行数据库

进行联机备份时，既可以使用 PL/SQL 语句，也可以使用备份向导，但都要求数据库在 ARCHIVELOG 方式下运行。下面说明如何进入 ARCHIVELOG 方式。

（1）进入"命令提示符"窗口：

SQLPLUS/NOLOG

（2）以 SYSDBA 身份和数据库相连：

CONNECT SCOTT/Mm123456 AS SYSDBA

（3）使数据库在 ARCHIVELOG 方式下运行：

SHUTDOWN IMMEDIATE

STARTUP MOUNT

ALTER DATABASE ARCHIVELOG;

ARCHIVE LOG START;

ALTER DATABASE OPEN;

下面的命令将从 Server Manager 中显示当前数据库的 ARCHIVELOG 状态：

ARCHIVE LOG LIST

整个过程的 SQL*Plus 窗口如图 9.7 所示。

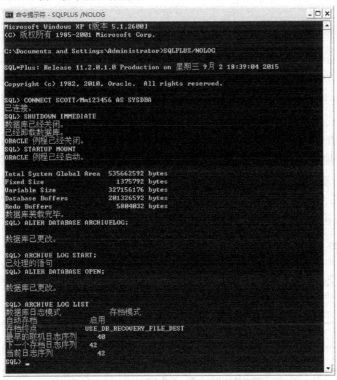

图 9.7　以 ARCHIVELOG 方式运行数据库

9.5.2　执行数据库联机备份

一旦数据库以 ARCHIVELOG 方式打开并对用户可用时，就可以进行备份。尽管联机备份可以在工作期间进行，但是最好安排在用户活动最少的时间。

（1）逐个备份表空间数据文件

使用 ALTER TABLESPACE BEGIN BACKUP 语句将表空间设置为备份状态，例如，标记表空间 SYSTEM 备份开始的语句如下：

ALTER TABLESPACE SYSTEM BEGIN BACKUP;

在"命令提示符"窗口中使用操作系统提供的命令备份表空间中的数据文件，例如：

COPY E:\app\Administrator\oradata\XSCJ\SYSTEM01.DBF D:\BACKUP

所有的数据文件备份完后，要使用 ALTER TABLESPACE END BACKUP 指出结束联机备份，将表空间恢复到正常状态，例如：

ALTER TABLESPACE SYSTEM END BACKUP;

（2）备份归档重做日志文件

停止当前数据库的 ARCHIVELOG 状态：

ARCHIVE LOG START;

记录归档重做日志目标目录中的文件，备份归档重做日志文件，并且使用 ALTER DATABASE BACKUP CONTROLFILE 命令备份控制文件：

ALTER DATABASE BACKUP CONTROLFILE TO 'D:\BACKUP\file.bak';

9.6　数　据　泵

9.6.1　数据泵概述

数据泵（Data Pump）是 Oracle 11g 数据库提供的一个实用程序，它可以用从数据库中高速导出或加载数据库的方法，自动管理多个并行的数据流。数据泵可以实现在测试环境、开发环境、生产环境、高级复制或热备份数据库之间的快速数据迁移，还能实现部分或全部数据库的逻辑备份，以及跨平台的可传输表的空间备份。

数据泵技术相对应的工具是 Data Pump Export 和 Data Pump Import。它的功能与前面介绍的 EXP 和 IMP 类似，所不同的是数据泵高速并行的设计使服务器运行时，可执行导入和导出任务的快速装载或卸载大量数据。另外，数据泵可以实现断点重启，即一个任务无论是人为中断还是意外中断，都可以从断点地方重新启动。数据泵技术是基于 EXP/IMP 的操作，主要用于对大量数据的作业操作。在使用数据泵进行数据导出与加载时，可以使用多线程并行操作。

9.6.2　EXPDP 导出

EXPDP 既可以交互进行，也可以通过命令进行。如表 9.3 所示为 EXPDP 命令的关键字。

表 9.3　EXPDP 命令的关键字

关　键　字	描　　述
ATTACH	连接到现有作业
CONTENT	指定要导出的数据，有效关键字为 ALL、DATA_ONLY 和 METADATA_ONLY
DIRECTORY	供转储文件和日志文件使用的目录对象
DUMPFILE	目标转储文件（expdat.dmp）的列表
ESTIMATE	计算作业的估计值，其中有效关键字为 BLOCK 和 STATISTICS

关 键 字	描 述
ESTIMATE_ONLY	在不执行导出的情况下计算作业估计值
EXCLUDE	排除特定的对象类型
FILESIZE	以字节为单位指定每个转储文件的大小
FLASHBACK_SCN	用于将会话快照设置为以前状态的 SCN
FALSHBACK_TIME	用于获取最接近指定时间的 SCN
FULL	导出整个数据库
HELP	显示帮助信息
INCLUDE	包括特定的对象类型
JOB_NAME	要创建的导出作业名称
LOGFILE	日志文件名（export.log）
NETWORK_LINK	链接到源系统的远程数据库名称
NOLOGFILE	不写入日志文件
PARALLEL	更改当前作业活动 worker 的数目
PARFILE	指定参数文件
QUERY	用于导出表子集的谓词子句
SCHEMAS	要导出的方案列表
STATUS	在默认值（0）显示可用的新状态情况下，要监视的频率（以秒计）作业状态
TABLES	列出要导出表的列表
TABLESPACES	列出要导出表空间的列表
TRANSPORT_FULL_CHECK	验证所有表的存储段
TRANSPORT_TABLESPACES	卸载元数据的表空间列表
VERSION	导出的对象版本，其中有效关键字为 COMPATIBLE、LATEST 或任何有效的数据库版本

【例 9.8】 使用 EXPDP 导出 SCOTT 用户的 XSB 表。

（1）EXPDP 准备工作。在使用 EXPDP 之前，需要创建一个目录，用于存储数据泵导出的数据。使用创建目录的方法如下：

```
CREATE DIRECTORY dpump_dir as 'd:\bak';
```

在目录创建后，必须给导入/导出的用户赋予目录的读/写权限：

```
GRANT READ,WRITE ON DIRECTORY DPUMP_DIR TO <用户名>;
```

（2）使用 EXPDP 导出数据。在"命令提示符"窗口中输入以下命令：

```
EXPDP   SCOTT/Mm123456   DUMPFILE=XSB.DMP   DIRECTORY=DPUMP_DIR   TABLES=XSB
JOB_NAME=XSB_JOB
```

执行结果如图 9.8 所示。

图 9.8　使用 EXPDP 导出数据

9.6.3　IMPDP 导入

使用 IMPDP 可以将 EXPDP 所导出的文件导入数据库中。如果要将整个导入的数据库对象进行全部导入，还需要授予用户 IMP_FULL_DATABASE 角色。

如表 9.4 所示给出了 IMPDP 关键字的说明，其余请参考 EXPDP 的关键字。查看 IMPDP 关键字的语句如下：

IMPDP HELP=Y

表 9.4　IMPDP 关键字

关　键　字	描　　　述
FROMUSER	列出拥有者的用户名
FILE	要导入的文件名
TOUSER	列出要导入的用户名字
SHOW	仅看文件的内容
IGNORE	忽略所有的错误
COMMIT	是否及时提交数组数据
ROWS	是否要导出数据
DESTROY	遇到与原来一样的数据文件是否覆盖
INDEXFILE	是否写表和索引到指定的文件
SKIP_UNUSABALE_INDEXES	是否跳过不使用的索引
TOID_NOVALIDATE	跳过闲置的类型
COMPILE	是否编译过程和包
STREAMS_CCONFIGURATION	是否导入流常规元数据
STREAMS_INSTANTIATION	是否导入流实例元数据

【例 9.9】　使用 XSB.DMP 导出文件导入 XSB 表。

IMPDP SCOTT/Mm123456 DUMPFILE=XSB.DMP DIRECTORY=DPUMP_DIR

运行结果如图 9.9 所示。

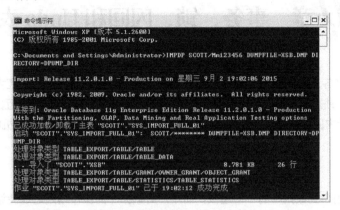

图 9.9　使用 IMPDP 命令导入 XSB 表

第*10*章 事务、锁、闪回和 Undo 表空间

本章主要介绍事务、锁、闪回和 Undo 表空间的概念。事务是访问并可能更新数据库中各种数据项的一个程序执行单元。锁是在多用户访问相同的资源时防止事务之间进行有害性交互的机制。闪回是指使数据库中的实体显示内回到过去某个时间点的操作。Undo 表空间则是取代回滚段机制的表空间。

10.1 事 务

用户会话是指用户到数据库的一个连接，而用户对数据库的操作则是通过会话中的一个个事务来进行的。在 Oracle 11g 数据库中，用户使用 INSERT 语句、UPDATE 语句和 DELETE 语句操作数据库中的数据时，数据不会立刻改变，用户还需要通过对事务进行控制来确认或取消先前的操作。例如，先使用 INSERT 语句，后使用 COMMIT 命令就是为了提交事务来保存修改。

10.1.1 事务概念

事务相当于工作中的一个执行单元，它由一系列 SQL 语句组成。这个单元中的每个 SQL 语句都是互相依赖的，而且单元作为一个整体是不可分割的。如果单元中的一个语句不能完成，则整个单元就会回滚（撤销），所有影响到的数据都将返回至事务开始时的状态。因此，只有事务中的所有语句都成功地执行后，才能说这个事务被成功地执行了。

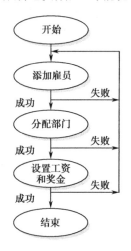

图 10.1　添加雇员事务

在现实生活中，事务随处可见，如银行交易、股票交易、网上购物、库存品控制等。在所有这些例子中，事务的成功取决于这些相互依赖的行为是否能够被成功地执行，是否能互相协调。其中的任何一个失败都将取消整个事务，系统将返回到事务处理之前的状态。

下面举个简单的例子。向公司数据库添加一名新雇员，如图 10.1 所示，这个过程由三个基本步骤组成：在雇员数据库中为雇员创建一条记录；为雇员分配部门；建立雇员的工资记录。只要这三步中的任何一步失败，如为新成员分配的雇员 ID 已经被其他人使用或者输入到工资系统中的值太大，系统就必须撤销在失败之前所有的变化，删除所有不完整记录的踪迹，避免以后的不一致和计算失误。前面的三项任务构成了一个事务。任何一个任务的失败都会导致整个事务被撤销，系统返回到以前的状态。

在形式上，事务是由 ACID 属性标识的。ACID 是一个简称，即原子性（Atomicity）、一致性（Consistency）、隔离性（Isolation）和持久性（Durability），每个事务的处理必须满足 ACID 原则。

（1）原子性。原子性意味着每个事务都必须被认为是一个不可分割的单元。假设一个事务由两个或者多个任务组成，其中的语句必须同时成功才能认为事务是成功的。如果事务失败，系统将会返回到事务以前的状态。

在添加雇员事务这个例子中，原子性指如果没有创建雇员相应的工资表和部门记录，就不可能向雇员数据库添加雇员。

原子的执行是一个或者全部发生或者什么也没有发生的命题。在一个原子操作中，如果事务中的任何一个语句失败，前面执行的语句都将返回，以保证数据的整体性没有受到影响。这在一些关键系统中尤其重要，如金融系统在执行数据的输入或更新时，必须保证不出现数据丢失或数据错误，从而保证数据的安全性。

（2）一致性。不管事务是成功完成还是中途失败，当事务使系统中的所有数据处于一致的状态时存在一致性。参照前面的例子，一致性是指如果从系统中删除一个雇员，则所有和该雇员相关的数据，包括工资数据和组的成员资格也要被删除。

（3）隔离性。隔离性是指每个事务都在自己的空间发生，和其他发生在系统中的事务隔离，而且事务的结果只有在它完全被执行时才能看到。即使在这样的一个系统中同时发生了多个事务，隔离性原则也能保证某个特定事务在完全完成之前，其结果是看不见的。

当系统支持多个同时存在的用户和连接时（如 SQL Server），这就尤其重要。如果系统不遵循这个基本规则，就可能导致大量数据被破坏，如每个事务各自空间的完整性被其他冲突事务所侵犯。

（4）持久性。持久性意味着一旦事务执行成功，在系统中产生的所有变化将是永久的。即使系统崩溃，一个提交的事务也会仍然存在。当一个事务完成，数据库的日志已经被更新时，持久性就开始发生作用。大多数 RDBMS 产品通过保存所有行为的日志来保证数据的持久性，这些行为是指在数据库中以任何方法更改数据。数据库日志记录了所有对于表的更新、查询、报表等。

10.1.2　事务处理

Oracle 11g 数据库中的事务是隐式自动开始的，不需要用户显式地使用语句来开始一个事务。当发生如下事件时，事务就自动开始了。

（1）连接到数据库，并开始执行第一条 DML 语句。

（2）前一个事务结束或者执行一条自动提交事务的语句。

发生如下事件时，Oracle 系统就认为事务结束了。

（1）用户执行 COMMIT 语句提交事务，或者执行 ROLLBACK 语句撤销了事务。

（2）用户执行了一条 DDL 语句，如 CREATE、DROP 或 ALTER 语句。

（3）用户执行了一条 DCL 语句，如 GRANT、REVOKE、AUDIT、NOAUDIT 等。

（4）用户断开与数据库的连接，这时用户当前的事务会被自动提交。

（5）执行 DML 语句失败，这时当前的事务会被自动回退。

另外，还可以在 SQL*Plus 中设置自动提交功能，即使用 SET 命令来设置是否自动提交事务。语法格式为：

`SET AUTOCOMMIT ON | OFF`

其中，ON 表示设置为自动提交事务，OFF 则相反。也就是说，一旦设置了自动提交，用户每次执行 INSERT 语句、UPDATE 语句或 DELETE 语句后，系统就会自动进行提交，不需要使用 COMMIT 命令来提交。但这种方法不利于实现多语句组成的逻辑单位，所以默认为不自动提交。

下面具体介绍 Oracle 系统中事务处理机制的 COMMIT 语句和 ROLLBACK 语句。

1. 提交事务

使用 COMMIT 语句提交事务以后，Oracle 系统会将 DML 语句对数据库所做的修改永久性地保存到数据库中。在使用 COMMIT 语句提交事务时，Oracle 系统会执行如下操作。

（1）在回退段的事务表内记录这个事务已经提交，并且生成一个唯一的系统改变号（SCN）保存到事务表中，用于标识这个事务。

（2）启动 LGWR 后台进程，将 SGA 区重做日志缓存的重做记录写入联机重做日志文件中，并且将该事务的 SCN 也保存到联机重做日志文件中。

（3）释放该事务中各个 SQL 语句所占用的系统资源。

（4）通知用户事务已经成功提交。

需要注意的是，Oracle 系统提交事务的性能并不会因为事务所包含的 SQL 语句过多而受到影响，因为 Oracle 系统采用了一种"快速提交（Fast Commit）"的机制，当用户提交事务时，Oracle 系统并不会将与该事务相关的"脏数据块"立即写入数据文件，只是将重做记录保存到重做日志文件中，这样即使发生错误丢失了内存中的数据，Oracle 系统也可以根据重做日志对其进行还原。因此，只要事务的重做记录被完全写入联机重做日志文件中，即可以认为该事务已经成功提交。

【例 10.1】　使用 INSERT 语句向 XSB 表中插入一行数据，并使用 COMMIT 提交事务。

启动 SQL Developer，并以 SCOTT 用户连接数据库，使用 INSERT 语句：

```
INSERT INTO XSB(学号, 姓名, 性别, 出生时间, 专业, 总学分)
    VALUES('151117', '刘明', '男',TO_DATE('19960315','YYYYMMDD'), '计算机', 48);
```

使用 SELECT 语句查询刚刚插入的那行数据：

```
SELECT 学号, 姓名, 性别, 出生时间, 专业, 总学分
    FROM XSB
    WHERE 学号='151117';
```

执行结果如图 10.2 所示。

图 10.2　查看数据

现在打开 SQL*Plus（同时保持 SQL Developer 的连接不关闭），使用相同的用户账号连接数据库，执行同样的查询，结果如图 10.3 所示。

图 10.3　在另一个会话中查询未提交的数据

这时可以发现，由于第一个会话没有提交事务，所以在第二个会话中看不到第一个会话中新添加的数据。需要先在 SQL Developer 中单击 📝（提交）按钮来提交事务，之后用户才能在其他会话中查看到该行数据。

2. 回退全部事务

如果在数据库修改的过程中，用户不打算保存对数据所做的修改，可以使用 ROLLBACK 语句回退整个事务，将数据库的状态回退到上一个提交成功的状态。语法格式为：

ROOLBACK;

Oracle 系统通过回退段（或撤销表空间）存储数据库修改前的数据，并通过重做日志记录撤销对数据库所做的修改。如果回退整个事务，Oracle 系统将执行以下操作。

（1）通过使用回退段中的数据撤销事务中所有 SQL 语句对数据库所做的修改。

（2）通过服务进程释放事务所使用的资源。

（3）通知用户事务回退成功。

3. 回退部分事务

Oracle 系统不仅允许回退整个未提交的事务，还允许回退一部分事务，这是利用一种称为"保存点"的机制实现的。在事务的执行过程中，可以通过建立保存点将一个较长的事务分隔为几部分。通过保存点，用户可以在一个长事务中的任意时刻保存当前的工作，随后用户可以选择回退保存点之后的操作，保存点之前的操作将被保留。例如，假设在一个事务中包含多条 INSERT 语句，在成功执行100 条语句后建立了一个保存点，如果第 101 条语句插入了错误的数据，用户可以通过回退到保存点将事务的状态恢复到执行完 100 条 INSERT 语句之后的状态，而不必回退整个事务。

设置保存点使用 SAVEPOINT 语句来实现，语法格式为：

SAVEPOINT <保存点名称>;

如果要回退到事务的某个保存点，则使用 ROLLBACK TO 语句，语法格式为：

ROLLBACK TO [SAVEPOINT] <保存点名称>

其中 ROLLBACK TO 语句只会回退用户所做的一部分操作，事务并没有结束。直到使用 COMMIT命令或 ROLLBACK 命令以后，用户的事务处理才算结束。

如果回退部分事务，Oracle 系统将执行以下操作。

（1）通过使用回退段中的数据，撤销事务中保存点之后的所有更改，但保存点之前的更改将被保存。

（2）通过服务进程释放保存点之后各个 SQL 语句所占用的系统资源，但保存点之前各个 SQL 语句所占用的系统资源将被保存。

（3）通知用户回退到保存点的操作成功。

（4）用户可以继续执行当前的事务。

【例 10.2】　向 XSCJ 数据库的 XSB 表添加一行数据，设置一个保存点，然后删除该行数据。但执行后，新插入的数据行并没有删除，因为事务中使用了 ROLLBACK TO 语句将操作回退到保存点My_sav，即删除前的状态。

添加数据：

INSERT INTO XSB(学号, 姓名, 性别, 出生时间, 专业, 总学分)
　　VALUES('151118', '王祥', '男',TO_DATE('19960418','YYYYMMDD'), '计算机', 48);

设置保存点 My_sav：

SAVEPOINT My_sav;

查询该行数据：

```
SELECT 学号, 姓名, 性别, 出生时间, 专业, 总学分
    FROM XSB
    WHERE 学号='151118';
```

执行结果如图 10.4 所示。

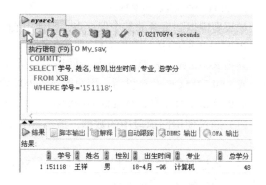

图 10.4   设置保存点

删除该行数据：

DELETE FROM XSB WHERE 学号='151118';

执行相同的查询，结果如图 10.5 所示。

回退到保存点 My_sav：

ROLLBACK TO My_sav;

提交事务：

COMMIT;

执行查询的结果如图 10.6 所示。

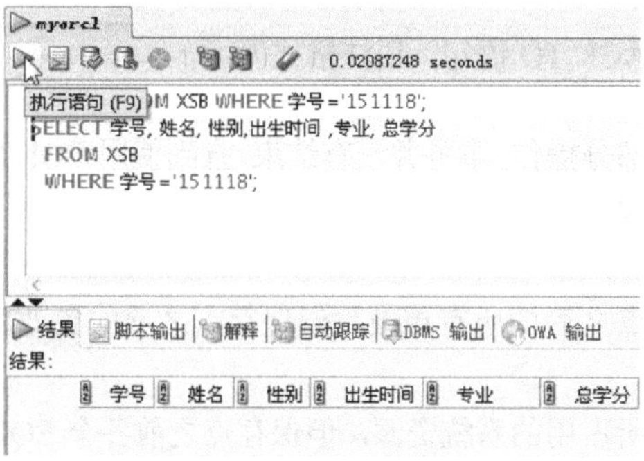

图 10.5   删除数据   图 10.6   数据库中最后保存的数据

由此可见，DELETE 语句执行的操作并没有被提交至数据库。

10.1.3   自治事务

自治事务（Autonomous Transaction）允许用户创建一个"事务中的事务"，它能独立于其父事务提交或回滚。利用自治事务可以"挂"起当前执行的事务，开始一个新事务，完成一些工作，然后提交或回滚，所有这些都不影响当前执行事务的状态。同样，当前事务的回退也对自治事务没有影响。自治事务提供了一种用 PL/SQL 控制事务的新方法，可以用于：

* 顶层匿名块；
* 本地（过程中的过程）、独立或打包的函数和过程；

● 对象类型的方法；
● 数据库触发器。

自治事务在 DECLARE 块中使用 PRAGMA AUTONOMOUS_TRANSACTION 语句来声明，自治事务从 PRAGMA 后的第一个 BEGIN 开始，只要此 BEGIN 块仍在作用域就属于自治事务。结束一个自治事务必须提交一个 COMMIT、ROLLBACK 或执行 DDL。

【例 10.3】 先在 XSB 表中删除一行数据，接着定义一个自治事务，在自治事务中向 XSB 表添加一行数据，最后在外层事务中回退删除数据的操作。

删除 XSB 表的一行数据：

```
DELETE FROM XSB WHERE 学号= '151242';
```

定义一个自治事务，并添加数据：

```
DECLARE
    PRAGMA AUTONOMOUS_TRANSACTION;
BEGIN
    INSERT INTO XSB (学号, 姓名, 性别, 出生时间, 专业, 总学分)
        VALUES('151301', '张建', '男',TO_DATE('19970315','YYYYMMDD'), '软件工程', 48);
    COMMIT;
END;
/
```

使用 ROLLBACK 语句回退当前事务：

```
ROLLBACK;
```

通过查看 XSB 表的内容，可以发现 151242 号学生的记录没有被删除，而 151301 号学生的记录已经保存到 XSB 表中了，如图 10.7 所示。

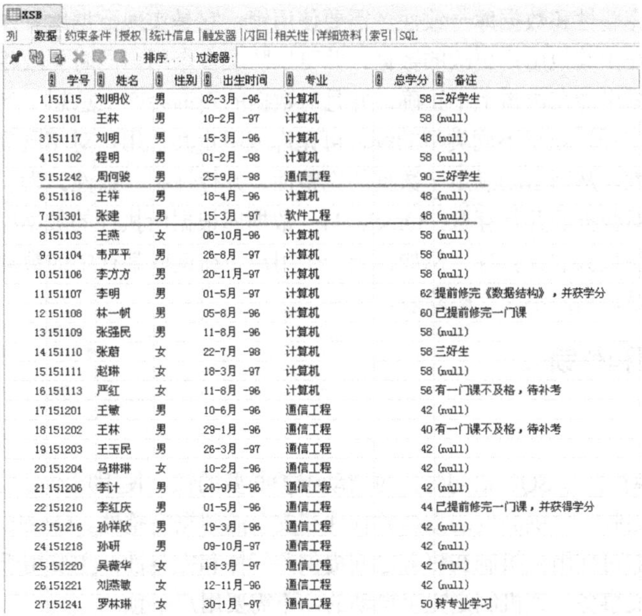

	学号	姓名	性别	出生时间	专业	总学分	备注
1	151115	刘明仪	男	02-3月 -96	计算机	58	三好学生
2	151101	王林	男	10-2月 -97	计算机	58	(null)
3	151117	刘明	男	15-3月 -96	计算机	48	(null)
4	151102	程明	男	01-2月 -98	计算机	58	(null)
5	151242	周何骏	男	25-9月 -98	通信工程	90	三好学生
6	151118	王祥	男	18-4月 -96	计算机	48	(null)
7	151301	张建	男	15-3月 -97	软件工程	48	(null)
8	151103	王燕	女	06-10月-96	计算机	58	(null)
9	151104	韦严平	男	26-8月 -97	计算机	58	(null)
10	151106	李方方	男	20-11月-97	计算机	58	(null)
11	151107	李明	男	01-5月 -97	计算机	62	提前修完《数据结构》，并获学分
12	151108	林一帆	男	05-8月 -96	计算机	60	已提前修完一门课
13	151109	张强民	男	11-8月 -96	计算机	58	(null)
14	151110	张蔚	女	22-7月 -98	计算机	58	三好生
15	151111	赵琳	女	18-3月 -97	计算机	58	(null)
16	151113	严红	女	11-8月 -96	计算机	56	有一门课不及格，待补考
17	151201	王敏	男	10-6月 -96	通信工程	42	(null)
18	151202	王林	男	29-1月 -96	通信工程	40	有一门课不及格，待补考
19	151203	王玉民	男	26-3月 -97	通信工程	42	(null)
20	151204	马琳琳	女	10-2月 -96	通信工程	42	(null)
21	151206	李计	男	20-9月 -96	通信工程	42	(null)
22	151210	李红庆	男	01-5月 -96	通信工程	44	已提前修完一门课，并获得学分
23	151216	孙祥欣	男	19-3月 -96	通信工程	42	(null)
24	151218	孙研	男	09-10月-97	通信工程	42	(null)
25	151220	吴薇华	女	18-3月 -97	通信工程	42	(null)
26	151221	刘燕敏	女	12-11月-96	通信工程	42	(null)
27	151241	罗林琳	女	30-1月 -97	通信工程	50	转专业学习

图 10.7 【例 10.3】执行结果

由于在触发器中不能直接使用 COMMIT 语句，所以在触发器中对数据库有写操作（如 INSERT、UPDATE、DELETE）时，是无法简单地用 SQL 语句来完成的，此时可以将其设为自治事务，从而避免出现这种问题。

【例 10.4】 重新创建【例 7.9】的触发器，使其能正常工作。

```
CREATE OR REPLACE TRIGGER del_xs
    BEFORE DELETE ON XSB FOR EACH ROW
DECLARE
    PRAGMA AUTONOMOUS_TRANSACTION;
BEGIN
    INSERT INTO XSB_HIS (学号, 姓名, 性别, 出生时间, 专业, 总学分, 备注)
        VALUES(:OLD.学号,:OLD.姓名, :OLD.性别, :OLD.出生时间, :OLD.专业, :OLD.总学分, :OLD.备注);
    COMMIT;
END;
```

删除 XSB 表中 151301 号的学生记录：

`DELETE FROM XSB WHERE 学号='151301';`

查看 XSB_HIS 表，即可发现已经添加了该行数据，如图 10.8 所示。

图 10.8 【例 10.4】执行结果

10.2 锁

多用户在访问相同的资源时，锁是用于防止事务之间有害性交互的机制。当用户对数据库并发访问时，为了确保事务完整性和数据库一致性，需要使用锁，它是实现数据库并发控制的主要手段。锁可以防止用户读取正在由其他用户更改的数据，并可以防止多个用户同时更改相同数据。如果不使用锁，则数据库中的数据可能在逻辑上不正确，并且对数据的查询会产生意想不到的结果。

Oracle 11g 数据库通过获得不同类型的锁，可允许或阻止其他用户对相同资源的同时存取，并确保不破坏数据的完整性，从而自动满足了数据的完整性、并行性和一致性。为了在实现锁时不在系统中形成瓶颈和不阻止对数据的并行存取，Oracle 11g 数据库根据所执行的数据库操作自动要求进行不同层次的锁定，以确保最大的并行性。例如，当一个用户正在读取某行中的数据时，其他用户能够向同一行中写数据。但是，用户不允许删除表。

10.2.1 锁机制和死锁

1. 锁机制

Oracle 11g 数据库在执行 SQL 语句时，可自动维护必要的锁，使用户不必关心这些细节。它能自动使用应用的最低层限制，提供高度的数据并行性和安全的数据完整性。Oracle 11g 数据库同样允许用户手动锁住数据。它可使用锁机制在事务之间提供并行性和完整性，主要用于事务控制，所以应用设计人员需要正确定义事务。锁机制是完全自动的，不需要用户干预。

在 Oracle 11g 数据库中，提供了两种锁机制。

（1）共享锁（Share Lock）。共享锁通过数据存取的高并行性来实现。如果获得了一个共享锁，那么用户就可以共享相同的资源，许多事务可以获得相同资源上的共享锁。例如，多个用户可以在相同的时间读取相同的数据。

（2）独占锁（Exclusive Lock）。独占锁防止共同改变相同的资源。假如一个事务获得了某资源上的一个独占锁，那么直到该锁被解除，其他事务才能修改该资源，但允许对资源进行共享。例如，一个表被锁定在独占模式下，并不会阻止其他用户从该表中得到数据。

所有的锁在事务期间被保持，事务中的 SQL 语句所做的修改只有在提交时才能对其他事务可用。Oracle 系统在事务提交和回滚时，释放事务所使用的锁。

2. 死锁

当两个或者多个用户等待其中一个被锁住的资源时，就有可能发生死锁现象。对于死锁，Oracle 系统可自动进行定期搜索，通过回滚死锁中包含的其中一个语句来解决死锁问题，也就是释放其中一个冲突锁，同时返回一个消息给对应的事务。用户在设计应用程序时，要遵循一定的锁规则，尽量避免死锁现象的发生。

10.2.2　锁的类型

Oracle 11g 数据库可自动提供几种不同类型的锁，以控制对数据的并行访问。一般情况下，锁可以分为以下几种类型。

1. DML 锁

DML 锁的目标是保证并行访问的数据完整性，防止同步冲突的 DML 锁和 DDL 锁的破坏性交互操作。例如，保证表的特定行能够被一个事务更新，同时保证在事务提交之前不能删除表。DML 操作能够在特定的行和整个表这两个不同的层上获取数据。

能够获取独占 DML 锁的语句有：INSERT、UPDATE、DELETE 和带有 FOR UPDATE 子句的 SELECT。DML 锁的语句在特定行上操作时需要行层的锁，使用 DML 锁的语句修改表时需要表锁。

2. DDL 锁

DDL 锁保护方案对象的定义，调用一个 DDL 锁的语句将会隐式提交事务。Oracle 系统可自动获取过程定义中所需方案对象的 DDL 锁。DDL 锁可防止过程引用的方案对象在过程编译完成之前被修改。DDL 锁有多种形式。

（1）独占 DDL 锁。当 CREATE、ALTER 和 DROP 等语句用于一个对象时使用该锁。假如另外一个用户保留了任何级别的锁，那么该用户就不能得到表中的独占 DDL 锁。例如，另一个用户在该表上有一个未提交的事务，则 ALTERT TABLE 语句就会失效。

（2）共享 DDL 锁。当 GRANT 与 CREATE PACKAGE 等语句用于一个对象时使用此锁。一个共享 DDL 锁不能阻止类似 DDL 锁的语句或任何 DML 锁的语句用于一个对象上，但是它能防止另一个用户改变或删除已引用的对象。共享 DDL 锁还可以在 DDL 锁的语句执行期间一直维持，直到发生一个隐式的提交。

（3）可破的分析 DDL 锁。数据库高速缓存区中语句或 PL/SQL 对象有一个用于它所引用的每一个对象的锁。假如被引用的对象改变了，可破的分析 DDL 锁会持续。假如对象改变了，它会检查语句是否应失效。

3. 内部锁

内部锁包含内部数据库和内存结构。对用户来说，它们是不可访问的，因为用户不需要控制它们的发生。

10.2.3　表锁和事务锁

为了使事务能够保护表中 DML 锁的存取，以及防止表中产生冲突 DDL 锁的操作，Oracle 系统可获得表锁（TM）。例如，某个事务在一张表上持有一个表锁，那么它会阻止任何其他事务获取该表中用于删除或改变的一个专用 DDL 锁。如表 10.1 所示，当执行特定的语句时，由 RDBMS 获得这些模式的表锁。通过 V$lock 动态表可以查看锁的相关信息。模式列的值分别为 2、3 或 6。数值 2 表示一个行共享锁（RS）；数值 3 表示一个行独占锁（RX）；数值 6 表示一个独占锁（X）。

表 10.1　使用的语句与获得的锁

语　句	类　型	模　式
INSERT	TM	行独占(3)(RX)
UPDATE	TM	行独占(3)(RX)
DELETE	TM	行独占(3)(RX)
SELECT FOR UPDATE	TM	行共享(2)(RS)
LOCK TABLE	TM	独占(6)(X)

当一个事务发出如表 10.2 所示的语句时，将获得事务锁（TX）。事务锁总是在行级上获得，它独占该行并阻止其他事务进行修改，直到持有该锁的事务回滚或提交数据为止。

表 10.2　事务锁语句

语　句	类　型	模　式
INSERT	TX	独占(6)(X)
UPDATE	TX	独占(6)(X)
DELETE	TX	独占(6)(X)
SELECT FOR UPDATE	TX	独占(6)(X)

> ◉◉**注意：**
> 要想获得事务锁（TX），事务必须先获得该表锁（TM）。

10.3　闪　　回

Oracle 数据库从 Oracle 9i 版本开始就引入了基于回退段的"闪回查询（Flashback Query）"功能，用户使用闪回查询可以及时取得误操作 DML 锁前某个时间点数据库的映像视图，并针对错误进行相应的恢复措施。在 Oracle 10g 版中对闪回（Flashback）功能进行了全面完善，引入新的特性，如 Flashback Version Query、Flashback Transaction Query、Flash Database 等。Oracle 11g 版则在原来的基础上又提供了新的闪回方式 Flashback Data Archive，称为闪回数据归档，闪回操作已经从普通的闪回查询发展到多种形式，数据闪回功能更加完善，可以在不对数据库完全恢复的情况下，就对某个指定的表进行恢复。

10.3.1　闪回的基本概念

闪回的操作使数据库中的实体显示回到过去某个时间点，这样可以实现对历史数据的恢复。闪回数据库功能可以将 Oracle 数据库恢复到以前的时间点，传统方法是进行时间点恢复。然而，时间点恢复需要数小时甚至几天的时间。闪回数据库是进行时间点恢复的新方法，它能够快速将 Oracle 数据库恢复到以前的时间，以正确更正由于逻辑数据损坏或用户错误而引起的任何问题。当需要恢复时，可以将数据库恢复到错误前的时间点，并且只恢复改变的数据块。

在 Oracle 11g 数据库中，闪回的操作包括内容如下。

（1）查询闪回（Flashback Query）：查询过去某个指定时间、指定实体的数据，恢复错误的数据库更新、删除等。

（2）表闪回（Flashback Table）：使表返回到过去某个时间的状态，可以恢复表、取消对表进行的修改。

（3）删除闪回（Flashback Drop）：可以将删除的表重新恢复。

（4）数据库闪回（Flashback Database）：可以将整个数据库回退到过去某个时间点。

（5）归档闪回（Flashback Data Archive）：可以闪回到指定时间之前的旧数据而不影响重做日志的策略。

10.3.2　查询闪回

Oracle 11g 数据库的查询闪回使管理员或用户不仅能够查询过去某些时间点的任何数据，还能够查看和重建因意外被删除或更改而丢失的数据。查询闪回的管理很简单，数据库可自动保存必要的信息，以在可配置时间内重新将数据恢复成为过去的状态。

执行查询闪回操作时，需要使用两个时间函数：TIMESTAMP 和 TO_TIMESTAMP。TO_TIMESTAMP 函数的语法格式为：

TO_TIMESTAMP('timepoint', 'format')

其中，timepoint 表示某时间点。format 指定需要把 timepoint 格式化成何种格式。

【例 10.5】　使用查询闪回恢复删除的数据。

（1）查询 XSB1 表中的数据。

使用 SET 语句在"SQL>"标识符前显示当前时间：

SET TIME ON

查询数据：

SELECT * FROM XSB1;

执行结果如图 10.9 所示。

（2）删除 XSB1 表中所有记录并提交，如图 10.10 所示。

DELETE FROM XSB1;
COMMIT;

图 10.9　查询 XSB1 表的数据　　　图 10.10　删除 XSB1 表中所有的数据并提交

（3）进行查询闪回。

SELECT * FROM XSB1 AS OF TIMESTAMP
　　　　TO_TIMESTAMP('2015-7-6 15:10:17','YYYY-MM-DD HH24:MI:SS');

执行以上语句后，可以看到表中原来的数据。

（4）将闪回的数据重新插入 XSB1 表中。

INSERT INTO XSB1
　　　SELECT * FROM XSB1 AS OF TIMESTAMP
　　　　　TO_TIMESTAMP('2015-7-6 15:10:17','YYYY-MM-DD HH24:MI:SS');

表中数据复原如图 10.11 所示。

图 10.11 XSB1 表中数据复原

10.3.3 表闪回

利用表闪回可以恢复表，取消对表所进行的修改。表闪回要求用户具有以下权限。

（1）FLASHBACK ANY TABLE 权限或者该表的 FLASHBACK 对象权限。

（2）具有该表的 SELECT 权限、INSERT 权限、DELETE 权限和 ALTER 权限。

（3）必须保证该表 ROW MOVEMENT 权限。

Oracle 11g 数据库的表闪回与查询闪回的功能类似，也是利用恢复信息（Undo Information）对以前某个时间点的数据进行恢复。表闪回的特性如下。

（1）在线操作。

（2）恢复到指定时间点或者 SCN 的任何数据。

（3）自动恢复相关属性，如索引、触发器等。

（4）满足分布式的一致性。

（5）满足数据一致性，以及所有相关对象的一致性。

要实现表闪回，必须确保与撤销表空间有关的参数设置合理。撤销表空间相关参数为 UNDO_MANAGEMENT、UNDO_TABLESPACE 和 UNDO_RETENTION。以 SYSTEM 用户连接数据库，在 SQL*Plus 中执行下面的语句显示撤销表空间的参数：

```
SHOW PARAMETER UNDO
```

执行结果如图 10.12 所示。

NAME	TYPE	VALUE
temp_undo_enabled	boolean	FALSE
undo_management	string	AUTO
undo_retention	integer	900
undo_tablespace	string	UNDOTBS1

图 10.12 显示撤销表空间的参数

Oracle 11g 数据库采用撤销表空间记录的增加、删除、修改数据，但也保留了以前版本使用的回滚段。UNDO_RETENTION 表示当前所做的增加、删除和修改操作提交后，记录在撤销表空间的数据保留时间。

在创建撤销表空间时，要考虑数据保存的时间长短、每秒产生的块数据量及块大小等。假如表空间大小用 undo 表示，即 undo=UR×UPS×DB_BLOCK_SIZE+冗余量。

相关参数说明如下。

（1）UR：在 undo 中保持的最长时间数（秒），由数据库参数 UNDO_RETENTION 值决定。

（2）UPS：在 undo 中每秒产生的数据块数量。

表闪回的语法格式如下：

```
FLASHBACK TABLE [用户方案名.]<表名>
      TO {   [BEFORE DROP [RENAME TO <新表名>] ]
|[SCN | TIMESTAMP] <表达式> [ENABLE |DISABLE] TRIGGERS}
```

相关参数说明如下。

（1）BEFORE DROP：表示恢复到删除之前。

（2）RENAME TO：表示恢复时更换表名。

（3）SCN：表示系统改变号，可以从 flashback_transaction_query 数据字典中查到。

（4）TIMESTAMP：表示系统邮戳，包含年、月、日及时、分、秒。

（5）ENABLE TRIGGERS：表示触发器恢复之后的状态为 ENABLE。默认为 DISABLE。

【例 10.6】　　首先创建一个表，然后删除某些数据，再利用 Flashback Table 命令恢复。

（1）使用 SYS 登录 SQL*Plus 并创建 CJB1 表。

```
SET TIME ON
CREATE TABLE CJB1
      AS SELECT * FROM CJB;
```

通过 SELECT 语句可查看 CJB1 表中的数据。

（2）删除学号为 151113 学生的选修课程记录并提交。

```
DELETE FROM CJB1
      WHERE  学号='151113';                    /*删除的时间点为 16:54:35*/
COMMIT;
```

使用 SELECT 语句查询 CJB1 表，学号为 151113 学生的选修课程记录已不存在。

（3）使用表闪回进行恢复。

```
ALTER TABLE CJB1 ENABLE ROW MOVEMENT;
FLASHBACK TABLE CJB1 TO TIMESTAMP
                    TO_TIMESTAMP('2015-7-6 16:54:35','YYYY-MM-DD HH24:MI:SS');
```

整个操作过程及恢复结果如图 10.13 所示。

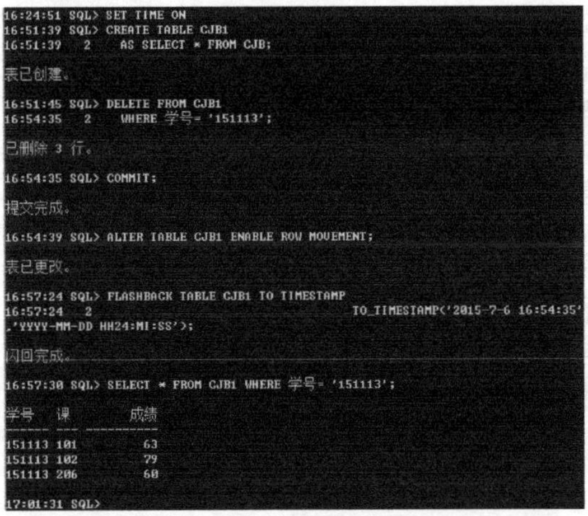

图 10.13　【例 10.6】执行结果

上述例子中，采用 TO_TIMESTAMP 函数来指定恢复时间。还可以使用 SCN，但是在操作中，时间比较容易掌握。Oracle 系统使用 TIMESTAMP_TO_SCN 函数来实现将时间戳转换为 SCN。

> ◉◉ 注意:
>
> 在每个系统中，返回的 SCN 是不一样的。

10.3.4　删除闪回

1. 删除闪回的操作

当用户对表进行 DDL 锁的操作时，它是自动提交的。如果误删了某个表，在 Oracle 10g 版本之前只能使用日常的备份恢复数据。现在，Oracle 11g 版提供的删除闪回为数据库实体提供了一个安全机制。

与 Windows 文件删除功能相似，当用户删除一个表时，Oracle 系统会将该表放到回收站中，直到用户决定永久删除它，使用 PURGE 命令对回收站空间进行清除，或在出现表空间的空间不足时，它才会被删除。

回收站是一个虚拟容器，用于存储所有被删除的对象。为了避免被删除的表与同类对象名称重复，被删除表（或者其他对象）放到回收站时，Oracle 系统对被删除表（或对象名）进行了转换。转换后的名称格式如下：

BIN$globalUID$Sversion

其中，globalUID 是一个全局唯一的标识对象，长度为 24 字符，它是 Oracle 系统内部使用的标识；$Sversion 是数据库分配的版本号。

通过设置初始化参数 RECYCLEBIN，可以控制是否启用回收站功能。启用回收站的语句如下：

ALTER SESSION SET RECYCLEBIN=ON;

设置为 OFF 时则表示关闭，默认为 ON。

数据字典 USER_TABLES 中的 dropped 列表示表是否被删除，可使用 SELECT 语句查询：

SELECT table_name, dropped FROM USER_TABLES;

其中，dropped 字段值为 "YES" 的 table_name 均为转换后的名称。它也可以通过 SHOW 命令或查询数据字典 USER_RECYCLEBIN 获得回收站信息。

【例 10.7】　删除闪回的实现。

（1）使用 SCOTT 用户连接并创建一个表 t1。

CREATE TABLE t1(t char(10));

（2）使用 DROP 命令删除表 t1。

DROP TABLE t1;

（3）查询数据字典信息。

SELECT OBJECT_NAME, ORIGINAL_NAME, TYPE, DROPTIME
　　　FROM RECYCLEBIN;

查询结果如图 10.14 所示。

（4）使用删除闪回从回收站恢复表 t1。

FLASHBACK TABLE t1 TO BEFORE DROP;

可以看到表 t1 已经恢复。如果不知道原表名，可以直接使用回收站中的名称进行闪回。

	OBJECT_NAME		ORIGINAL_NAME		TYPE		DROPTIME
1	BIN$tcru6Cz5S2eSs2NVYra0hA==$0	XSB_PK		INDEX		2015-06-11:09:54:03
2	BIN$vTUS6LydSR6nxtv5+imXgg==$0	XSB		TABLE		2015-06-11:09:54:04
3	BIN$nV9/e18RRSCUnCxhfW1Bqw==$0	XSB_PK		INDEX		2015-06-11:17:00:16
4	BIN$AFKkv8f2TbOcCGGZ6HriRQ==$0	XSB		TABLE		2015-06-11:17:00:17
5	BIN$sTUFoQnzSiSXkOoFA07O1g==$0	SYS_C0010355		INDEX		2015-06-13:16:11:54
6	BIN$uOOFxg47SHWPJVLrUud+Pw==$0	XSB		TABLE		2015-06-13:16:11:55
7	BIN$TCBL3CCtTD6q7j6T5/NIVw==$0	SYS_C0010360		INDEX		2015-06-13:16:13:27
8	BIN$rBv9pHtESdC34p3FOK7Ibg==$0	XSB		TABLE		2015-06-13:16:13:27
9	BIN$MOGecASDQnWVE0hOtoChdg==$0	SYS_C0010365		INDEX		2015-06-13:17:04:13
10	BIN$AlTcoNaiT1K1PzBTseI4zQ==$0	XSB		TABLE		2015-06-13:17:04:13
11	BIN$Xmar/WZkSnqOeebGUrXTBA==$0	SYS_C0010374		INDEX		2015-06-15:15:38:12
12	BIN$A1O98m+ARP2Y7ou1oK70aA==$0	KCB		TABLE		2015-06-15:15:38:12
13	BIN$5S+k9o9dQna18ebMnjArnQ==$0	PK_JSJ		INDEX		2015-06-16:11:23:24
14	BIN$VN1+Qwe9SfuB8WHK7F117A==$0	XS_JSJ		TABLE		2015-06-16:11:23:25
15	BIN$rF71BqTkRxyjYWpI1t9VXA==$0	TABLE1		TABLE		2015-07-02:14:49:17
16	BIN$sNYniXcYS5mPIC5bA9PsZw==$0	T1		TABLE		2015-07-06:17:14:11

图 10.14　查看回收站中被删除的表

2. 回收站管理

回收站可以提供误操作后进行恢复的必要信息，但是如果不经常对回收站的信息进行管理，磁盘空间将会被长期占用，因此要经常清除回收站中无用内容。要清除回收站，可以使用 PURGE 命令删除回收站中的表、表空间和索引，并释放其所占用的空间，语法格式如下：

```
PURGE
{
TABLESPACE <表空间名> USER <用户名>
    | [ TABLE <表名> | INDEX <索引名> ] |
    | [ RECYCLEBIN | DBA_RECYCLEBIN ]
}
```

相关参数说明如下。

（1）TABLESPACE：指清除回收站中的表空间。

（2）USER：指清除回收站中的用户。

（3）TABLE：指清除回收站中的表。

（4）INDEX：指清除回收站中的索引。

（5）RECYCLEBIN：指当前用户需要清除的回收站。

（6）DBA_RECYCLEBIN：此参数可使用户从 Oracle 系统回收站清除所有对象，仅 SYSDBA 系统权限才能使用。

【例 10.8】　查询当前用户回收站的内容，并用 PURGE 清除。

（1）查询回收站内容。

```
SELECT OBJECT_NAME,ORIGINAL_NAME
    FROM USER_RECYCLEBIN;
```

查看结果如图 10.15 所示。

（2）清除表 TABLE1。

```
PURGE TABLE TABLE1;
```

再次查看回收站时，该表已被清除。

10.3.5　数据库闪回

Oracle 11g 数据库在执行 DML 锁的操作时，将每个操作过程记录在日志文件中。若 Oracle 系统出现错误操作时，可进行数据库级的闪回。

	OBJECT_NAME		ORIGINAL_NAME
1	BIN$tcru6Cz5S2eSs2NVYra0hA==$0	XSB_PK	
2	BIN$vTUS6LydSR6nxtv5+imXgg==$0	XSB	
3	BIN$nV9/e18RRSCUnCxhfW1Bqw==$0	XSB_PK	
4	BIN$AFKkv8f2TbOcCGGZ6HriRQ==$0	XSB	
5	BIN$sTUFoQnzSiSXkOoFA07O1g==$0	SYS_C0010355	
6	BIN$uOOFxg47SHWPJVLrUud+Pw==$0	XSB	
7	BIN$TCBL3CCtTD6q7j6T5/NIVw==$0	SYS_C0010360	
8	BIN$rBv9pHtESdC34p3FOK7Ibg==$0	XSB	
9	BIN$MOGecASDQnWVE0hOtoChdg==$0	SYS_C0010365	
10	BIN$AlTcoNaiT1K1PzBTseI4zQ==$0	XSB	
11	BIN$Xmar/WZkSnqOeebGUrXTBA==$0	SYS_C0010374	
12	BIN$A1O98m+ARP2Y7ou1oK70aA==$0	KCB	
13	BIN$5S+k9o9dQna18ebMnjArnQ==$0	PK_JSJ	
14	BIN$VN1+Qwe9SfuB8WHK7F117A==$0	XS_JSJ	
15	BIN$rF71BqTkRxyjYWpI1t9VXA==$0	TABLE1	

图 10.15　查看回收站内容

数据库闪回可以使数据库回到过去某个时间点上或 SCN 的状态，用户不利用备份就能快速实现时间点的恢复。为了能在发生误操作时数据库闪回到之前的时间点上，需要设置下面 3 个参数。

（1）DB_RECOVERY_FILE_DEST：确定 FLASHBACK LOGS 的存放路径。

（2）DB_RECOVERY_FILE_DEST_SIZE：指定恢复区的大小，默认值为空。

（3）DB_FLASHBACK_RETENTION_TARGET：设定数据库闪回的保存时间，单位为分钟，默认为 1 天。

在创建数据库时，Oracle 系统就自动创建了恢复区。默认情况下，FLASHBACK DATABASE 功能是不可用的。如果需要使用数据库闪回，DBA 必须正确配置该日志区的大小，最好根据每天数据库块发生改变的数量来确定其大小。

当用户发布 FLASHBACK DATABASE 语句后，Oracle 系统首先检查所需的归档文件和联机重做日志，如果正常，则恢复数据库中所有数据文件到指定的 SCN 或时间点上。

数据库闪回的语法如下：

```
FLASHBACK [ STANDBY | DATABASE <数据库名>
{
    TO [ SCN | TIMESTAMP ] <表达式>
    | TO BEFORE [ SCN | TIMESTAMP ] <表达式>
}
```

相关参数说明如下。

（1）TO SCN：指定 SCN。

（2）TO TIMESTAMP：指定一个需要恢复的时间点。

（3）TO BEFORE SCN：恢复到之前的 SCN。

（4）TO BEFORE TIMESTAMP：恢复数据库到之前的时间点。

使用 FLASHBACK DATABASE 语句，必须以 MOUNT 启动数据库实例，然后执行 ALTER DATABASE FLASHBACK ON 命令或者 ALTER DATABASE TSNAME FLASHBACK ON 命令打开数据库闪回。ALTER DATABASE FLASHBACK OFF 命令是关闭数据库闪回。

【例 10.9】　设置数据库闪回环境。

（1）使用 SYS 登录 SQL*Plus，查看闪回信息，执行两条命令如下。

SHOW PARAMETER DB_RECOVERY_FILE_DEST
SHOW PARAMETER FLASHBACK

（2）以 SYSDBA 登录，确认实例是否在归档模式下。

CONNECT SYS/Mm123456 AS SYSDBA
SELECT DBID,NAME,LOG_MODE FROM V$DATABASE;
SHUTDOWN IMMEDIATE;

执行结果如图 10.16 所示。

（3）设置 FLASHBACK DATABASE 命令为启用。

STARTUP MOUNT
ALTER DATABASE FLASHBACK ON;
ALTER DATABASE OPEN;

执行结果如图 10.17 所示。

通过上述设置，Oracle 系统的数据库闪回就会自动收集数据，用户只要确保数据库是在归档模式下即可。

图 10.16　确认实例是否在归档模式下

设置好数据库闪回所需的环境和参数，就可以在系统出现错误时用 FLASHBACK DATABASE 命令恢复数据库到某个时间点或 SCN 上。

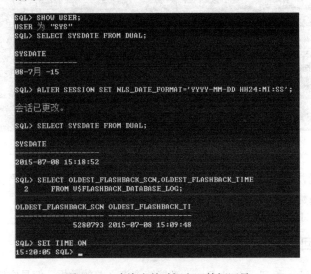

图 10.17　设置 FLASHBACK DATABASE 命令为启用

【例 10.10】　数据库闪回。

（1）查看当前数据库是否为归档模式和启用了数据库闪回。

SELECT DBID,NAME, LOG_MODE FROM V$DATABASE;

ARCHIVE LOG LIST

SHOW PARAMETER DB_RECOVERY_FILE_DEST

（2）查询当前时间和旧的闪回号。

SHOW USER;

SELECT SYSDATE FROM DUAL;

ALTER SESSION SET NLS_DATE_FORMAT='YYYY-MM-DD HH24:MI:SS';

SELECT SYSDATE FROM DUAL;

SELECT OLDEST_FLASHBACK_SCN,OLDEST_FLASHBACK_TIME

　　　FROM V$FLASHBACK_DATABASE_LOG;

SET TIME ON

执行结果如图 10.18 所示。

图 10.18　查询当前时间和旧的闪回号

（3）在当前用户下创建例表 KCB1。

CREATE TABLE KCB1 AS SELECT * FROM SCOTT.KCB;

（4）确定时间点，模拟误操作，删除 KCB1 表。

SELECT SYSDATE FROM DUAL;

```
DROP TABLE KCB1;
DESC KCB1;
```

执行结果如图 10.19 所示。

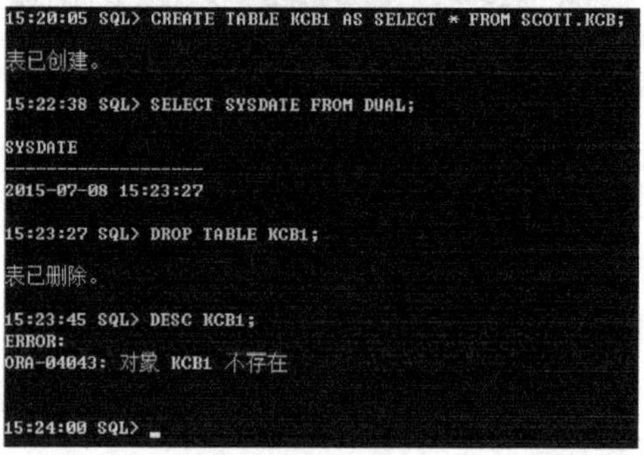

图 10.19   删除 KCB1 表

（5）以 MOUNT 打开数据库并进行数据库闪回。

```
SHUTDOWN IMMEDIATE;
STARTUP MOUNT EXCLUSIVE;
FLASHBACK DATABASE
    TO TIMESTAMP(TO_DATE('2015-7-8 15:23:27', 'YYYY-MM-DD HH24:MI:SS'));
ALTER DATABASE OPEN RESETLOGS;
```

执行结果如图 10.20 所示。

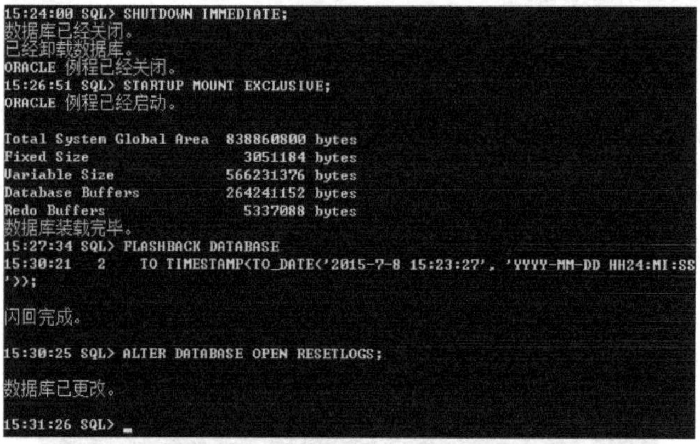

图 10.20   进行数据库闪回

利用数据库闪回后，通过 SELECT 语句可以发现 KCB1 表恢复到错误操作之前，表结构和数据都已经恢复。不需要使用数据库闪回时可使用 ALTER 语句将其关闭：

```
ALTER DATABASE FLASHBACK OFF
```

10.3.6   归档闪回

Flashback Data Archive 和 Flashback Query 都能够查询之前的数据，但是它们实现的机制是不一样的。Flashback Query 是通过直接从重做日志中读取信息来构造旧数据的，但重做日志是循环使用的，只要事务提交，之前的重做信息就可能被覆盖。Flashback Data Archive 则通过将变化数据另外存储到创建的归档闪回中。这样可以通过为归档闪回单独设置存活策略，使数据库可以闪回到指定时间之前的旧数据而不影响重做日志的策略，并且可以根据需要执行那些数据库对象需要保存历史变化的数据，而不是将所有对象的变化数据都保存下来，从而可以极大地减少空间需求。

创建一个闪回数据归档区使用 CREATE FLASHBACK ARCHIVE 语句，语法格式为：

```
CREATE FLASHBACK ARCHIVE [DEFAULT] <闪回归档区名称>
    TABLESPACE <表空间名>
    [QUOTA <数字值>{M|G|T|P} ]
    [RETENTION <数字值> {YEAR|MONTH|DAY}];
```

相关参数说明如下。

（1）DEFAULT：指定默认的闪回数据归档区。

（2）TABLESPACE：指定闪回数据归档区存放的表空间。

（3）QUOTA：指定闪回数据归档区的最大大小。

（4）RETENTION：指定闪回数据归档区可以保留的时间，其中 YEAR、MONTH 和 DAY 分别表示年、月、日。

【例 10.11】 创建一个闪回数据归档区，并作为默认的归档区。

使用 SYS 用户以 SYSDBA 登录，执行语句如下：

```
CREATE FLASHBACK ARCHIVE DEFAULT test_archive
    TABLESPACE USERS
    QUOTA 10M
    RETENTION 1 DAY;
```

【例 10.12】 归档闪回。

（1）使用 SCOTT 用户连接数据库，并创建 KCB2 表。

```
CREATE TABLE KCB2 AS SELECT * FROM KCB;
```

（2）对 KCB2 表执行归档闪回设置。

使用 SYS 用户以 SYSDBA 登录，执行命令如下：

```
ALTER TABLE SCOTT.KCB2 FLASHBACK ARCHIVE test_archive;
```

说明： 取消对于数据表的归档闪回，使用命令如下：

```
ALTER TABLE <表名> NO FLASHBACK ARCHIVE;
```

（3）记录 SCN。

```
SELECT DBMS_FLASHBACK.GET_SYSTEM_CHANGE_NUMBER FROM DUAL;
```

执行结果如图 10.21 所示。

删除 KCB2 表中的一些数据：

```
DELETE FROM SCOTT.KCB2 WHERE 学分>4;
COMMIT;
```

	GET_SYSTEM_CHANGE_NUMBER
1	5123052

图 10.21 记录 SCN

（4）执行归档闪回的查询。

```
SELECT * FROM SCOTT.KCB2 AS OF SCN 5123052;
```

执行结果如图 10.22 所示，显示的是未删除之前的数据。

	课程号	课程名	开课学期	学时	学分
1	210	计算机原理	5	85	5
2	101	计算机基础	1	80	5
3	206	离散数学	4	68	4
4	208	数据结构	5	68	4
5	209	操作系统	6	68	4
6	212	数据库原理	7	68	4
7	301	计算机网络	7	51	3
8	302	软件工程	7	51	3
9	102	程序设计与语言	2	68	4

图 10.22 执行归档闪回的查询

10.4　Undo 表空间

回滚段一直是 Oracle 系统困扰数据库管理员的难题。因为它是动态参数，当用户的事务量较小时，回滚段不会出现错误，而当事务量大时就会出现错误。在 Oracle 11g 数据库中，虽然仍可以使用回滚段，但建议使用 Undo 表空间（Undo_Tablespace）机制工作。

10.4.1　自动 Undo 管理

在 Oracle 系统中，允许创建多个 Undo 表空间，但是同一时间只能激活一个 Undo 表空间。使用参数文件中的 Undo_TABLESPACE 参数指定要激活的 Undo 表空间名，Undo 表空间的组织和管理由 Oracle 系统内部机制自动完成。在自动 Undo 管理设置完成后，数据字典 DBA_ROLLBACK_SEGS 中可以显示回滚段信息，但是回滚段的管理由数据库实例自动进行。

在 Oracle 10g 版前，采用在 RBS 表空间创建大的回滚段方法处理大的事务。但是由于一个事务只能使用一个回滚段，当一个回滚段动态扩展超过数据库文件允许的扩展范围时，将产生回滚段不足的错误，系统就会终止事务。使用自动 Undo 管理后，一个事务可以使用多个回滚段。当一个回滚段不足时，Oracle 系统会自动使用其他回滚段，不终止事务的运行。从 Oracle 10g 版后，DBA 只需要了解 Undo 表空间是否有足够的空间，而不必为每一个事务设置回滚段。

10.4.2　Undo 表空间的优点

Oracle 数据库系统在处理事务时，将改变前的值一直保存在回滚段中以便跟踪之前的映像数据。只要事务没有提交，与事务有关的数据就一直保存在回滚段中，一旦事务提交，系统立即清除回滚段中的数据。在旧版本中，对于大的事务处理所带来的回滚段分配失败一直没有完善的解决方法，从 Oracle 10g 版开始采用了 Undo 表空间，它的优点如下。

（1）存储非提交或提交的事务改变块备份。

（2）存储数据库改变的数据行备份（可能是块级）。

（3）存储自从上次提交以来的事务快照。

（4）在内存中存放逻辑信息或文件中的非物理信息。

（5）存储一个事务的前映像（Before Image）。

（6）系统撤销数据允许非提交事务。

10.4.3　Undo 表空间管理参数

Oracle 11g 数据库系统中，默认启用自动 Undo 管理，同时支持传统回滚段的使用。使用自动 Undo 管理，需要设置下列参数。

（1）Undo_MANAGEMENT：确定 Undo 表空间的管理方式，如果该参数设置为"AUTO"，则表示系统使用自动 Undo 管理；如果设置为"MANUAL"，则表示使用手动 Undo 管理，以回滚段方式启动数据库。

（2）Undo_TABLESPACE：表示使用自动 Undo 管理时，系统默认 Undo 表空间名为 UNDOTBS1。

（3）Undo_RETENTION：决定 Undo 数据的维持时间，即用户事务结束后，Undo 的数据保留时间默认值为 900s。

以 SYS 用户 SYSDBA 身份登录，使用 SHOW 命令可以查询 Undo 参数的设置情况：

```
SHOW PARAMETER UNDO
```

执行后看到 Undo 参数，如图 10.23 所示。

NAME	TYPE	VALUE
temp_undo_enabled	boolean	FALSE
undo_management	string	AUTO
undo_retention	integer	900
undo_tablespace	string	UNDOTBS1

图 10.23　查询 Undo 参数

10.4.4　创建和管理 Undo 表空间

在 Oracle 数据库安装结束后，系统已经创建了一个 Undo 表空间，回滚段的管理方式自动设置为 Undo 管理。根据需要还可以创建第二个 Undo 表空间。

1．创建 Undo 表空间

创建 Undo 表空间的语法格式为：

```
CREATE UNDO TABLESPACE <表空间名>
    DATAFILE '<文件路径>/<文件名>' [SIZE <文件大小> [ K｜M ]] [ REUSE ]
    [ AUTOEXTEND { OFF｜ON [ NEXT <磁盘空间大小> [ K｜M ]]
    [ MAXSIZE { UMLIMITED｜<最大磁盘空间大小> [ K｜M ] } ] } ]
    [ ONLINE｜OFFLINE ]
    [ LOGGING｜NOLOGGING ]
    [EXTENT MANAGEMENT LOCAL AUTOALLOCATE]
```

其中的参数含义请参考第 9.1.1 节中 CREATE TABLESPACE 命令的详解，在此不再赘述。

> ◉◉ **注意：**
> Undo 表空间只适合本地化管理表空间，在创建 Undo 表空间时，不能使用数据字典管理表空间；Undo 表空间的区管理方式不能使用 UNIFORM 方式，只允许使用 AUTOALLOCATE 方式；段的管理不能使用 SEGMENT MANAGERMENT AUTO 方式。

【例 10.13】　在数据库中创建另外一个 Undo 表空间 UNDOTBS2。

```
CREATE UNDO TABLESPACE undotbs2
    DATAFILE 'E:\app\Administrator\oradata\XSCJ\undotbs02.dbf' SIZE 100M
    AUTOEXTEND ON NEXT 100M MAXSIZE UNLIMITED
    EXTENT MANAGEMENT LOCAL AUTOALLOCATE;
```

Undo 表空间创建结束后，查询数据字典 dba_tablespaces，可以看到表空间的参数、管理方式及类型，如图 10.24 所示。

```
SELECT TABLESPACE_NAME, INITIAL_EXTENT,NEXT_EXTENT, MAX_EXTENTS,CONTENTS
    FROM DBA_TABLESPACES;
```

	TABLESPACE_NAME	INITIAL_EXTENT	NEXT_EXTENT	MAX_EXTENTS	CONTENTS
1	SYSTEM	65536	(null)	2147483645	PERMANENT
2	SYSAUX	65536	(null)	2147483645	PERMANENT
3	UNDOTBS1	65536	(null)	2147483645	UNDO
4	TEMP	1048576	1048576	(null)	TEMPORARY
5	USERS	65536	(null)	2147483645	PERMANENT
6	EXAMPLE	65536	(null)	2147483645	PERMANENT
7	UNDOTBS2	65536	(null)	2147483645	UNDO

图 10.24　查询表空间的参数、管理方式及类型

其中，CONTENTS 字段值为 "UNDO" 的就是 Undo 表空间。Undo 表空间只有一个可以激活，

新创建的 UNDOTBS2 在没有设置前是不能使用的，可以设置以下命令进行激活：

```
ALTER SYSTEM SET UNDO_TABLESPACE=undotbs2;
```

2. 修改 Undo 表空间

用 ALTER TABLESPACE 语句修改 Undo 表空间，其语法格式请参考第 9.1.2 节，在此不再赘述。修改时请读者注意前面创建 Undo 表空间时提到的注意事项。

【例 10.14】　为 Undo 表空间 UNDOTBS2 增加两个数据文件，分别是 undotbs2_01.dbf 和 undotbs2_02.dbf，大小均为 100MB，允许自动扩展，每次扩展为 50MB，受磁盘可用最大空间的限制。

```
ALTER TABLESPACE undotbs2
    ADD DATAFILE 'E:\app\Administrator\oradata\XSCJ\undotbs2_01.dbf' SIZE 100M
        AUTOEXTEND ON NEXT 50M MAXSIZE UNLIMITED,
    'E:\app\Administrator\oradata\XSCJ\undotbs2_02.dbf' SIZE 100M
        AUTOEXTEND ON NEXT 50M MAXSIZE UNLIMITED;
```

执行后可在相应目录下看到新增的数据文件，如图 10.25 所示。

名称	修改日期	类型	大小
CONTROL01.CTL	2015/7/7 8:06	CTL 文件	9,808 KB
EXAMPLE01.DBF	2015/7/7 8:06	DBF 文件	1,290,888 KB
REDO01	2015/7/7 8:05	文本文档	51,201 KB
REDO02	2015/7/6 17:38	文本文档	51,201 KB
REDO03	2015/7/6 17:38	文本文档	51,201 KB
SYSAUX01.DBF	2015/7/7 11:00	DBF 文件	880,648 KB
SYSTEM01.DBF	2015/7/7 8:06	DBF 文件	829,448 KB
TEMP01.DBF	2015/7/6 17:38	DBF 文件	201,736 KB
UNDOTBS01.DBF	2015/7/7 8:06	DBF 文件	660,488 KB
UNDOTBS02.DBF	2015/7/7 11:18	DBF 文件	102,408 KB
UNDOTBS2_01.DBF	2015/7/7 11:36	DBF 文件	102,408 KB
UNDOTBS2_02.DBF	2015/7/7 11:36	DBF 文件	102,408 KB
USERS01.DBF	2015/7/7 10:36	DBF 文件	14,088 KB

图 10.25　增加的数据文件

3. 删除 Undo 表空间

数据库中存在多个 Undo 表空间时，同一时刻只能激活一个，未被激活的表空间可被删除。删除 Undo 表空间的方法和删除其他表空间相同。

【例 10.15】　删除 Undo 表空间 UNDOTBS2。

```
ALTER SYSTEM SET UNDO_TABLESPACE=undotbs1;
DROP TABLESPACE undotbs2;
```

第**11**章 其他概念

本章主要介绍 Oracle 数据库中的一些其他概念，如同义词、数据库链接、数据库快照、序列等。

11.1 同 义 词

在分布式数据库环境中，为了识别一个数据库对象，如表或视图，必须规定主机名、服务器（实例）名、对象的拥有者和对象名。当以不同的身份使用数据库时，就需要这些参数中的一个或多个。为了给不同的用户提供一个简单，且能唯一标识数据库对象的名称，可以为数据库对象创建同义词。同义词有两种——公用同义词和私有同义词。公用同义词由一个特定数据库的所有用户共享，私有同义词只被数据库的某个用户账号所拥有。

例如，前述 XSB 表必须由一个账号（如 SCOTT）所拥有，对于同一个数据库的其他用户账号，如要引用它就必须使用语法：SCOTT.XSB。但是，这种语法需要另一个账户知道谁是 XSB 表的拥有者。为避免这种情况的发生，可以创建一个公用同义词 XSB 指向 SCOTT.XSB，这样无论何时引用同义词 XSB，它都能指向正确的表。

同义词可以指向的对象有表、视图、存储过程、函数、包和序列。既可以为本地数据库对象创建同义词，也可以在为远程数据库创建数据库链接之后，再为远程数据库对象创建同义词。下面介绍同义词的创建和使用方法。

11.1.1 创建同义词

1. 以界面方式创建同义词

【例 11.1】 为 XSCJ 本地数据库的 XSB 表创建同义词 XS。

（1）启动 SQL Developer，以 SYS 用户 SYSDBA 身份登录。

（2）打开 sysorcl 连接，右击"同义词"节点，选择"新建同义词"选项，弹出"创建数据库同义词"对话框，如图 11.1 所示。

图 11.1 "创建数据库同义词"对话框

（3）勾选"公共"复选项，在"名称"栏中填写同义词名 XS。在"属性"选项页的"引用的方案"下拉列表中选择 SCOTT；选中"基于对象"选项，在其后下拉列表中选 XSB，单击"确定"按钮。

2. 以命令方式创建同义词

语法格式为：

```
CREATE [PUBLIC] SYNONYM [用户方案名.]<同义词名>
    FOR [用户方案名.]对象名 [@<远程数据库同义词>]
```

说明： PUBLIC 表示创建一个公用同义词。同义词指向的对象可以是表、视图、过程、函数、包和序列。@符号表明新创建的同义词是远程数据库同义词。

【例 11.2】 为 XSCJ 数据库的 CJB 表创建公用同义词 CJ。

```
CREATE PUBLIC SYNONYM CJ
    FOR SCOTT.CJB;
```

执行结果如图 11.2 所示。

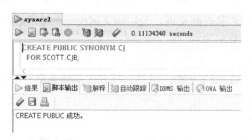

图 11.2 【例 11.2】执行结果

11.1.2 使用同义词

在创建同义词后，数据库的用户就可以直接通过同义词名称访问该同义词所指的数据库对象，而不需要特别指出该对象的所属关系。

【例 11.3】 SYS 用户查询 XSCJ 数据库的 XSB 表中所有学生的情况。

```
SELECT * FROM XS;
```

如果没有为 XSCJ 数据库的 XSB 表创建同义词 XS，那么 SYS 用户查询 XSB 表时则需指定该表的所有者：

```
SELECT * FROM SCOTT.XSB;
```

11.1.3 删除同义词

同义词的删除既可以界面方式删除，也可以命令方式删除。

1. 以界面方式删除同义词

展开 sysorcl 连接的"公共同义词"节点，找到刚创建的同义词 XS，右击选择"删除"选项，在出现的"删除"对话框中单击"应用"按钮，并在弹出的消息框中单击"确定"按钮即可。整个操作过程如图 11.3 所示。

图 11.3 删除同义词

2. 以命令方式删除同义词

语法格式为：

DROP [PUBLIC] SYNONYM [用户名.]<同义词名>

说明： PUBLIC 表明删除了一个公用同义词。

【例 11.4】 删除公用同义词 CJ。

DROP PUBLIC SYNONYM CJ;

执行结果如图 11.4 所示。

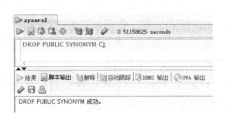

图 11.4 【例 11.4】执行结果

11.2 数据库链接

作为一个分布式数据库系统，Oracle 系统提供了使用远程数据库的功能。当需要引用远程数据库的数据时，必须指定远程对象的全限定名。如果表在远程数据库中，为了指定远程数据库中一个对象的访问路径，就必须创建一个数据库链接，使本地用户通过这个数据库链接登录到远程数据库上使用它的数据。

数据库链接既可以公用（数据库中的所有账号都可以使用），也可以私有（只为某个账号的用户创建）。

11.2.1 创建数据库链接

当创建一个数据库链接时，必须指定与数据库相链接的用户名、口令及与远程数据库相连的服务器名字。如果不指定用户名，Oracle 系统将使用本地账号名和口令来建立与远程数据库的链接。

1. 以界面方式创建数据库链接

【例 11.5】 以界面方式创建数据库链接 MY_LINK。

打开 sysorcl 连接，右击"数据库链接"节点，选择"新建数据库链接"选项，弹出"创建数据库链接"对话框，如图 11.5 所示，在其中指定数据库链接的设置。

图 11.5　"创建数据库链接"对话框

需要设置信息如下。

（1）公共：选中此复选项，即可创建公用数据库链接，默认设置为"私有"。

（2）名称：指将要创建数据库链接的名称，必须是有效的 Oracle 标识符，这里填写为 MY_LINK。

（3）服务名：指定数据库链接所指向的远程数据库，这里是 XSCJ。

（4）连接身份：设置连接数据库的用户基本信息。

● 固定用户：私有用户的用户名和口令。如果在创建数据库链接时，没有指定用户名和口令，数据库链接将使用访问该数据库链接用户账号的用户名和口令。

● 当前用户：指定数据库链接已经被授权，一个已授权的数据库链接允许当前用户不需要进行身份证明直接连接到远程数据库上。但是，当前用户必须是已经验证的全局用户，并在远程数据库上具有全局用户账号。

这里选中"当前用户"单选项，并单击"确定"按钮，创建成功。

2. 以命令方式创建数据库链接

语法格式为：

```
CREATE [PUBLIC] DATABASE LINK <数据库链接名>
    [CONNECT TO <用户名> IDENTIFIED BY <密码>]
    USING '<数据库名>'
```

说明： PUBLIC 表示创建公用的数据库链接。CONNECT TO 指定固定用户与远程数据库连接，并在用户名后使用 IDENTIFIED BY 指定口令。USING 子句指定数据库链接指向的远程数据库。

【例 11.6】 为 XSCJ 数据库创建一个名为 MY_PLINK 的公用链接。

```
CREATE PUBLIC DATABASE LINK MY_PLINK
    CONNECT TO SCOTT IDENTIFIED BY Mm123456
    USING 'XSCJ';
```

执行结果如图 11.6 所示。

图 11.6　【例 11.6】执行结果

当使用这个链接时,打开由 XSCJ 指定数据库中的一个会话,将按用户"SCOTT"、口令"Mm123456"进行注册。

11.2.2　使用数据库链接

创建数据库链接就可以使用远程数据库的对象了。例如,为了使用【例 11.6】中创建的数据库链接访问一个表,链接必须用 FROM 子句来指定,其示例如下。

【例 11.7】　查询远程数据库 XSCJ 中 KCB2 表的所有课程情况。

SELECT * FROM SCOTT.KCB2@MY_PLINK;

执行结果如图 11.7 所示。

	课程号	课程名	开课学期	学时	学分
1	206	离散数学	4	68	4
2	208	数据结构	5	68	4
3	209	操作系统	6	68	4
4	212	数据库原理	7	68	4
5	301	计算机网络	7	51	3
6	302	软件工程	7	51	3
7	102	程序设计与语言	2	68	4

图 11.7　【例 11.7】执行结果

上述查询将通过 MY_PLINK 数据库链接来访问 KCB2 表,对于经常使用的数据库链接,可以建立一个本地的同义词,以方便使用。

【例 11.8】　为 XSCJ 远程数据库的 KCB2 表创建一个同义词。

CREATE PUBLIC SYNONYM KCB2_syn
　　　FOR SCOTT.KCB2@ MY_PLINK;

这时,数据库对象的全限定标识已被定义,其中包括通过服务名的主机和实例、通过数据库链接的拥有者和表名。

11.2.3　删除数据库链接

使用 PL/SQL 删除数据库链接的语法格式如下:

DROP [PUBLIC] DATABASE LINK <数据库链接名>

【例 11.9】　删除公用数据库链接 MY_PLINK。

DROP PUBLIC DATABASE LINK MY_PLINK;

执行结果如图 11.8 所示。

图 11.8 【例 11.9】执行结果

> 💿💿注意:
>
> 公用数据库链接可由任何有相应权限的用户删除,而私有数据库链接只能由 SYS 系统用户删除。

11.3 快 照

快照基于一个查询,该查询可链接远程数据库,且可以把快照设置成只读方式或可更新方式。若要改善性能,也可以索引快照使用的本地表。根据快照基本查询的复杂性,可以使用快照日志(Snapshot Log)来提高复制操作的性能。复制操作可根据用户为每个快照安排自动完成。

有两种可用的快照类型:复杂快照(Complex Snapshot)和简单快照(Simple Snapshot)。在一个简单快照中,每一行都基于一个远程数据库表中的一个行。复杂快照的行则基于一个远程数据表的多行,如通过一个 GROUP BY 操作或基于多个表连接的结果。

由于快照将在本地数据库中创建一些对象,因此,创建快照的用户必须具有 CREATE TABLE 权限和 UNLIMITED TABLESPACE 权限或存储快照对象的表空间的定额。快照在本地数据库中创建并从远程主数据库获取数据。

在创建一个快照之前,要先在本地数据库中创建一个到源数据库的链接。下面的例子创建一个名为 SH_LINK 的私有数据库链接。

【例 11.10】 创建一个名为 SH_LINK 的私有数据库链接。

```
CREATE DATABASE LINK SH_LINK
    CONNECT TO SCOTT IDENTIFIED BY Mm123456
    USING 'XSCJ';
```

11.3.1 创建快照

"快照"和"实体化视图"同义,它们均指一个表,该表包含对一个或多个表的查询结果。这些表可能位于相同数据库或远程数据库上,查询中的表称为主体表或从表,包含主体表的数据库称为主体数据库,它既可以使用界面方式创建快照,也可以使用命令方式创建快照。

1. 以界面方式创建快照

打开 sysorcl 连接,右击"实体化视图"节点,选择"新建实体化视图"选项,弹出"创建实体化视图"对话框,如图 11.9 所示。

(1)在"SQL 查询"选项页中指定实体化视图的基本信息。

方案:指定包含当前将要创建实体化视图的方案,这里选 SYS。

名称:指定实体化视图的名称,这里填写 SHAPSHOT_TEST。

SQL 查询：可编辑的文本区域，在此输入用于置入实体化视图的 SQL 查询。

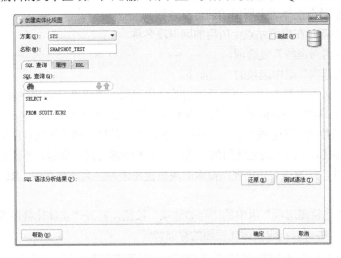

图 11.9 "创建实体化视图"对话框

（2）切换到"属性"选项页，如图 11.10 所示。在该选项页中指定关于实体化视图的刷新选项。如果实体化视图是"刷新选项"组的一部分，通常将在"刷新选项"组中管理实体化视图的刷新特性。单独设置刷新特性可能会导致与相关实体化视图数据的不一致问题。

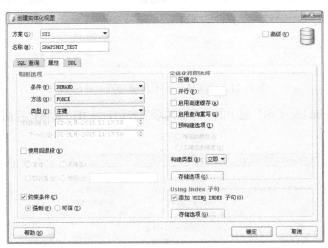

图 11.10 "属性"选项页

① "方法"下拉列表包括以下 3 项。

● FORCE（强制）：指定快速刷新，如不能则进行完全刷新。

● FAST（快速）：使用最近的更改结果，更新实体化视图。

● COMPLETE（完全）：可全部替换实体化视图。

这里选 FORCE。

② "类型"下拉列表包括以下两项。

● 主键：选择主关键字，让所选实体化视图在刷新时可以使用主关键字。

● 行 ID：允许所选实体化视图在刷新时使用"行 ID"。

这里选主键。

③"使用回退段"选项组指定所使用的回退段。

● 主：输入刷新时在主体表上所用的回退段名称。

● 本地：选择刷新时在快照站点上所用的回退段名称。

这里不勾选"使用回退段"复选项。

④"实体化视图选项"组中选项的介绍如下。

● 并行：勾选"并行"复选项，则用于创建实体化视图，并以并行方式装载它。

● 启用高速缓存：确定 Oracle 系统将为实体化视图检索的块存储在缓冲区高速缓存的位置。对于要经常访问的数据，该选项指定当执行全表扫描时，并把为该实体化视图检索的块放置在缓冲区高速缓存中 LRU 列表最近使用的一端。对于不经常访问的数据，不选择该选项则指定当执行全表扫描时，把为该实体化视图检索的块放置在缓冲区高速缓存中 LRU 列表最近最少使用的一端。

（3）单击"实体化视图选项"组中的"存储选项"按钮，打开"实体化视图存储选项"对话框，如图 11.11 所示，在其中可以指定实体化视图的存储特征。

图 11.11　"实体化视图存储选项"对话框

（4）单击"Using Index 子句"组中的"存储选项"按钮，打开"实体化视图索引存储选项"对话框，如图 11.12 所示。

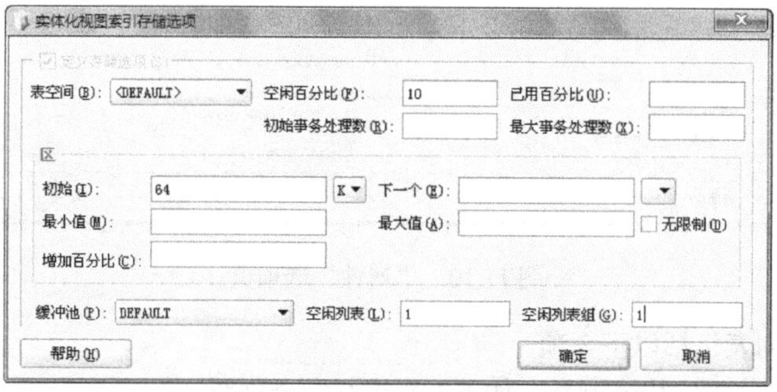

图 11.12　"实体化视图索引存储选项"对话框

可以为 Oracle 11g 数据库用以维护实体化视图数据的默认索引设置初始事务处理数、最大事务处理数等。Oracle 系统使用默认索引加快对实体化视图的增量刷新速度。

单击"确定"按钮完成操作。

2．以命令方式创建快照

语法格式为：

```
CREATE SNAPSHOT [用户方案名.]<快照名>          /*将要创建的快照名称*/
        [PCTFREE <数字值>]                    /*指定保留的空间百分比*/
        [PCTUSED <数字值>]                    /*指定已用空间的最小百分比*/
        [INITRANS <数字值>]                   /*指定事务条目的初值*/
        [MAXTRANS <数字值>]                   /*指定最大并发事务数*/
        [TABLESPACE <表空间名>]               /*指定表空间*/
        [STORGE <存储参数>]                   /*快照的存储特征*/
        [USING INDEX    PCTFEE <数字值>]      /*使用索引*/
        [REFRESH [FAST | COMPLETE | FORCE] [START WITH <日期值>] [NEXT <日期值>] ]
                                              /*指定快照刷新特性的信息*/
        [FOR UPDATE] AS <子查询>              /*用于置入快照的 SQL 查询*/
```

相关参数说明如下。

（1）USING INDEX：维护快照数据的默认索引设置初始事务处理数、最大的事务处理数及存储设置。Oracle 系统使用默认索引来加快对快照的增量刷新速度。

（2）REFRESH：指定快照刷新特性的信息。FAST 为快速刷新；COMPLETE 为完全刷新；FORCE 为强制刷新。START WITH 为自动刷新的第一个时间指定一个日期；NEXT 指定自动刷新的时间间隔。

【例 11.11】　在本地服务器上创建快照。

```
CREATE SNAPSHOT KC_COUNT
        PCTFREE 5
        TABLESPACE SYSTEM
        REFRESH COMPLETE
                START WITH SysDate
                NEXT SysDate+7
        AS
        SELECT COUNT(*)
                FROM SCOTT.KCB2@SH_LINK;
```

执行结果如图 11.13 所示。

说明：快照为 KC_COUNT。表空间和存储区参数应用于存储快照数据的本地基本表。除了刷新间隔，还给出了基本查询。在这种情况下，快照被通知立即检索主数据，然后将于 7 天（SysDate+7）后再次执行快照操作。注意，快照查询不能引用用户 SYS 所拥有的表或视图。

图 11.13　【例 11.11】执行结果

> **注意：**
> 创建一个快照时，必须引用远程数据库中的整个对象名。在上面的例子中，对象名是 SCOTT.KCB2。

当创建这个快照时，就会在本地数据库中创建一个数据表。Oracle 11g 数据库将创建一个"SNAP$_snapshotname"的数据表，即快照的本地基本表，用来存储快照查询返回的记录。尽管此表可以被索引，但它却不能以任何方式改变。在创建数据表的同时还将创建一个（以快照命名）"MVIEW$_snapshotname"的只读视图，作为远程主表的视图被创建。此视图将用于刷新过程。

11.3.2 修改快照

使用 PL/SQL 方式修改快照的语法格式如下：

```
ALTER SNAPSHOT [方案名.]<快照名>
    [PCTFREE <数字值>]
    [PCTUSED <数字值>]
    [INITRANS <数字值>]
    [MAXTRANS <数字值>]
    [TABLESPACE <表空间名>]
    [STORGE <存储参数>]
    [USING INDEX    [PCTFEE <数字值>]
    [REFRESH [FAST | COMPLETE | FORCE] [START WITH <日期值>] [NEXT <日期值>] ]
```

其中，参数和关键字的含义请参照 CREATE SNAPSHOT 语句的语法说明。

【例 11.12】 修改【例 11.11】中的快照。

```
ALTER SNAPSHOT KC_COUNT
    PCTFREE 10
    PCTUSED 25
    INITRANS 1
    MAXTRANS 20;
```

执行结果如图 11.14 所示。

图 11.14 【例 11.12】执行结果

11.3.3 删除快照

若要撤销一个快照，可以使用界面或命令方式来删除。例如，要删除 KC_COUNT 快照，只需在"实体化视图"节点选中 KC_COUNT，右击选择"删除"选项，出现"删除"对话框，单击"应用"按钮，在弹出的消息框中单击"确定"按钮即可。整个操作过程如图 11.15 所示。

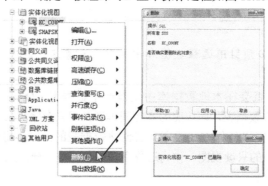

图 11.15 删除快照

用 SQL 命令删除快照的语法格式为：

DROP SNAPSHOT <数据库快照名>;

例如，要删除 SHAPSHOT_TEST 快照，可使用语句如下：

DROP SNAPSHOT SHAPSHOT_TEST;

11.4 序　　列

序列（Sequence）定义存储在数据字典中，它通过提供唯一数值的顺序表来简化程序设计工作。当一个序列第一次被查询调用时，它将返回一个预定值。在随后的每一次查询中，序列将产生一个按其指定的增量增长的值。序列既可以是循环的，也可以是连续增加的，直到指定的最大值为止。

使用一个序列时，并不保证将生成一串连续不断的值。例如，如果查询一个序列的下一个值供 INSERT 使用，则该查询是能使用这个序列值的唯一会话。如果未能提交事务处理，则序列值就不被插入表中，以后的 INSERT 将使用该序列随后的值。

序列的类型可以分为以下两种。

（1）升序：序列值自初始值向最大值递增。这是创建序列时的默认设置。

（2）降序：序列值自初始值向最小值递减。

11.4.1 创建序列

1. 以界面方式创建序列

打开 sysorcl 连接，右击"序列"节点，选择"新建序列"选项，弹出"创建数据库序列"对话框，如图 11.16 所示。

图 11.16　"创建数据库序列"对话框

在其中设置新序列的信息，包含的各项信息介绍如下。

（1）方案：在下拉列表中选择该序列所属的用户方案。新序列的默认方案就是登录用户，这里是 SYS。

（2）名称：待定义的序列名称。序列名称必须是一个有效的 Oracle 标识符。这里取名为 S_XH。

（3）增量：序列递增、递减的间隔数值（升序序列）。如果该字段为正整数，则表示创建的是升序序列；如果为负整数，则表示创建的是降序序列。

（4）最小值：序列可允许的最小值，默认为 1。

（5）开头为：序列的起始值，该字段必须是一个整数。

（6）最大值：序列可允许的最大值。

（7）高速缓存：若选择 CACHE，就需要设置高速缓存大小，默认值为 20，也可以指定值，可接受的最小值为 2。对循环序列来说，该值必须小于循环中值的个数。如果序列能够生成值数的上限小于高速缓存大小，则高速缓存大小将自动改换为该上限数。

（8）周期：勾选该选项，即指定在达到序列最小值或最大值之后，序列应继续生成值。对升序序列来说，在达到最大值后将生成最小值。对降序序列来说，在达到最小值后将生成最大值。如果未选中"周期"，序列将在达到最小值或最大值后停止生成任何值。

（9）顺序：勾选该选项，即指定序列号要按请求顺序生成。

单击"确定"按钮，系统创建序列。

2. 以命令方式创建序列

也可以使用 SQL 命令创建序列，语法格式为：

```
CREATE SEQUENCE [用户方案名.] <序列名>          /*将要创建的序列名称*/
      [INCREMENT BY <数字值>]                   /*递增值或递减值*/
      [START WITH <数字值>]                     /*初始值*/
      [MAXVALUE <数字值> | NOMAXVALUE]          /*最大值*/
      [MINVALUE <数字值> | NOMINVALUE]          /*最小值*/
      [CYCLE | NOCYCLE]                         /*是否循环*/
      [CACHE <数字值> | NOCACHE]                /*高速缓冲区设置*/
      [ORDER | NOORDER]                         /*序列号是否按照顺序生成*/
```

相关参数说明如下。

（1）INCREMENT BY：指定序列递增或递减的间隔数值，当为正值时则表示创建的是升序序列，当为负值时则表示创建的是降序序列。

（2）START WITH：序列的起始值。若不指定该值，对升序序列将使用默认的最小值。对降序序列将使用默认的最大值。

（3）MAXVALUE：序列可允许的最大值。若指定为 NOMAXVALUE，则对升序序列使用的默认值为 1.0E27（10 的 27 次方），而对降序序列使用的默认值为-1。

（4）MINVALUE：序列可允许的最小值。若指定为 NOMINVALUE，则对升序序列将使用的默认值为 1，而对降序序列使用的默认值为-1.0E26（-10 的 26 次方）。

（5）CYCLE：指定在达到序列最小值或最大值之后，序列应继续生成值。对升序序列来说，在达到最大值后将生成最小值。对降序序列来说，在达到最小值后将生成最大值。若指定为 NOCYCLE，则序列将在达到最小值或最大值后停止生成任何值。

（6）CACHE：由数据库预分配并存储的值数目，其默认值为 20，也可以指定值，可接受的最小值为 2。对循环序列来说，该值必须小于循环中值的个数。如果序列能够生成值数的上限小于高速缓存大小，则高速缓存大小将自动改换为该上限数。若指定为 NOORDER，则指定不预分配序列值。

【例 11.13】　创建一个降序序列。

```
CREATE SEQUENCE S_TEST
      INCREMENT BY -2 START WITH 4500
      MAXVALUE 4500
      MINVALUE 1
      CYCLE
       CACHE 20
      NOORDER;
```

11.4.2　修改序列

以界面方式修改序列的方法与创建序列类似，这里不再赘述，本节将主要介绍使用 SQL 命令方式修改序列的方法。修改序列使用 ALTER SEQUENCE 语句，语法格式为：

```
ALTER SEQUENCE [用户方案名.] <序列名>
    [INCREMENT BY <数字值>]                    /*递增值或递减值*/
    [MAXVALUE <数字值> | NOMAXVALUE]           /*最大值*/
    [MINVALUE <数字值> | NOMINVALUE]           /*最小值*/
    [CYCLE | NOCYCLE]                          /*是否循环*/
    [CACHE <数字值> | NOCACHE]                  /*高速缓冲区设置*/
    [ORDER | NOORDER]                          /*序列号是否按照顺序生成*/
```

语句中的选项含义参见 CREATE SEQUENCE 语句说明。

【例 11.14】　修改【例 11.13】创建的序列。

```
ALTER SEQUENCE S_TEST
    INCREMENT BY -1
    MAXVALUE 9000
    MINVALUE 4500
    NOORDER;
```

11.4.3　删除序列

用 SQL 命令删除序列的语法格式如下：

```
DROP SEQUENCE <序列名>
```

例如，要删除 S_TEST 序列，可使用语句如下：

```
DROP SEQUENCE S_TEST;
```

第 2 部分　实验

实验 1　创建数据库和表

目的与要求

（1）了解数据库、表的结构特点及一些基本概念。
（2）了解 Oracle 11g 数据库的基本数据类型。
（3）学会使用 DBCA 和命令两种方式创建数据库。
（4）学会使用界面和命令两种方式创建表。

实验准备

（1）明确能够创建数据库的用户必须是系统管理员，或是被授权使用 CREATE DATABASE 语句的用户。

（2）创建数据库必须确定数据库名、所有者（创建数据库的用户）、数据库大小、SGA 分配和存储数据库的文件。

（3）确定数据库中包含哪些表及所包含的各表结构，还要了解 Oracle 11g 数据库的常用数据类型，以及创建数据库的表。

（4）了解两种常用的创建数据库、表的方法，即利用 DBCA 创建和使用 PL/SQL 的 CREATE DATABASE 语句创建。

实验内容

创建企业的员工管理数据库 YGGL，包含 Employees（员工信息）表、Departments（部门信息）表和 Salary（员工薪水）表。各表的结构如表 T1.1～表 T1.3 所示。

表 T1.1　Employees 表结构

列　名	数 据 类 型	长　度	是否允许为空值	说　明
EmployeeID	Char	6	×	员工编号、主键
Name	Char	10	×	姓名
Birthday	Date		×	出生日期
Sex	Number	1	×	性别

续表

列　名	数据类型	长　度	是否允许为空值	说　明
Address	Char	20	√	地址
Zip	Char	6	√	邮编
PhoneNumber	Char	12	√	电话号码
DepartmentID	Char	3	×	员工部门号、外键

表 T1.2　Departments 表结构

列　名	数据类型	长　度	是否允许为空值	说　明
DepartmentID	Char	3	×	部门编号、主键
DepartmentName	Char	20	×	部门名
Note	Varchar2	100	√	备注

表 T1.3　Salary 表结构

列　名	数据类型	长　度	是否允许为空值	说　明
EmployeeID	Char	6	×	员工编号、主键
InCome	Number	8,2	×	收入
OutCome	Number	8,2	×	支出

1. 利用 DBCA 创建数据库

（1）数据库的全局数据库名称为 YGGL。

（2）控制文件有 3 个，存放路径为 E:\app\Administrator\oradata\yggl\，名称分别为 CONTROL01.CTL、CONTROL02.CTL 和 CONTROL03.CTL。

（3）重做日志文件有 3 个，大小均为 100MB，存放路径为 E:\app\Administrator\oradata\yggl\，名称分别为 redo01.log、redo02.log 和 redo03.log。

（4）创建临时表空间 temp01.dbf。

（5）数字字符集为 ZHS16GBK，国家字符集为 AL16UTF16。

（6）数据块大小为 4KB。

进入 DBCA，根据其提示逐步完成数据库的创建工作，详细步骤请参照第 3.1 节。

2. 使用 PL/SQL 命令创建数据库（选做）

按照上述要求创建数据库 YGGL。下面给出创建数据库 YGGL 所用到的 CREATE DATABASE 语句。

```
CREATE DATABASE YGGL
        MAXINSTANCES 1
        MAXLOGHISTORY 1
        MAXLOGFILES 5
        MAXLOGMEMEBERS 5
        MAXDATAFILES 100
        DATAFILE 'E:\app\Administrator\oradata\yggl\system01.dbf'
        SIZE 325M reuse AUTOEXTEN ON NEXT 10240K MAXSIZE UNLIMITED
        CHARACTER SET ZHS16GBK
        NATIONAL CHARACTER SET AL16UTF16
```

```
LOGFILE GROUP 1 ('E:\app\Administrator\oradata\yggl\redo01.log') SIZE 100M,
GROUP 2 ('E:\app\Administrator\oradata\yggl\redo02.log') size 100M,
GROUP 3 ('E:\app\Administrator\oradata\yggl\redo03.log') size 100M
DEFAULT TEMPORARY TABLESPACE TEMP
TEMPFILE 'E:\app\Administrator\oradata\yggl\temp01.dbf'
EXTENT    MANAGEMENT LOCAL UNIFORM SIZE 10M
UNDO TABLESPACE UNDO_TS DATAFILE 'E:\app\Administrator\oradata\yggl\temp01.dbf'
SIZE 150M REUSE AUTOEXTEND ON NEXT 10240K MAXSIZE UNLIMITED;
```

3. 在 SQL Developer 中创建表

（1）启动 SQL Developer，右击"连接"节点选择"新建连接"选项，弹出"新建/选择数据库连接"窗口，创建一个 YGGL 数据库中 system（用户方案）的连接 yggl_ora，如图 T1.1 所示，单击"保存"按钮保存这个连接。

图 T1.1　创建数据库连接

（2）展开 yggl_ora 连接，右击"表"节点选择"新建表"选项，在"创建表"窗口中输入表名 Employees，勾选"高级"复选项，设置 Employees 表的各个列及约束条件，单击"确定"按钮完成表 Employees 的创建。

使用相同的方法创建 Departments 表和 Salary 表。

4. 使用 SQL Developer 删除表

展开"表"节点，找到 Employees 表，右击选择"表"的"删除"选项，在弹出的"删除"对话框中单击"应用"按钮即可删除 Employees 表。使用相同的方法删除 Departments 表和 Salary 表。

5. 使用 PL/SQL 语句创建表

在 SQL Developer 的代码编辑窗口或 SQL*Plus 中输入如下语句。

```
CREATE TABLE Employees
(
        EmployeeID      char(6)       NOT NULL PRIMARY KEY,
        Name            char(10)      NOT NULL,
        Birthday        date          NOT NULL,
        Sex             number(1)     NOT NULL,
```

```
    Address         char(20)        NULL,
    Zip             char(6)         NULL,
    PhoneNumber     char(12)        NULL,
    DepartmentID    char(3)         NOT NULL
);
```

执行上述语句，即可创建 Employees 表。按同样的操作过程创建 Departments 表和 Salary 表，并可在 SQL Developer 中查看结果。

实验 2　表数据的插入、修改和删除

目的与要求

（1）学会使用 SQL Developer 对数据库表进行插入、修改和删除数据的操作。
（2）学会使用 PL/SQL 语句对数据库表进行插入、修改和删除数据的操作。
（3）了解并体会 PL/SQL 语句对表数据操作的灵活控制功能。

实验准备

（1）了解对表数据的插入、删除、修改都属于表数据的更新操作。对表数据的操作可以在 SQL Developer 中进行，也可以由 PL/SQL 语句实现。
（2）掌握 PL/SQL 语句中，用于对表数据进行插入、修改和删除的命令分别是 INSERT、UPDATE 和 DELETE（或 TRANCATE TABLE）。
（3）了解使用 PL/SQL 语句在对表数据进行插入、修改及删除时，比在 SQL Developer 中操作表数据更灵活，功能更强大。

在实验 1 中，YGGL 数据库中的 3 个表已经建立，现在要将各表的样本数据添加到表中。样本数据如表 T2.1～表 T2.3 所示。

表 T2.1　Employees 表数据样本

编　　号	姓　　名	出生日期	性　　别	住　　址	邮　　编	电话号码	部门号
000001	王林	1971-01-23	1	中山路 32-1-508	210003	83355668	2
010008	伍容华	1981-03-28	1	北京东路 100-2	210001	83321321	1
020010	王向容	1987-12-09	1	四牌楼 10-0-108	210006	83792361	1
020018	李丽	1965-07-30	0	中山东路 102-2	210002	83413301	1
102201	刘明	1977-10-18	1	虎踞路 100-2	210013	83606608	5
102208	朱俊	1970-09-28	1	牌楼巷 5-3-106	210004	84708817	5
108991	钟敏	1984-08-10	0	中山路 10-3-105	210003	83346722	3
111006	张石兵	1979-10-01	1	解放路 34-1-203	210010	84563418	5
210678	林涛	1982-04-02	1	中山北路 24-35	210008	83467336	3

续表

编　号	姓　名	出生日期	性　别	住　址	邮　编	电话号码	部 门 号
302566	李玉珉	1973-09-20	1	热和路 209-3	210001	58765991	4
308759	叶凡	1983-11-18	1	北京西路 3-7-52	210002	83308901	4
504209	陈林琳	1974-09-03	0	汉中路 120-4-12	210018	84468158	4

表 T2.2　Departments 表数据样本

部 门 号	部 门 名 称	备　注	部 门 号	部 门 名 称	备　注
1	财务部	NULL	4	研发部	NULL
2	人力资源部	NULL	5	市场部	NULL
3	经理办公室	NULL			

表 T2.3　Salary 表数据样本

编　号	收　入	支　出	编　号	收　入	支　出
000001	5100.8	1123.09	108991	6259.98	1281.52
010008	4582.62	1088.03	020010	5860.0	1198.0
102201	5569.88	1185.65	020018	5347.68	1180.0
111006	4987.01	1079.58	308759	5531.98	1199.08
504209	5066.15	1108.0	210678	5240.0	1121.0
302566	5980.7	1210.2	102208	4980.0	1100.0

实验内容

使用 SQL Developer 和 PL/SQL 语句，在实验 1 建立的数据库 YGGL 的 3 个表 Employees、Departments 和 Salary 中分别插入多行数据记录，然后修改和删除一些记录。使用 PL/SQL 语句进行有限制的修改和删除。

1. 使用 SQL Developer 操作数据

启动 SQL Developer，展开 yggl_ora 连接，单击 "Employees" 表，在右边窗口中选择 "数据" 选项卡。在此窗口中，单击 "插入行" 按钮，表中将增加一个新行，在新行中双击一列空白处后输入数据，输完后单击 "提交" 按钮将数据保存到数据库中。修改数据的方法和添加数据类似，如果要删除一行数据，要先选中该行，单击 "删除所选行" 按钮后，该行的行号前会出现一个 "–" 号，再单击 "提交" 按钮才能真正删除该行。

2. 使用 PL/SQL 语句操作数据

（1）使用 PL/SQL 语句分别向 YGGL 数据库的 Employees 表、Departments 表和 Salary 表中插入一行记录。

在 SQL Developer 的代码编辑窗口中输入以下 PL/SQL 语句并执行：

```
INSERT INTO Employees
    VALUES('011112', '罗林', TO_DATE('19780626', 'YYYYMMDD'), 1, '解放路 100 号', 210002, 4055663, 5);
INSERT INTO Departments
    VALUES('6', '公关部', NULL);
```

```
INSERT INTO Salary
     VALUES('011112', 4200.09, 1050);
```

在 SQL Developer 中打开 Employees 表、Departments 表和 Salary 表，并观察数据变化，如图 T2.1～图 T2.3 所示。

	EMPLO...	NAME	BIRTHDAY	SEX	ADDRESS	ZIP	PHONENUMBER	DEPARTMENTID
1	000001	王林	1971-01-23	1	中山路32-1-508	210003	83355668	2
2	010008	伍容华	1981-03-28	1	北京东路100-2	210001	83321321	1
3	020010	王向容	1987-12-09	1	四牌楼10-0-108	210006	83792361	1
4	020018	李丽	1965-07-30	0	中山东路102-2	210002	83413301	1
5	102201	刘明	1977-10-18	1	虎距路100-2	210013	83606608	5
6	102208	朱俊	1970-09-28	1	牌楼巷5-3-106	210004	84708817	5
7	108991	钟敏	1984-08-10	0	中山路10-3-105	210003	83346722	3
8	111006	张石兵	1979-10-01	1	解放路34-1-203	210010	84563418	5
9	210678	林涛	1982-04-02	1	中山北路24-35	210008	83467336	3
10	302566	李玉珉	1973-09-20	1	热和路209-3	210001	58765991	4
11	308759	叶凡	1983-11-18	1	北京西路3-7-52	210002	83308901	4
12	504209	陈林琳	1974-09-03	0	汉中路120-4-12	210018	84468158	4
13	011112	罗林	1978-06-26	1	解放路100号	210002	4055663	5

图 T2.1

	DEPARTMENTID	DEPARTMENTNAME	NOTE
1	1	财务部	(null)
2	2	人力资源部	(null)
3	3	经理办公室	(null)
4	4	研发部	(null)
5	5	市场部	(null)
6	6	公关部	(null)

图 T2.2

	EMPLOYEEID	INCOME	OUTCOME
1	000001	5100.8	1123.09
2	010008	4582.62	1088.03
3	102201	5569.88	1185.65
4	111006	4987.01	1079.58
5	504209	5066.15	1108
6	302566	5980.7	1210.2
7	108991	6259.98	1281.52
8	020010	5860	1198
9	020018	5347.68	1180
10	308759	5531.98	1199.08
11	210678	5240	1121
12	102208	4980	1100
13	011112	4200.09	1050

图 T2.3

（2）使用 PL/SQL 语句修改 Salary 表中某个记录的字段值。

```
UPDATE Salary
     SET InCome = 5890
     WHERE EmployeeID = '011112';
```

执行上述语句，将编号为 011112 的职工收入改为 5890 元。在 SQL Developer 中打开 YGGL 数据库中的 Salary 表，并观察数据变化，如图 T2.4 所示。

	EMPLOYEEID	INCOME	OUTCOME
1	000001	5100.8	1123.09
2	010008	4582.62	1088.03
3	102201	5569.88	1185.65
4	111006	4987.01	1079.58
5	504209	5066.15	1108
6	302566	5980.7	1210.2
7	108991	6259.98	1281.52
8	020010	5860	1198
9	020018	5347.68	1180
10	308759	5531.98	1199.08
11	210678	5240	1121
12	102208	4980	1100
13	011112	5890	1050

图 T2.4

（3）修改 Employees 表和 Departments 表的记录值，要注意完整性。

操作过程同步骤（2）。

（4）使用 PL/SQL 语句修改 Salary 表中所有记录的字段值。

```
UPDATE Salary
    SET InCome = InCome +100;
```

执行上述语句，将所有职工的收入增加 100 元，如图 T2.5 所示。

	EMPLOYEEID	INCOME	OUTCOME
1	000001	5200.8	1123.09
2	010008	4682.62	1088.03
3	102201	5669.88	1185.65
4	111006	5087.01	1079.58
5	504209	5166.15	1108
6	302566	6080.7	1210.2
7	108991	6359.98	1281.52
8	020010	5960	1198
9	020018	5447.68	1180
10	308759	5631.98	1199.08
11	210678	5340	1121
12	102208	5080	1100
13	011112	5990	1050

图 T2.5

可见，使用 PL/SQL 语句操作表数据比在 SQL Developer 中的操作表更为灵活。

（5）使用 DELETE 语句删除 Salary 表中的一行记录。

DELETE FROM Salary WHERE EmployeeID= '011112';

（6）使用 TRANCATE TABLE 语句删除表中的所有行。

TRANCATE TABLE Salary;

上述语句将删除 Salary 表中的所有行。

👀注意：

实验时不要轻易做这个操作，因为后面实验还要用到这些数据。如要试验该命令的效果，可建一个临时表，输入少量数据后进行。

实验 3　数据库的查询和视图

目的与要求

（1）掌握 SELECT 语句的基本语法。

（2）掌握子查询、连接查询的表示方法。

（3）掌握数据汇总的方法。

（4）掌握 GROUP BY 子句、ORDER BY 子句的作用和使用方法。

（5）掌握视图的使用方法。

实验准备

复习第 4 章的内容。

实验内容

1. SELECT 语句的基本使用

（1）根据实验 2 给出的数据库表结构，查询每个雇员的所有数据。

在 SQL Developer 或 SQL*Plus 中输入如下语句并执行：

SELECT *
    FROM Employees;

思考与练习：用 SELECT 语句查询 Departments 表和 Salary 表的所有记录。

（2）查询每个雇员的地址和电话。

SELECT Name, Address, PhoneNumber
    FROM Employees;

执行结果如图 T3.1 所示。

	NAME	ADDRESS	PHONENUMBER
1	王林	中山路32-1-508	83355668
2	伍容华	北京东路100-2	83321321
3	王向容	四牌楼10-0-108	83792361
4	李丽	中山东路102-2	83413301
5	刘明	虎距路100-2	83606608
6	朱俊	牌楼巷5-3-106	84708817
7	钟敏	中山路10-3-105	83346722
8	张石兵	解放路34-1-203	84563418
9	林涛	中山北路24-35	83467336
10	李玉珉	热和路209-3	58765991
11	叶凡	北京西路3-7-52	83308901
12	陈林琳	汉中路120-4-12	84468158
13	罗林	解放路100号	4055663

图 T3.1

思考与练习：用 SELECT 语句查询 Departments 表和 Salary 表的一列或若干列。

（3）查询 EmployeeID 为 000001 雇员的地址和电话。

SELECT Name, Address, PhoneNumber
    FROM Employees
    WHERE EmployeeID='000001';

执行结果如图 T3.2 所示。

思考与练习：用 SELECT 语句查询 Departments 表和 Salary 表中满足指定条件的一列或若干列。

（4）查询 Employees 表中所有女雇员的地址和电话，使用 AS 子句将结果中各列的标题分别指定为地址和电话。

SELECT Name AS 姓名, Address AS 地址, PhoneNumber AS 电话
    FROM Employees
    WHERE sex = 0;

执行结果如图 T3.3 所示。

	NAME		ADDRESS		PHONENUMBER
1	王林		中山路32-1-508		83355668

图 T3.2

	姓名		地址		电话
1	李丽		中山东路102-2		83413301
2	钟敏		中山路10-3-105		83346722
3	陈林琳		汉中路120-4-12		84468158

图 T3.3

> 👀 **注意：**
>
> 使用 AS 子句可指定目标列的标题。

（5）计算每个雇员的实际收入。

```
SELECT EmployeeID, InCome-OutCome AS 实际收入
    FROM Salary;
```

执行结果如图 T3.4 所示。

（6）找出所有王姓雇员的部门号。

```
SELECT DepartmentID
    FROM Employees
    WHERE name LIKE '王%';
```

执行结果如图 T3.5 所示。

思考与练习：找出所有其地址中含有"中山"的雇员编号及部门号。

（7）找出所有收入在 3600～4800 元之间的雇员编号。

```
SELECT EmployeeID
    FROM Salary
    WHERE InCome BETWEEN 3600 AND 4800;
```

执行结果如图 T3.6 所示。

思考与练习：找出所有在部门"1"或部门"2"工作的雇员编号。

> 👀 **注意：**
>
> 在 SELECT 语句中 LIKE、BETWEEN…AND、IN、NOT 等谓词的作用。

	EMPLOYEEID		实际收入
1	000001		4077.71
2	010008		3594.59
3	102201		4484.23
4	111006		4007.43
5	504209		4058.15
6	302566		4870.5
7	108991		5078.46
8	020010		4762
9	020018		4267.68
10	308759		4432.9
11	210678		4219
12	102208		3980

图 T3.4

	DEPARTMENTID
1	2
2	1

图 T3.5

	EMPLOYEEID
1	000001
2	102201
3	111006
4	504209
5	020010
6	020018
7	308759
8	210678
9	102208

图 T3.6

2. 子查询的使用

（1）查找在财务部工作的雇员情况。

```
SELECT *
    FROM Employees
    WHERE DepartmentID =
```

```
            (    SELECT DepartmentID
                 FROM Departments
                 WHERE DepartmentName = '财务部'
            );
```

执行结果如图 T3.7 所示。

	EMPLOYEEID		NAME		BIRTHDAY		SEX	ADDRESS		ZIP		PHONENUMBER		DEPARTMENTID
1	010008		伍容华		1981-03-28		1	北京东路100-2		210001		83321321		1
2	020010		王向容		1987-12-09		1	四牌楼10-0-108		210006		83792361		1
3	020018		李丽		1965-07-30		0	中山东路102-2		210002		83413301		1

图 T3.7

思考与练习：用子查询的方法查找所有收入在 5500 元以下的雇员情况。

（2）查找财务部年龄不低于所有研发部雇员年龄的雇员姓名。

```
SELECT Name
    FROM Employees
    WHERE DepartmentID IN
        (    SELECT DepartmentID
                FROM Departments
                WHERE DepartmentName = '财务部'
        )
        AND
        Birthday <= ALL
                (    SELECT Birthday
                        FROM Employees
                        WHERE DepartmentID IN
                            (    SELECT DepartmentID
                                    FROM Departments
                                    WHERE DepartmentName = '研发部'
                            )
                );
```

执行结果如图 T3.8 所示。

思考与练习：用子查询的方法查找研发部比所有财务部雇员收入都高的雇员姓名。

（3）查找比所有财务部雇员收入都高的雇员姓名。

```
SELECT Name
    FROM Employees
    WHERE    EmployeeID IN
        ( SELECT EmployeeID
            FROM Salary
            WHERE InCome > ALL
                ( SELECT InCome
                    FROM Salary
                    WHERE EmployeeID IN
                    ( SELECT EmployeeID
                        FROM Employees
                        WHERE DepartmentID =
                            ( SELECT DepartmentID
                                FROM Departments
                                WHERE DepartmentName = '财务部' ))));
```

执行结果如图 T3.9 所示。

	NAME
1	李丽

图 T3.8

	NAME
1	李玉珉
2	钟敏

图 T3.9

思考与练习：用子查询的方法查找所有年龄比研发部雇员年龄都大的雇员姓名。

3. 连接查询的使用

（1）查询每个雇员及其薪水情况。

```
SELECT Employees.Name, Salary.InCome
    FROM Employees, Salary
    WHERE Employees.EmployeeID = Salary.EmployeeID;
```

执行结果如图 T3.10 所示。

思考与练习：查询每个雇员及其工作部门的情况。

（2）查找财务部收入在 5200 元以上的雇员姓名及其薪水情况。

```
SELECT Name,InCome,OutCome
    FROM Employees , Salary , Departments
    WHERE Employees.EmployeeID = Salary.EmployeeID AND
        Employees.DepartmentID = Departments.DepartmentID AND
        DepartmentName = '财务部' AND InCome>5200;
```

执行结果如图 T3.11 所示。

	NAME	INCOME
1	王林	5200.8
2	伍容华	4682.62
3	王向容	5960
4	李丽	5447.68
5	刘明	5669.88
6	朱俊	5080
7	钟敏	6359.98
8	张石兵	5087.01
9	林涛	5340
10	李玉珉	6080.7
11	叶凡	5631.98
12	陈林琳	5166.15

图 T3.10

	NAME	INCOME	OUTCOME
1	王向容	5960	1198
2	李丽	5447.68	1180

图 T3.11

思考与练习：查询研发部在 1971 年以前出生的雇员姓名及其薪水情况。

4. 数据汇总

（1）求财务部雇员的平均收入。

```
SELECT AVG(InCome) AS 财务部平均收入
    FROM Salary
    WHERE EmployeeID IN
        ( SELECT EmployeeID
            FROM Employees
            WHERE DepartmentID =
                ( SELECT DepartmentID
                    FROM Departments
                    WHERE DepartmentName = '财务部' ) );
```

执行结果如图 T3.12 所示。

思考与练习：查询财务部雇员的最高和最低收入。

（2）求财务部雇员的平均实际收入。

```
SELECT AVG(InCome-OutCome) AS 财务部平均实际收入
     FROM Salary
     WHERE EmployeeID IN
          ( SELECT EmployeeID
               FROM Employees
               WHERE DepartmentID =
                    ( SELECT DepartmentID
                         FROM Departments
                         WHERE DepartmentName = '财务部' ) );
```

执行结果如图 T3.13 所示。

思考与练习：查询财务部雇员的最高和最低实际收入。

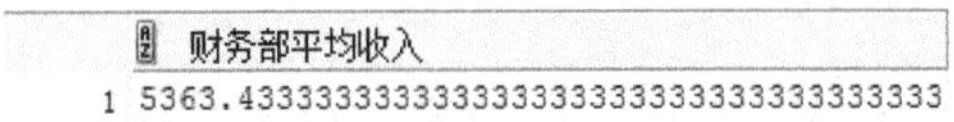

财务部平均收入
1 5363.43333333333333333333333333333333333333

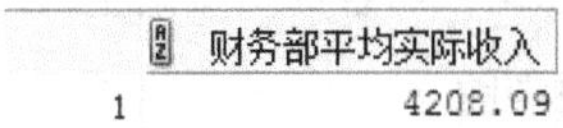

财务部平均实际收入
1   4208.09

图 T3.12   图 T3.13

（3）求财务部雇员的总人数。

```
SELECT COUNT( EmployeeID )
     FROM Employees
     WHERE DepartmentID =
          ( SELECT DepartmentID
          FROM Departments
               WHERE DepartmentName = '财务部' );
```

执行结果如图 T3.14 所示。

思考与练习：统计财务部收入在 5500 元以上雇员的人数。

5. GROUP BY 子句和 ORDER BY 子句的使用

（1）求各部门的雇员数。

```
SELECT COUNT( EmployeeID )
     FROM Employees
     GROUP BY DepartmentID;
```

执行结果如图 T3.15 所示。

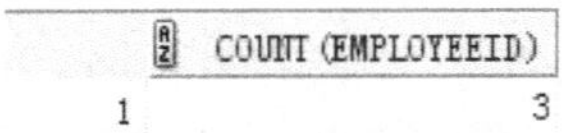

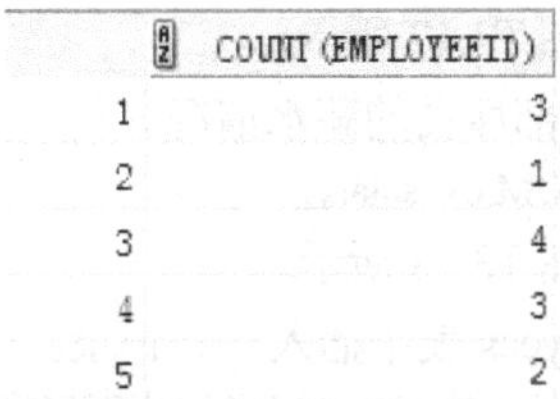

	COUNT (EMPLOYEEID)
1	3
2	1
3	4
4	3
5	2

	COUNT (EMPLOYEEID)
1	3

图 T3.14   图 T3.15

思考与练习：统计各部门收入在 5000 元以上雇员的人数。

（2）将各雇员按收入由低到高排列。

```
SELECT Employees.*,Salary.*
     FROM Employees,Salary
```

```
WHERE Employees.EmployeeID = Salary.EmployeeID
ORDER BY InCome;
```

执行结果如图 T3.16 所示。

EMPLOYEEID	NAME	BIRTHDAY	SEX	ADDRESS	ZIP	PHONENUMBER	DEPARTMENTID	EMPLOYEEID_1	INCOME	OUTCOME
1 010008	伍容华	1981-03-28	1	北京东路100-2	210001	83321321	1	010008	4682.62	1088.03
2 102208	朱俊	1970-09-28	1	牌楼巷5-3-106	210004	84708817	5	102208	5080	1100
3 111006	张石兵	1979-10-01	1	解放路34-1-203	210010	84563418	5	111006	5087.01	1079.58
4 504209	陈林琳	1974-09-03	0	汉中路120-4-12	210018	84468158	4	504209	5166.15	1108
5 000001	王林	1971-01-23	1	中山路32-1-508	210003	83355668	2	000001	5200.8	1123.09
6 210678	林涛	1982-04-02	1	中山北路24-35	210008	83467336	3	210678	5340	1121
7 020018	李丽	1965-07-30	0	中山东路102-2	210002	83413301	1	020018	5447.68	1180
8 308759	叶凡	1983-11-18	1	北京西路3-7-52	210002	83308901	4	308759	5631.98	1199.08
9 102201	刘明	1977-10-18	1	虎距路100-2	210013	83606608	5	102201	5669.88	1185.65
10 020010	王向容	1987-12-09	1	四牌楼10-0-108	210006	83792361	1	020010	5960	1198
11 302566	李玉珉	1973-09-20	1	热和路209-3	210001	58765991	4	302566	6080.7	1210.2
12 108991	钟敏	1984-08-10	0	中山路10-3-105	210003	83346722	3	108991	6359.98	1281.52

图 T3.16

思考与练习：将各雇员按出生时间的先后排列。

6. 使用视图

（1）创建视图。

① 限制查看雇员的某些情况。

```
CREATE OR REPLACE VIEW cx_employees
AS
    SELECT EmployeeID, Name, Birthday, Sex, DepartmentID
        FROM Employees;
```

② 限制各部门经理只能查找本部雇员的薪水情况，如限制财务部经理只能查看自己部门雇员的姓名及其薪水情况。

```
CREATE OR REPLACE VIEW cx_salary
AS
    SELECT Name,InCome,OutCome
        FROM Employees , Salary , Departments
        WHERE Employees.EmployeeID = Salary.EmployeeID AND
            Employees.DepartmentID = Departments.DepartmentID AND
            DepartmentName = '财务部';
```

（2）使用视图。

① 只看雇员的编号、姓名、出生日期、性别和部门号信息。

```
SELECT * FROM cx_employees;
```

执行结果如图 T3.17 所示。

② 查询财务部雇员的薪水情况。

```
SELECT * FROM cx_salary;
```

执行结果如图 T3.18 所示。

③ 向 Employees 表中插入一条记录。

```
INSERT INTO cx_employees VALUES('510888', '周何骏',
    TO_DATE('19830925', 'YYYYMMDD'), 1, '3');
```

执行结果如图 T3.19 所示。

④ 将周何骏从经理办公室转到市场部。

```
UPDATE cx_employees SET DepartmentID= '5'
    WHERE Name= '周何骏';
```

执行结果如图 T3.20 所示。

	EMPLOYEEID	NAME	BIRTHDAY	SEX	DEPARTMENTID
1	000001	王林	1971-01-23	1	2
2	010008	伍容华	1981-03-28	1	1
3	020010	王向容	1987-12-09	1	1
4	020018	李丽	1965-07-30	0	1
5	102201	刘明	1977-10-18	1	5
6	102208	朱俊	1970-09-28	1	5
7	108991	钟敏	1984-08-10	0	3
8	111006	张石兵	1979-10-01	1	5
9	210678	林涛	1982-04-02	1	3
10	302566	李玉珉	1973-09-20	1	4
11	308759	叶凡	1983-11-18	1	4
12	504209	陈林琳	1974-09-03	0	4
13	011112	罗林	1978-06-26	1	5

图 T3.17

	NAME	INCOME	OUTCOME
1	伍容华	4682.62	1088.03
2	王向容	5960	1198
3	李丽	5447.68	1180

图 T3.18

	EMPLO...	NAME	BIRTHDAY	SEX	ADDRESS	ZIP	PHONENUMBER	DEPARTMENTID
1	000001	王林	1971-01-23	1	中山路32-1-508	210003	83355668	2
2	010008	伍容华	1981-03-28	1	北京东路100-2	210001	83321321	1
3	020010	王向容	1987-12-09	1	四牌楼10-0-108	210006	83792361	1
4	020018	李丽	1965-07-30	0	中山东路102-2	210002	83413301	1
5	102201	刘明	1977-10-18	1	虎距路100-2	210013	83606608	5
6	102208	朱俊	1970-09-28	1	牌楼巷5-3-106	210004	84708817	5
7	108991	钟敏	1984-08-10	0	中山路10-3-105	210003	83346722	3
8	111006	张石兵	1979-10-01	1	解放路34-1-203	210010	84563418	5
9	210678	林涛	1982-04-02	1	中山北路24-35	210008	83467336	3
10	302566	李玉珉	1973-09-20	1	热和路209-3	210001	58765991	4
11	308759	叶凡	1983-11-18	1	北京西路3-7-52	210002	83308901	4
12	504209	陈林琳	1974-09-03	0	汉中路10-4-12	210018	84468158	4
13	011112	罗林	1978-06-26	1	解放路100号	210002	4055663	5
14	510888	周何骏	1983-09-25	1	(null)	(null)	(null)	3

图 T3.19

14	510888	周何骏	1983-09-25	1 (null)	(null)	(null)	⑤

图 T3.20

⑤ 把周何骏从 Employees 表中删除。

DELETE FROM cx_employees WHERE Name='周何骏';

实验 4　索引和完整性

目的与要求

（1）掌握索引的使用方法。

（2）理解数据完整性的概念及分类。

（3）掌握各种数据完整性的实现方法。

实验准备

复习第 5 章的内容。

实验内容

1. 建立索引

对 YGGL 数据库中 Employees 表的 DepartmentID 列建立索引。

```
CREATE INDEX   PK_XS_BAK
    ON   Employees (DepartmentID)
    TABLESPACE USERS PCTFREE 48 INITRANS 10 MAXTRANS 100
    STORAGE ( INITIAL 64K NEXT 64K MINEXTENTS 5 MAXEXTENTS 20
    PCTINCREASE 10 FREELISTS 1 FREELIST GROUPS 1)
    PARALLEL ( DEGREE DEFAULT ) ;
```

执行结果如图 T4.1 所示。

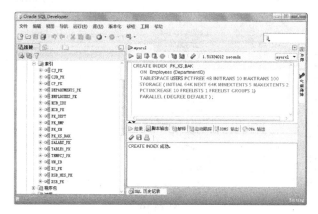

图 T4.1

2. 实现域完整性

为 YGGL 数据库中 Employees 表的 PhoneNumber 列建立 CHECK 约束。

```
ALTER TABLE Employees
    ADD( CONSTRAINT CH_PHONE CHECK(PhoneNumber BETWEEN '0' AND '9'));
```

用界面查看 Employees 表的属性，如图 T4.2 所示。

图 T4.2

3. 实现实体完整性

（1）使用 SQL 语句创建 Departments 表，其中 DepartmentID 列为主键。

```
CREATE TABLE Departments
(
    DepartmentID CHAR(3) NOT NULL,
    DepartmentName CHAR(20) NOT NULL,
    Note VARCHAR2(100) NULL
        CONSTRAINT PK_Departments PRIMARY KEY(DepartmentID)
);
```

（2）为 Departments 表的 DepartmentName 列建立唯一性索引。

```
ALTER TABLE Departments
    ADD(CONSTRAINT UN_Departments UNIQUE(DepartmentName));
```

用界面查看 Departments 表的属性，如图 T4.3 所示。

图 T4.3

4. 实现参照完整性

为 Employees 表中的 DepartmentID 列建立外键。

```
ALTER TABLE Employees
    ADD(CONSTRAINT FK_Employees FOREIGN KEY(DepartmentID)
        REFERENCES Departments(DepartmentID));
```

用界面查看 Employees 表的属性，如图 T4.4 所示。

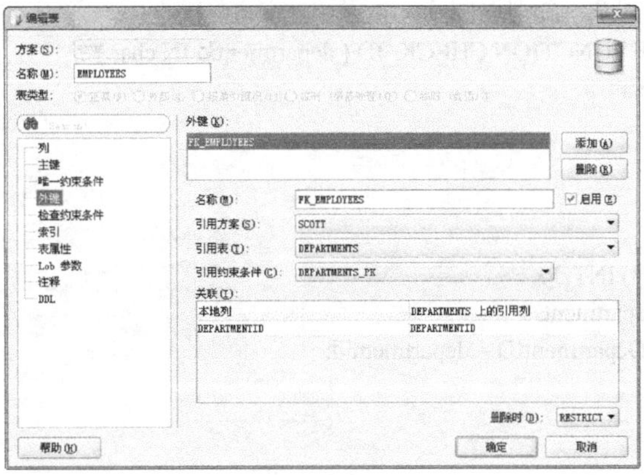

图 T4.4

实验 5   PL/SQL 编程

目的与要求

（1）掌握变量的分类及使用。

（2）掌握各种运算符的使用。

（3）掌握各种控制语句的使用。

（4）掌握系统函数及用户自定义函数的使用。

实验准备

进一步巩固第 3~5 章所学内容，并复习第 6 章。

实验内容

1. 条件结构的使用

在 SQL*Plus 的编辑窗口中分别输入【例 6.5】、【例 6.6】、【例 6.7】和【例 6.8】的程序并执行。观察结果。

2. 循环结构的使用

在 SQL*Plus 的编辑窗口中分别输入【例 6.9】、【例 6.10】、【例 6.11】和【例 6.12】的程序并执行。观察结果。

3. 选择和跳转语句

在 SQL*Plus 的编辑窗口中分别输入【例 6.13】和【例 6.14】的程序并执行。观察结果。

4. 自定义函数的使用

（1）定义一个函数实现如下功能。对于一个给定的 DepartmentID 值，查询该值在 Departments 表中是否存在，若存在则返回 0，否则返回-1。

```
CREATE OR REPLACE FUNCTION CHECK_ID ( departmentid IN char )
      RETURN number
AS
      Num number;
      x number;
BEGIN
      SELECT count(*) INTO x
         FROM Departments
         WHERE DepartmentID = departmentid;
      IF x>0 THEN
            Num:=0;
      ELSE
            Num:=-1;
```

```
        END IF;
        RETURN (num);
END ;
/
```

（2）调用上述函数写一段 PL/SQL 脚本程序。当向 Employees 表中插入一条记录时，首先调用函数 CHECK_ID 检索该记录的 DepartmentID 值在 Departments 表的 DepartmentID 字段中是否存在对应值，若存在则将该记录插入 Employees 表中。

```
DECLARE
        num number;
BEGIN
        num:= CHECK_ID('2');
        IF num=0 THEN
            INSERT INTO employees VALUES('990210','张文',TO_DATE('19870324', 'YYYYMMDD'),0,
                    '南京镇江路 2 号','210009','3497534' ,'2');
        END IF;
END;
```

| 14 990210 | 张文 | 1987-03-24 | 0 南京镇江路2号 | 210009 | 3497534 | 2 |

思考与练习

编写如下程序。

（1）在对 Departments 表的 DepartmentID 字段值进行修改时，也能对 Employees 表中对应的 DepartmentID 字段值进行相应修改。

（2）对 Employees 表进行修改时，不允许对 DepartmentID 字段值进行修改。

实验 6　存储过程和触发器的使用

目的与要求

（1）掌握存储过程的使用方法。
（2）了解触发器的类型。
（3）掌握触发器的使用方法。

实验准备

复习第 7 章的内容。

实验内容

1. 创建触发器

对于 YGGL 数据库，Employees 表中的 DepartmentID 列与 Departments 表中的 DepartmentID 列应满足参照完整性规则，具体内容如下。

- 向 Employees 表添加一条记录时，该记录的 DepartmentID 值在 Departments 表中应存在；
- 修改 Departments 表的 DepartmentID 字段值时，对该字段在 Employees 表中的对应值也应修改；
- 删除 Departments 表中一条记录时，也应删除该记录 DepartmentID 字段值在 Employees 表中对应的记录。

对于上述参照完整性规则，在此通过触发器实现。在 SQL*Plus 编辑窗口中输入各触发器的代码并执行，步骤如下。

（1）向 Employees 表中插入或修改一条记录时，通过触发器检查记录值在 Departments 表中是否存在，若不存在则取消插入或修改操作。

```
CREATE OR REPLACE TRIGGER EmployeesIns
        AFTER INSERT OR UPDATE ON Employees FOR EACH ROW
DECLARE
        num number;
BEGIN
        SELECT COUNT(*) INTO num
            FROM Departments
            WHERE DepartmentID = :NEW.DepartmentID;
        IF num=0 THEN
            DBMS_OUTPUT.PUT_LINE('职员所在部门不存在');
        END IF;
END;
/
```

（2）修改 Departments 表的 DepartmentID 字段值时，对该字段在 Employees 表中的对应值也要做相应修改。

```
CREATE OR REPLACE TRIGGER DepartmentsUpdate
AFTER UPDATE ON Departments FOR EACH ROW
BEGIN
        IF UPDATING THEN
            UPDATE Employees
                SET DepartmentID=:NEW.DepartmentID
                WHERE DepartmentID=:OLD.DepartmentID;
        END IF;
END;
/
```

（3）在删除 Departments 表中一条记录的同时，也要删除该记录 DepartmentID 字段值在 Employees 表中对应的记录。

```
CREATE OR REPLACE TRIGGER DepartmentsDelete
        AFTER DELETE ON Departments FOR EACH ROW
BEGIN
        DELETE FROM Employees
            WHERE DepartmentID=:OLD.DepartmentID;
END;
/
```

2. 创建存储过程

（1）添加职员记录的存储过程 EmployeeAdd。

```
CREATE OR REPLACE PROCEDURE EmployeeAdd
(
        employeeid IN char, name IN char, birthday IN date,
```

```
            sex IN number, address IN char, zip IN char , phonenumber IN char,
            departmentID IN char
)
AS
BEGIN
        INSERT INTO Employees
                VALUES(employeeid, name, birthday, sex, address,
                            zip, phonenumber, departmentID);
        COMMIT;
END;
/
```

（2）修改职员记录的存储过程 EmployeeUpdate。

```
CREATE OR REPLACE PROCEDURE EmployeeUpdate
(
        old_id IN char, new_id IN char, new_name IN char, new_birthday IN date,
        new_sex IN number, new_address IN char, new_zip char , new_phonenumber IN char,
        new_departmentID IN char
)
AS
BEGIN
        UPDATE Employees
            SET EmployeeID=new_id,
            Name= new_name,
            Birthday= new_birthday,
                Sex= new_sex,
            Address= new_address,
            Zip= new_zip,
            Phonenumber= new_phonenumber,
            DepartmentID= new_departmentID
            WHERE EmployeeID =old_id;
        COMMIT;
END;
/
```

（3）删除职员记录的存储过程 EmployeeDelete。

```
CREATE OR REPLACE PROCEDURE EmployeeDelete ( id IN char)
AS
BEGIN
        DELETE FROM Employees
            WHERE EmployeeID=id;
        COMMIT;
END;
/
```

3. 调用存储过程

```
EXEC EmployeeAdd('990230','刘朝',TO_DATE('19940909', 'YYYYMMDD'),1,'武汉小洪山 5 号',''，'' ,'3');
```

| 15 | 990230 | 刘朝 | 1994-09-09 | 1武汉小洪山5号 | (null) | (null) | 3 |

```
EXEC EmployeeUpdate('990230','990232','刘平', TO_DATE('19940909', 'YYYYMMDD'),1,'武汉小洪山 5 号','',''，'2');
```

| 15 | 990232 | 刘平 | 1994-09-09 | 1武汉小洪山5号 | (null) | (null) | 2 |

```
EXEC EmployeeDelete('990232');
```

思考与练习

（1）对于 YGGL 数据库，Employees 表的 EmployeeID 列与 Salary 表的 EmployeeID 列应满足参照完整性规则，请用触发器实现两个表间的参照完整性。

（2）编写对 YGGL 各表进行插入、修改和删除操作的存储过程，然后，编写一段程序调用这些存储过程。

实验 7 用户、角色与安全性

目的与要求

（1）了解数据库安全性包括的内容。
（2）掌握使用用户实现数据库安全性的方法。
（3）掌握使用角色实现数据库安全性的方法。

实验准备

复习第 8 章的内容。

实验内容

1. 创建用户

在 YGGL 数据库中创建一个用户 MANAGER，并授予 DBA 角色和 SYSDBA 系统权限，使它可以替代 SYSTEM 系统用户。

```
CONNECT SYS/Mm123456 AS SYSDBA                /*以 SYSDBA 身份登录*/
/*创建用户*/
CREATE USER MANAGER
        PROFILE "DEFAULT"
        IDENTIFIED BY manager
        DEFAULT TABLESPACE "USERS"
        TEMPORARY TABLESPACE "TEMP"
        ACCOUNT UNLOCK;
/*授予权限*/
GRANT SYSDBA TO "MANAGER";
GRANT "CONNECT" TO "MANAGER";
GRANT "DBA" TO "MANAGER";
ALTER user MANAGER GRANT CONNECT THROUGH SYSTEM;
```

执行命令方式如图 T7.1 所示。

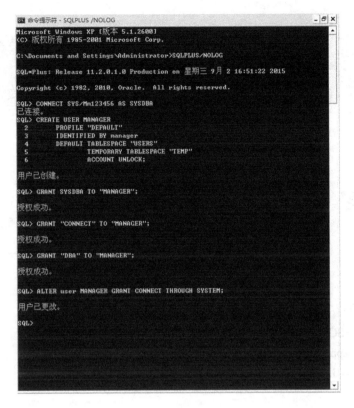

图 T7.1　创建用户

2. 创建角色

在 YGGL 数据库中创建一个角色 ADMIN，并授予 DBA 角色和 SYSDBA 系统权限。

```
CREATE ROLE ADMIN
     IDENTIFIED BY "manager";
GRANT SYSDBA TO ADMIN;
GRANT SYSOPER TO ADMIN;
GRANT "CONNECT" TO ADMIN;
GRANT "DBA" TO "ADMIN";
```

思考和练习

用户和角色两者如何结合，才能使数据库安全达到理想的效果？

第3部分　Oracle 11g 综合应用

实习 0　实习数据库及其应用系统

实习 0.1　创建实习应用数据库

1. 创建数据库

数据库名称： XSCJ。

存储路径为 E:\app\Administrator\oradata\XSCJ。

具体内容详见第 3.1 节，请读者按照其指导去操作，不再赘述。

2. 创建表

本实习部分用到 3 个表：学生表、课程表和成绩表，结构分别设计如下。

（1）**学生表：** XS，结构如表 P0.1 所示。

表 P0.1　学生表（XS）结构

项目名	列名	数据类型	可空	说明
姓名	XM	char(8)	×	主键
性别	XB	char(2)		
出生时间	CSSJ	date		
已修课程数	KCS	number(2)		
备注	BZ	varchar2(500)		
照片	ZP	blob		

（2）**课程表：** KC，结构如表 P0.2 所示。

表 P0.2　课程表（KC）结构

项目名	列名	数据类型	可空	说明
课程名	KCM	char(20)	×	主键
学时	XS	number(2)		
学分	XF	number(1)		

（3）**成绩表：** CJ，结构如表 P0.3 所示。

表 P0.3　成绩表（CJ）结构

项 目 名	列 名	数据类型	可　空	说　明
姓名	XM	char(8)	×	主键
课程名	KCM	char(20)	×	主键
成绩	CJ	number(2)		0<=CJ<=100

创建表的操作步骤可参考前面相关章节。

创建后在 SQL Developer 中展开"表"目录，单击新建的表，在右侧窗口中单击"列"选项卡，可查看表中各列的数据类型等属性。这里给出建好后各表的列属性视图，如图 P0.1 所示。

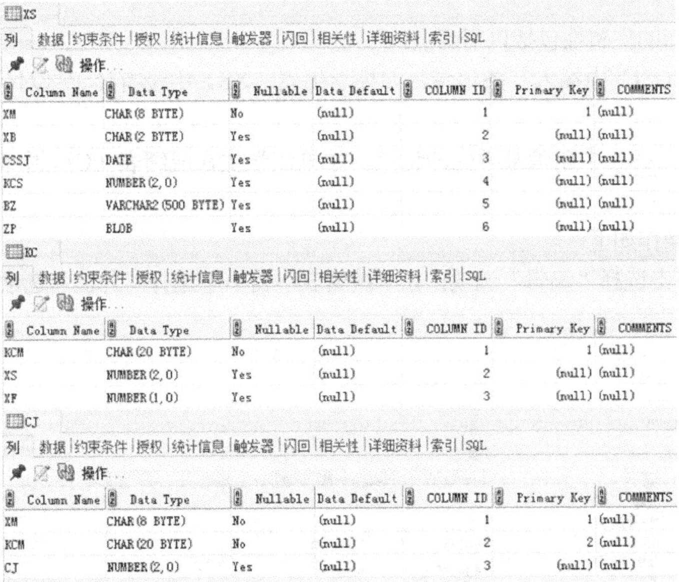

图 P0.1　各表的列属性视图

读者可对照图 P0.1 检查自己创建表的列属性设置是否正确。

3. 创建触发器

本实习要创建两个触发器，创建触发器的操作步骤可参考前面相关章节，不再赘述。这里仅给出创建触发器所用 PL/SQL 语句的代码。

（1）触发器 CJ_INSERT_KCS

作用：在成绩表（CJ）中插入一条记录的同时，在学生表（XS）中对应该学生记录的已修课程数（KCS）字段加 1。

创建的语句如下：

```
create or replace
trigger CJ_INSERT_KCS
    AFTER INSERT ON CJ FOR EACH ROW
BEGIN
    UPDATE XS SET KCS=KCS+1 WHERE XM=:NEW.XM;
END;
```

（2）触发器 **CJ_DELETE_KCS**

作用：在成绩表（CJ）中删除一条记录，则在学生表（XS）中对应该学生记录的已修课程数（KCS）字段减 1。

创建的语句如下：

```
create or replace
trigger CJ_DELETE_KCS
    AFTER DELETE ON CJ FOR EACH ROW
BEGIN
    UPDATE XS SET KCS=KCS-1 WHERE XM=:OLD.XM;
END;
```

4. 创建完整性

本实习用数据库的完整性包括以下两点：

（1）在成绩表（CJ）中插入一条记录，如果学生表（XS）中没有该记录对应姓名的学生，则不插入。

（2）在学生表（XS）中删除某学生的记录，如果该学生在成绩表（CJ）中有成绩记录，则无法删除。

创建完整性的操作如下。

选择 CJ 表，右击选择"编辑"选项，在"编辑表"窗口中选择"外键"选项，如图 P0.2 所示。

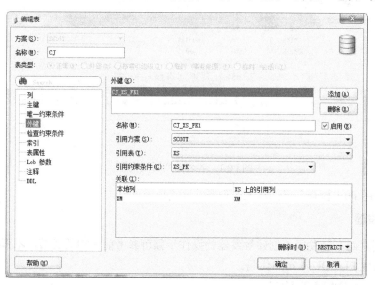

图 P0.2　设置外键关联

单击"添加"按钮，在"名称"栏中输入约束名称，在"引用表"下拉列表栏中选择外键所对应的表 XS，"关联"栏显示用于创建外键的关联列，可以在下拉列表中修改，这里选择 XM 列，单击"确定"按钮完成创建。

这样就创建了完整性参照关系，读者可通过在主表（XS）和从表（CJ）中插入、删除数据，来验证它们之间的参照关系。

5. 创建存储过程和视图

创建存储过程的操作步骤可参考前面的相关章节，不再赘述。本实习要创建的存储过程如下。

过程名：CJ_PROC。

参数：xm（姓名）。

功能：生成视图 XMCJ_VIEW。

生成的视图 XMCJ_VIEW 用于查询成绩表（CJ）以得到某学生的成绩单，查询条件：姓名=xm；返回字段：课程名、成绩。

创建存储过程的代码如下：

```
create or replace
PROCEDURE CJ_PROC
    (xm IN char)
AS
    stmt VARCHAR2(200);
BEGIN
    stmt:='CREATE OR REPLACE VIEW XMCJ_VIEW AS SELECT KCM, CJ FROM CJ WHERE
XM='||''''||xm||'''';
    EXECUTE IMMEDIATE stmt;
END;
```

实习 0.2　应用系统及其数据库

实习 0.2.1　数据库应用系统

1. 应用系统的数据接口

客户端应用程序或应用服务器向数据库服务器请求服务时，必须先同数据库建立连接。虽然现有 DBMS 都能遵循 SQL 标准，但不同厂家开发的 DBMS 有差异，存在适应性和可移植性等方面的问题，为此，人们研究和开发了连接不同 DBMS 的通用方法、技术和软件接口。

需要注意的是，同一 DBMS，不同平台开发操作 DBMS 时，需要使用对应的驱动程序。例如，在用 PHP 5、JavaEE 7、Python 3.7、Android Studio 3.5 和 Visual C#开发操作 Oracle 11g 数据库时，需要分别安装对应版本的驱动程序。驱动程序可以通过 DBMS 的官方网站进行下载。另外，有些开发平台（如 ASP.NET 4）已经包含该平台操作有关 DBMS 版本的驱动程序，这时，针对该平台 DBMS 版本的驱动程序就不需要另外安装了。本书实习部分将详细介绍在 PHP 5、JavaEE 7、Python 3.7、Android Studio 3.5 和 Visual C#平台操作 Oracle 11g 数据库驱动程序的安装和使用。

2. C/S 架构的应用系统

DBMS 通过命令和适合专业人员的界面进行数据库操作。对于一般的数据库应用系统，除了 DBMS 还需要设计适合普通人员操作数据库的界面。目前，开发数据库界面的工具有 Visual C++、Visual C#、Visual Basic、QT 等，Python 操作数据库也很方便。应用程序与数据库、数据库管理系统之间的关系如图 P0.3 所示。

可以看出，当应用程序需要处理数据库中的数据时，首先向数据库管理系统发送一个数据请求，数据库管理系统接收到这个请求后，对其进行分析。然后执行数据库操作，并把处理结果返回给应用程序。由于应用程序直接与用户交互，而数据库管理系统不直接与用户打交道，所以应用程序被称为"前台"，而数据库管理系统被称为"后台"。由于应用程序是向数据库管理系统提出服务请求的，通常称为客户程序（Client），而数据库管理系统是为应用程序提供服务的，通常称为服务器程序（Server），所以又将这个操作数据库的模式称为 C/S（客户/服务器）架构。

应用程序和数据库管理系统既可以运行在同一台计算机上（单机方式），也可以运行在网络环境下。在网络环境下，数据库管理系统在网络中的一台主机（一般是服务器）上运行，应用程序可以在网络中的多台主机上运行，即一对多的方式。

例如，用 Visual C#开发的客户/服务器（C/S）模式的学生成绩管理系统界面如图 P0.4 所示。

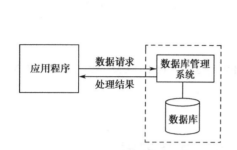

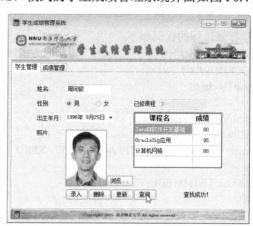

图 P0.3　三个关系　　　　　　　　　　　图 P0.4 C/S 模式的学生成绩管理系统界面

3. B/S 架构的应用系统

基于 Web 的数据库应用采用三层（浏览器/Web 服务器/数据库服务器）模式，也称 B/S 架构，如图 P0.5 所示。其中，浏览器（Browser）是用户输入数据和显示结果的交互界面，用户在浏览器表单中输入数据，然后将表单中的数据提交并发送到 Web 服务器，Web 服务器接收并处理用户的数据，通过数据库服务器，从数据库中查询需要的数据（或把数据录入数据库）后将这些数据回送到 Web 服务器，Web 服务器把返回的结果插入 HTML 页面中，传送给客户端，即可在浏览器中显示出来。

图 P0.5　三层 B/S 架构

目前，流行的开发数据库 Web 界面的工具主要有 ASP.NET(C#)、PHP、JavaEE 等。如用 JavaEE 开发的 B/S 架构的学生成绩管理系统，其学生信息录入界面如图 P0.6 所示。

图 P0.6　B/S 架构的学生成绩管理系统界面

实习 0.2.2 数据库访问方式

1. ODBC

ODBC（Open DataBase Connectivity）是微软倡导的数据库访问的应用程序编程接口（API），使用结构化查询语言（SQL）作为其数据库访问语言。使用 ODBC 应用程序能够通过单一的命令操纵不同的数据库，而开发人员仅针对不同的应用加入相应的 ODBC 驱动即可。

ODBC 总体结构包括的四个组件如下。

（1）应用程序：执行处理并调用 ODBC API 函数，以提交 SQL 语句并检索结果。

（2）驱动程序管理器：根据应用程序需要加载/卸载驱动程序，处理 ODBC 的函数调用，或把它们传送到驱动程序。

（3）驱动程序：处理 ODBC 的函数调用，提交 SQL 请求到一个指定的数据源，并把结果返回到应用程序。如果有必要，驱动程序将修改相应程序请求，以使请求与 DBMS 支持的语法一致。

（4）数据源：包括用户要访问的数据及其相关的操作系统、DBMS 及用于访问 DBMS 的网络平台。

2. JDBC

JDBC（Java DataBase Connectivity）是 Java 与数据库的接口规范。JDBC 定义了一个支持标准 SQL 功能的通用底层的应用程序编程接口（API），它由 Java 语言编写的类和接口组成，旨在让各数据库开发商为 Java 程序员提供标准的数据库 API。JDBC API 定义了若干 Java 中的类，表示数据库连接、SQL 指令、结果集、数据库元数据等。它允许 Java 程序员发送 SQL 指令并处理结果。通过驱动程序管理器，JDBC API 可利用不同的驱动程序连接不同的数据库系统。

JDBC 与 ODBC 都是基于 X/Open 的 SQL 调用级接口，JDBC 的设计在思想上沿袭了 ODBC，同时在其主要抽象和 SQL CLI 实现上也沿袭了 ODBC，这使得 JDBC 更容易被接受。JDBC 的总体结构类似于 ODBC，它既保持了 ODBC 的基本特性，也独立于特定数据库。使用相同源代码的应用程序通过动态加载不同的 JDBC 驱动程序，可以访问不同的 DBMS。连接不同的 DBMS 时，各个 DBMS 之间仅通过不同的 URL 进行标识。JDBC 的 DatabaseMetaData 接口提供了一系列方法，可以检查 DBMS 对特定特性的支持，并相应确定有什么特性，从而能对特定数据库的特性予以支持。与 ODBC 一样，JDBC 也支持在应用程序中同时建立多个数据库连接，采用 JDBC 可以很容易使用 SQL 语句同时访问多个异构的数据库，为异构的数据库之间的互操作奠定了基础。

同时，JDBC 更具有对硬件平台、操作系统异构性的支持。这主要是因为 ODBC 使用的是 C 语言，而使用 Java 语言的 JDBC 确保了"100%纯 Java"的解决方案，利用 Java 的平台无关性，JDBC 应用程序可以自然地实现跨平台特性，因而更适合于 Internet 上异构环境的数据库应用。

此外，JDBC 驱动程序管理器是内置的，驱动程序本身也可以通过 Web 浏览器自动下载，无须安装、配置，而 ODBC 驱动程序管理器和驱动程序则必须在每台客户机上分别安装、配置。

3. 微软数据访问方式

Microsoft 公司开发和定义一套数据库访问标准除了 ODBC 访问数据库方式，还包括下列几个标准。

（1）DAO（Data Access Objects）：不像 ODBC 那样是面向 C/C++程序员的，它是微软提供给 Visual Basic 开发人员的一种简单的数据访问方法，但不提供远程访问功能。

（2）RDO（Remote Data Object）：在使用 DAO 访问不同的关系型数据库时，因 Jet 引擎不得不在 DAO 和 ODBC 之间进行命令的转化，所以导致性能下降，而 RDO 的出现就顺理成章了。

（3）OLE DB（Object Linking and Embedding DataBase，对象链接和嵌入数据库）：随着越来越多的数据以非关系型格式存储，就需要一种新的架构来提供这种应用和数据源之间的无缝连接，于是基于 COM（Component Object Model）的 OLE DB 便应运而生了。

（4）ADO（ActiveX Data Object）：基于 OLE DB 的 ADO 使用更简单、更高级、更适合 Visual Basic 程序员，同时还消除了 OLE DB 的多种弊端，取而代之是微软技术发展的趋势。

（5）ADO.NET：一种基于标准的程序设计模型，可以用来创建分布式应用以实现数据共享。在 ADO.NET 中，DataSet 占据重要地位，它是数据库里部分数据在内存中的副本。与 ADO 中的 RecordSet 不同，DataSet 可以包括任意一个数据表，每个数据表都可以用于表示来自某个数据库表或视图的数据。DataSet 驻留在内存中，且不与原数据库相连。完成工作的底层技术是 XML，它是 DataSet 所采用的存储和传输格式。在运行期间，组件（如某个业务逻辑对象或 ASP.NET Web 表单）之间需要交换 DataSet 中的数据。数据以 XML 文件的形式从一个组件传输给另一个组件，由接收组件将文件还原为 DataSet 形式。

因为各个数据源的协议各不相同，就需要通过正确的协议来访问数据源。有些比较老的数据源可使用 ODBC 协议，其后的一些数据源可使用 OLE DB 协议，现在，仍然有许多新的数据源在不断出现，ADO.NET 提供了访问数据源的公共方法，对于不同的数据源，它采用不同的类库。这些类库称为 ADO.NET Data Providers，通常是以数据源的类型及协议来命名的。

数据库连接方式包括 ODBC、DAO、RDO、OLE DB、ADO、ADO.NET 都是基于 Oracle 客户端（Oracle OCI）的，中间通过 SQL*Net 与数据库通信。当然如果为了追求性能，也可以开发最适合自己数据库的连接方式。

4．Java 程序连接数据库的方式

Java 程序连接数据库有 OCI 方式、Thin 方式和 JdbcOdbc 桥方式三种。

（1）OCI 方式：它是直接使用数据库厂商提供的专用网络协议创建的驱动程序，可以将 JDBC API 调用转换为直接网络调用。这种调用方式的性能比较好，而且也是实用的简单方法。因为它不需要安装其他的库或中间件。几乎所有的数据库厂商都提供了这种方式，当然也可以从第三方厂商获得这些驱动程序。

（2）Thin 方式：它是使用纯 Java 实现 TCP/IP 的通信。客户端需要通过 native java method 调用 C Library 访问服务端，而这个 C Library 就是 OCI（Oracle Called Interface），因此这个 OCI 需要随着 Oracle 客户端进行安装。

（3）JdbcOdbc 桥方式（用于 Windows 平台）：它是用 JdbcOdbc.Class 和一个访问 ODBC 驱动程序的本地库实现的。由于 JDBC 在设计上与 ODBC 很接近。在内部可以用这个驱动程序把 JDBC 的方法映射到 ODBC 调用上，这样，JDBC 就可以和任何可用的 ODBC 驱动程序进行交互了。这种桥接器的优点是，它使 JDBC 有能力访问所有的数据库。

实习 0.2.3　Web Service

传统上把计算机后台程序（Daemon）提供的功能称为"服务"（Service）。根据来源的不同，"服务"又可以分成两种：一种是"本地服务"，提供的服务程序运行在同一台机器上。另一种是"网络服务"，使用网络上另一台计算机提供的服务。

Web Service 就是"网络服务"，指通过网络调用其他网站的资源。如网站的功能包含天气预报、地图、图像识别等服务，这些功能网络上都有现成的资源，并提供了访问的方式，只需要应用标准接口进行调用就可以了。在程序的界面上选择需要查询的城市名称、时间段等调用天气预报的服务程序，天气预报服务运行后返回结果，就会在设定的界面上显示出来。所谓"云计算"（Cloud Computing）就是 Web Service，指把事情交给"云"去做。

1. Web Service 特点

（1）与平台无关。不管什么平台都可以使用 Web Service。

（2）与编程语言无关。只要遵守相关协议就可以使用任意编程语言，向其他网站要求 Web Service。这大大增加了 Web Service 的适用性，降低了对程序员的要求。

（3）部署、升级和维护都非常单纯，不需要考虑客户端兼容问题，而且一次性就能完成。

（4）可轻易实现多种数据和服务的聚合，能够做出各种丰富多彩的功能。

2. Web Service 技术

Web Service 平台需要一套协议来实现分布式应用程序的创建。它必须提供一套标准的类型系统，用于沟通不同平台、编程语言和组件模型中的不同类型系统。Web Service 平台必须提供一种标准来描述 Web Service，让客户可以有足够的信息来调用这个 Web Service，对它进行远程调用（一种远程过程调用协议：RPC）。为了达到互操作性，这种 RPC 协议还必须与平台和编程语言无关。下面简要介绍组成 Web Service 平台的相关技术。

（1）XML 和 XSD

可扩展的标记语言（标准通用标记语言的一个子集）是 Web Service 平台中表示数据的基本格式。除了易于建立和分析，XML 主要的优点在于，它既与平台无关，又与厂商无关。

XML 解决了数据表示的问题，但它没有定义一套标准的数据类型，更没有说怎么去扩展这套数据类型。W3C 编制的 XML Schema（XSD）定义了一套标准的数据类型，并给出了一种语言来扩展这套数据类型。当使用某种语言（如 VB. NET 或 C#）来构造一个 Web Service 时，为了符合标准，所有的数据类型都必须被转换为 XSD。

（2）SOAP

简单对象访问协议（SOAP）提供了标准的 RPC 方法来调用 Web Service。它规范定义了 SOAP 消息的格式，以及怎样通过 HTTP 协议来使用 SOAP。它也是基于 XML（标准通用标记语言的一个子集）和 XSD 的，XML 是 SOAP 的数据编码方式。

（3）WSDL

Web Service 描述语言（WSDL）就是基于 XML（标准通用标记语言的一个子集）的语言，用于描述 Web Service 及其函数、参数和返回值。WSDL 是机器可阅读的，同时也是人可阅读的，因此这样一些最新的开发工具既能生成 WSDL 文档，又能导入 WSDL 文档，并可生成调用的相应代码。

（4）UDDI

为加速 Web Service 的推广、加强其互操作的能力，而推出的一个计划。它可以资源共享的方式由多个运作者一起运作 UDDI 商业的注册中心。

UDDI 计划的核心组件是 UDDI 商业注册，它使用 XML 文档来描述企业及其提供的 Web Service。

UDDI 商业注册提供三种信息：

① White Page 包含地址、联系方法、已知的企业标识。

② Yellow Page 包含基于标准分类法的行业类别。

③ Green Page 包含关于该企业所提供的 Web Service 的技术信息，其形式可能是指向文件或 URL 的指针，而这些文件或 URL 是为发现机制服务的。

3. Web Service 发展趋势

Web Service 具有下列一些发展趋势：

（1）在使用方式上，RPC 和 SOAP 的使用在减少，其中 Restful 架构占到了主导地位。

（2）在数据格式上，XML 的使用在减少，JSON 等轻量级格式的使用在增多。

（3）在设计架构上，越来越多的第三方软件让用户在客户端（浏览器）直接与云端对话，不再使用第三方的服务器进行中转或处理数据。

实习 *1* PHP 5/Oracle 11g 学生成绩管理系统

本系统是在 Windows 7 环境下，基于 PHP 脚本语言实现的学生成绩管理系统，Web 服务器使用 Apache 2.2，后台数据库使用 Oracle 11g。

实习 1.1 PHP 开发平台搭建

想了解 PHP 开发平台搭建的详细内容，可扫描右边的二维码。

搭建完整文档

实习 1.1.1 创建 PHP 环境

1. 操作系统准备

由于 PHP 环境需要使用操作系统 80 端口，而 Windows 7 的 80 端口默认被 PID 为 4 的系统进程占用，为扫除障碍，必须预先对操作系统进行设置。

将 Start 项所在 HTTP 文件夹 SYSTEM 的权限设为拒绝，。

经以上设置，Windows 7 系统进程对 80 端口的占用被解除，接下来就可以顺利地安装 Apache 服务器和 PHP 了。

2. 安装 Apache 服务器

Apache 服务器安装成功后，在任务栏右下角会出现一个 图标，图标内的三角形为绿色时表示服务正在运行，为红色时表示服务停止。双击该图标会弹出 Apache 服务管理界面。单击"Start"、"Stop"和"Restart"按钮分别表示开始、停止和重启 Apache 服务。

Apache 服务器安装完成后，可以测试一下能否运行。在 IE 地址栏中输入 http://localhost 或 http://127.0.0.1 后按回车键。如果测试成功，会显示"It works!"的页面。

3. 安装 PHP 插件

Apache 服务器安装完成后，还需要为其安装 PHP 插件。PHP 官网有时只提供源代码或压缩包，建议初学者安装所有的组件。安装完后重启 Apache 服务器，其下方的状态栏如果显示"Apache/2.2.25 (Win32) PHP/5.3.29"，则说明 PHP 已经安装成功了！

实习 1.1.2 Eclipse 安装与配置

1. 安装 JRE

Eclipse 需要 JRE 的支持，而 JRE 包含在 JDK 中，故安装 JDK 即可。本书安装的版本是 JDK 8 Update 40，安装可执行文件为 jdk-8u40-windows-i586，双击启动安装向导，按照向导的步骤操作，完成后，JRE 被安装到目录"C:\Program Files\Java\jre1.8.0_40"中。

2. 安装 Eclipse PDT

本书选择 Zend Eclipse PDT 3.2.0（Windows 平台），即 Eclipse 和 PDT 的打包版，将下载的文件解

压到 D:\eclipse 文件夹中，并双击 zend-eclipse-php 文件即可运行。

　　Eclipse 启动后会自动进行配置，并提示选择工作空间。本书开发使用的路径为"C:\Program Files\Apache Software Foundation\Apache2.2\htdocs"。单击"OK"按钮，进入 Eclipse 主界面，如图 P1.1 所示。

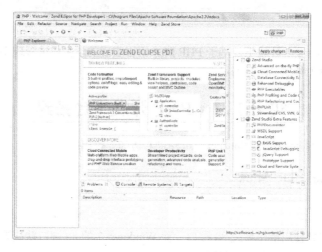

图 P1.1　Eclipse 主界面

实习 1.2　PHP 开发入门

实习 1.2.1　PHP 项目的建立

　　（1）启动 Eclipse，选择主菜单"File"→"New"→"Local PHP Project"，如图 P1.2 所示。
　　（2）在弹出的项目信息对话框的"Project Name"栏中输入项目名为"xscj"，如图 P1.3 所示，所用 PHP 版本选"php5.3"（与本书安装的版本一致）。

图 P1.2　新建 PHP 项目

图 P1.3　项目信息对话框

　　（3）单击"Next"按钮，进入如图 P1.4 所示的项目路径信息对话框。系统默认项目位于本机的 localhost，基准路径为/xscj，于是项目启动运行的 URL 是 http://localhost/xscj/，本实习就采用这个默认的路径地址。

（4）设置完成后单击"Finish"按钮即可，Eclipse 会在 Apache 安装目录的 htdocs 文件夹下自动创建一个名为"xscj"的文件夹，并创建项目设置和缓存文件。

（5）项目创建完成后，工作界面"PHP Explorer"区域会出现一个"xscj"项目树，右击选择"New"→"PHP File"，如图 P1.5 所示。

图 P1.4　项目路径信息对话框

图 P1.5　新建 PHP 源文件

实习 1.2.2　PHP 项目的运行

创建新项目时，Eclipse 已经在项目树下默认建立了一个 index.php 文件供用户编写 PHP 代码。当然，用户也可以自己创建源文件。这里先使用现成的 index.php 做测试，打开文本编辑工具，在其中输入 PHP 代码：

```php
<?php
    phpinfo();
?>
```

修改 PHP 的配置文件，打开 C:\Program Files\PHP 下的文件 php.ini，在其中找到的内容如下：

```
short_open_tag = Off
; Allow ASP-style <% %> tags.
; http://php.net/asp-tags
asp_tags = Off
```

将其中的 Off 都改为 On，以使 PHP 能支持<? ?>和<% %>标记方式。确认修改后，保存配置文件，重启 Apache 服务器。

单击工具栏的 ▼ 按钮，在弹出的对话框中单击"OK"按钮，就会在中央主工作区显示 PHP 版本信息页，如图 P1.6 所示的"运行方法①"。也可以单击 ▼ 按钮右边的下箭头，从菜单中选择"Run As"→"PHP Web Application"，如图 P1.6 所示的"运行方法②"。

除了使用 Eclipse 在 IDE 中运行 PHP 程序，还可以直接从浏览器运行。如打开 IE，输入 http://localhost/xscj/index.php 后按回车键，浏览器中也会显示出 PHP 的版本信息页。

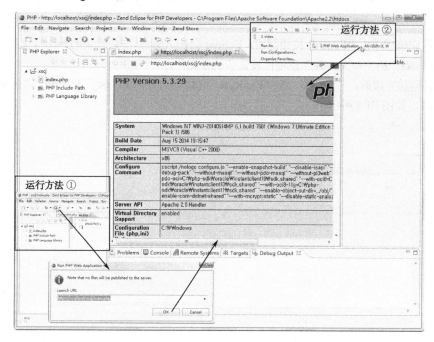

图 P1.6   使用 Eclipse 运行 PHP 程序

实习 1.2.3   PHP 连接 Oracle 11g

1. 安装 Oracle Instant Client

由于 PHP 的 OCI8 扩展模块需要调用 Oracle 的底层 API（包含在 oci.dll 文件中）来工作，所以必须先安装 Oracle 的客户端函数库。Oracle 官方以 Oracle Instant Client 客户软件的形式提供该函数库，可以去官网下载，地址为 http://www.oracle.com/technetwork/topics/winsoft-085727.html，下载 Oracle 11g 对应版本的客户端，可得到压缩包 instantclient-basic-win32-11.2.0.1.0.zip，安装步骤如下。

（1）解压该软件包，这里解压到 C:\instantclient_11_2。

（2）设置环境变量。

此处需要设置三个环境变量：TNS_ADMIN、NLS_LANG 和 Path。设置的具体步骤如下。

① 打开"环境变量"对话框。

右击桌面"计算机"图标，选择"属性"选项，在弹出的"控制面板主页"中选择"<u>高级系统设置</u>"链接项，并在弹出的"系统属性"对话框里单击"环境变量"按钮，打开"环境变量"对话框，如图 P1.7 所示。

② 新建系统变量（TNS_ADMIN、NLS_LANG）。

在"系统变量"列表下单击"新建"按钮，在弹出的对话框中输入变量名和变量值，如图 P1.8 所示，单击"确定"按钮。

③ 设置 Path 变量

在"系统变量"列表中找到名为"Path"的变量，单击"编辑"按钮，在"变量值"字符串中加入路径"C:\instantclient_11_2"见图 P1.8，单击"确定"按钮。

（3）重启 Windows 7。这一步很重要，必须重启。

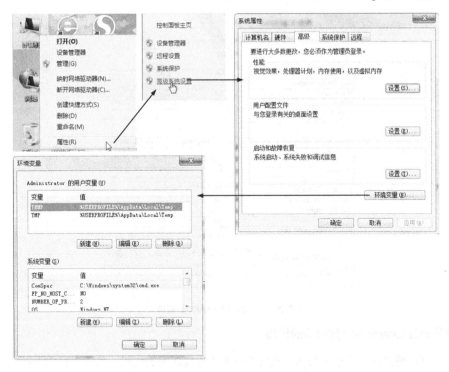

图 P1.7 打开"环境变量"对话框

TNS_ADMIN变量   NLS_LANG变量

Path变量

图 P1.8 设置环境变量

2. 安装 OCI8 扩展驱动

从网上下载 PHP 5.3 对应 Oracle 11g 的扩展库,地址为 http://pecl.php.net/package/oci8/2.0.8/Windows,得到压缩包 php_oci8-2.0.8-5.3-ts-vc9-x86.zip,解压得到 php_oci8_11g.dll,并复制到 C:\Program Files\PHP\ext 下,并在配置文件 php.ini 末尾添加:

```
extension=php_oci8_11g.dll
```

完成后重启 Apache 服务器,打开 IE,输入 http://localhost/xscj/index.php 后按回车键,若页面中包含如图 P1.9 所示的内容,就表示驱动安装成功。

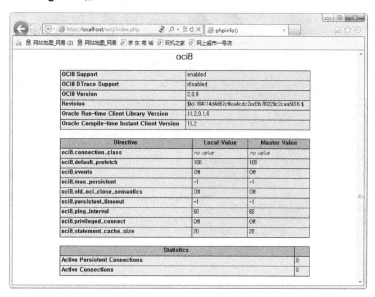

图 P1.9   Oracle 11g 驱动安装成功

3. 编写连接 Oracle 11g 数据库的代码

新建 fun.php 源文件，其中编写用于连接 Oracle 11g 数据库的代码，具体内容如下：

```php
<?php
    $conn = oci_connect("SCOTT", "Mm123456", "XSCJ");
?>
```

实习 1.3   系统主页设计

实习 1.3.1   主界面

本系统主界面采用框架网页实现，下面先给出各前端页面的 html 源码。

1. 启动页

启动页面为 index.html，代码如下：

```html
<html>
<head>
        <title>学生成绩管理系统</title>
</head>
<body topMargin="0" leftMargin="0" bottomMargin="0" rightMargin="0">
    <table width="675" border="0" align="center" cellpadding="0" cellspacing="0" style="width: 778px; ">
        <tr>
                <td><img src="images/学生成绩管理系统.gif" width="790" height="97"></td>
        </tr>
        <tr>
                <td><iframe src="main_frame.html" width="790" height="313"></iframe></td>
        </tr>
        <tr>
                <td><img src="images/底端图片.gif" width="790" height="32"></td>
        </tr>
```

```
        </table>
    </body>
</html>
```

页面分上、中、下三部分，其中上、下两部分都只是一张图片，中间部分为一个框架页（代码加黑处为源文件名），运行时再向框架页中加载具体的导航页和相应功能界面。

2. 框架页

框架页为 main_frame.html，代码如下：

```
<html>
<head>
            <meta http-equiv="Content-type" content="text/html; charset=GB2312"/>
            <title>学生成绩管理系统</title>
</head>
<frameset cols="217,*">
            <frame frameborder=0 src="http://localhost/xscj/main.php" name="frmleft" scrolling="no" noresize>
            <frame frameborder=0 src="body.html" name="frmmain" scrolling="no" noresize>
</frameset>
</html>
```

其中，代码加黑处"http://localhost/xscj/main.php"就是系统导航页的启动 URL，页面装载后将位于框架左区。

框架右区则用于显示各个功能界面，初始默认为 body.html，源代码如下：

```
<html>
<head>
            <title>内容网页</title>
</head>
<body topMargin="0" leftMargin="0" bottomMargin="0" rightMargin="0">
            <img src="images/主页.gif" width="678" height="500">
</body>
</html>
```

这只是一个填充了背景图片的空白页，在运行时，系统会根据用户操作往框架右区中，动态加载不同功能的 PHP 页面来替换该页。

在项目根目录下创建 images 文件夹，其中放入用到的三幅图片资源："学生成绩管理系统.gif"、"底端图片.gif"和"主页.gif"。

实习 1.3.2　功能导航

本系统的导航页上有两个按钮，单击后可以分别进入"学生管理"和"成绩管理"两个不同功能的界面，如图 P1.10 所示。

源文件 main.php 实现功能导航页面，代码如下：

```
<html>
<head>
            <title>功能选择</title>
</head>
<body bgcolor="D9DFAA">
        <table bgcolor="D9DFAA" width="200" height="85">
        <tr>
                <td align="center">
                <input type="button" value="学生管理" onclick=parent.frmmain.location="studentManage.php">
```

```
                </td>
            </tr>
            <tr>
                <td align="center">
                    <input type="button" value="成绩管理" onclick=parent.frmmain.location="scoreManage.php">
                </td>
            </tr>
            </table>
        </body>
    </html>
```

其中，代码加黑处是两个导航按钮分别要定位到的 PHP 源文件：**studentManage.php** 实现"学生管理"功能界面；**scoreManage.php** 实现"成绩管理"功能界面。它们的具体实现将在稍后介绍。

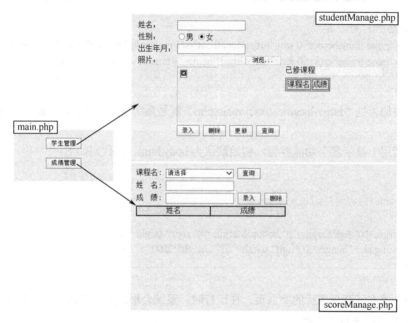

图 P1.10　功能导航界面

打开 IE，在地址栏中输入 http://localhost/xscj/index.html，显示如图 P1.11 所示的页面。

图 P1.11　"学生成绩管理系统"主页

实习 1.4　学生管理

实习 1.4.1　界面设计

"学生管理"功能界面如图 P1.12 所示。

图 P1.12　"学生管理"功能界面

它由源文件 studentManage.php 实现，代码如下：

```php
<?php
    session_start();                                    //启动 SESSION 会话
?>
<html>
<head>
    <title>学生管理</title>
</head>
<body bgcolor="D9DFAA">
<?php
    //接收会话传回的变量值以便在页面显示
    $XM = $_SESSION['XM'];                              //姓名
    $XB = $_SESSION['XB'];                              //性别
    $CSSJ = $_SESSION['CSSJ'];                          //出生时间
    $KCS = $_SESSION['KCS'];                            //已修课程数
    $StuName = $_SESSION['StuName'];                    //姓名变量（用于查找显示照片）
?>
<form method="post" action="studentAction.php" enctype="multipart/form-data">
    <table>
        <tr>
            <td>
                <table>
                    <tr>
                        <td>姓名：</td><td><input type="text" name="xm" value="<?php echo
@$XM;?>"/></td>
                    </tr>
```

```html
<tr>
    <td>性别: </td>
    <?php
        if(@$XB == '男') {
    ?>
    <td>
        <input type="radio" name="xb" value="男" checked="checked">男
        <input type="radio" name="xb" value="女">女
    </td>
    <?php
        } else {
    ?>
    <td>
        <input type="radio" name="xb" value="男">男
        <input type="radio" name="xb" value="女" checked="checked">女
    </td>
    <?php
        }
    ?>
</tr>
<tr>
    <td>出生年月: </td><td><input type="text" name="cssj" value="<?php echo
@$CSSJ;?>"/></td>
</tr>
<tr>
    <td>照片: </td><td><input name="photo" type="file"></td>
</tr>
<tr>
    <td></td>
    <td>
    <!-- 使用 img 控件调用 showpicture.php 页面用于显示照片, studentname
用于保存当前学生姓名值, time()函数用于产生一个时间戳, 防止服务器读取缓存中的内容-->
        <?php
            echo    "<img    src='showpicture.php?studentname=$StuName&time=
".time()."' width=90 height=120/>";
        ?>
    </td>
</tr>
<tr>
    <td></td>
    <td>
        <input name="btn" type="submit" value="录入">
        <input name="btn" type="submit" value="删除">
        <input name="btn" type="submit" value="更新">
        <input name="btn" type="submit" value="查询">
    </td>
</tr>
</table>
</td>
<td>
```

```
                <table>
                    <tr>
                        <td>已修课程<input type="text" name="kcs" value="<?php echo @$KCS;?>"
disabled/></td>
                    </tr>
                    <tr>
                        <td align="left">
                        <?php
                            include "fun.php";                    //包含连接数据库的 PHP 文件
                            $cj_sql = "BEGIN CJ_PROC('$StuName'); END;";
                            $stmt1 = oci_parse($conn, $cj_sql);
                            oci_execute($stmt1);                  //执行存储过程
                            //视图已生成
                            $xmcj_sql = "select * from XMCJ_VIEW";
                                                          //从生成视图中查询出该学生的成绩信息
                            $stmt2 = oci_parse($conn, $xmcj_sql);
                            oci_execute($stmt2);
                            //输出表格
                            echo "<table border=1>";
                            echo "<tr bgcolor=#CCCCC0>";
                            echo "<td>课程名</td><td align=center>成绩</td></tr>";
                            while ($cj_rs = oci_fetch_array($stmt2)) {    //获取成绩结果集
                                echo "<tr><td>".$cj_rs['KCM']." </td><td  align=center>".
$cj_rs['CJ']."</td></tr>";                                //在表格中显示输出"课程名-成绩"信息
                            }
                            echo "</table>";
                        ?>
                        </td>
                    </tr>
                </table>
            </td>
        </tr>
    </table>
</form>
</body>
</html>
```

　　从上段代码中的两个代码加黑处可见，在"姓名"栏中输入学生姓名后单击"查询"按钮，可以将数据提交到 studentAction.php 页面，并将该学生的信息显示在页面表单中。显示照片时调用 showpicture.php 文件。

　　showpicture.php 文件通过接收学生姓名变量值查找该学生的照片并显示，代码如下：

```
<?php
    header('Content-type: image/jpg');                  //输出 HTTP 头信息
    require "fun.php";                                   //包含连接数据库的 PHP 文件
    //以 GET 方法从 studentManage.php 页面 img 控件的 src 属性中获取学生姓名值
    $StuXm = $_GET['studentname'];
    $sql = "select ZP from XS where XM ='$StuXm'";       //根据姓名查找照片
    $stmt = oci_parse($conn, $sql);
    oci_execute($stmt);                                  //执行查询
    $row = oci_fetch_array($stmt);                       //获取照片数据
    $image = $row['ZP']->load();                         //加载并提取照片数据
```

```
            echo $image;                                      //返回输出照片
    ?>
```

实习 1.4.2　功能实现

本实习的学生管理功能专门由 studentAction.php 实现，该页以 POST 方式接收从 studentManage.php 页面提交的表单数据，对学生信息进行增、删、改、查等各种操作，同时将操作后的更新数据保存在 SESSION 会话中传回前端加以显示。

它由源文件 studentAction.php 实现，代码如下：

```php
<?php
    include "fun.php";                               //包含连接数据库的 PHP 文件
    include "studentManage.php";                     //包含前端界面的 PHP 页
    $StudentName = @$_POST['xm'];                    //姓名
    $Sex = @$_POST['xb'];                            //性别
    $Birthday = @$_POST['cssj'];                     //出生时间
    $tmp_file = @$_FILES["photo"]["tmp_name"];       //文件被上传后在服务端储存的临时文件
    $s_sql = "select XM, KCS from XS where XM ='$StudentName'";
                                                     //查找姓名、已修课程数信息

    $statement = oci_parse($conn, $s_sql);
    oci_execute($statement);                         //执行查询
    $s_result = oci_fetch_array($statement);         //取得结果集


    /**以下为各学生管理操作按钮的功能代码*/
    /**录入功能*/
    if(@$_POST["btn"] == '录入') {                     //单击"录入"按钮
        if($s_result)                               //要录入的学生姓名已经存在时的提示
            echo "<script>alert('该学生已经存在！');location.href='studentManage.php';</script>";
        else {                                      //不存在才可录入
            if(!$tmp_file) {                        //没有上传照片的情况
                $insert_sql = "insert into XS values('$StudentName', '$Sex', TO_DATE('$Birthday',
'YYYY-MM-DD'), 0, NULL, NULL)";
                $ins_stmt = oci_parse($conn, $insert_sql);
                oci_execute($ins_stmt);             //执行插入操作
            } else {                                //上传了照片
                /*下面这段代码是 PHP 向 Oracle 11g 写入包含照片类图像数据记录的具体实现过程*/
                $lob = oci_new_descriptor($conn, OCI_D_LOB);
                $insert_sql = "insert into XS values('$StudentName', '$Sex', TO_DATE('$Birthday',
'YYYY-MM-DD'), 0, NULL, EMPTY_BLOB()) RETURNING ZP INTO :ZP";
                $ins_stmt = oci_parse($conn, $insert_sql);
                oci_bind_by_name($ins_stmt, ':ZP', $lob, -1, OCI_B_BLOB);
                oci_execute($ins_stmt, OCI_DEFAULT); //执行带照片的插入操作
                if($lob->savefile($tmp_file))
                        oci_commit($conn);
            }
            if(oci_num_rows($ins_stmt) != 0) {        //返回值不为 0 时，则表示插入成功
                $_SESSION['StuName'] = $StudentName; //姓名变量存入会话
                echo "<script>alert('添加成功！');location.href='studentManage.php';</script>";
            } else                                   //返回值为 0 时，则表示操作失败
                echo "<script>alert('添加失败，请检查输入信息！');location.href='studentManage.php';
</script>";
```

```
            }
        }

/**删除功能*/
if(@$_POST["btn"] == '删除') {                              //单击"删除"按钮
    if(!$s_result)                                         //要删除的学生姓名不存在时的提示
        echo "<script>alert('该学生不存在！');location.href='studentManage.php';</script>";
    else {                                                 //处理姓名存在的情况
        if($s_result['KCS'] != 0)                          //学生有修课记录时提示
            echo  "<script>alert('该学生有修课记录，不能删！');location.href='studentManage.php';
</script>";
        else {                                             //可以删除
            $del_sql = "delete from XS where XM ='$StudentName'";
            $del_stmt = oci_parse($conn, $del_sql);
            oci_execute($del_stmt);                        //执行删除操作
            if(oci_num_rows($del_stmt) != 0) {             //返回值不为 0 时，则表示操作成功
                $_SESSION['StuName'] = 0;                  //会话中姓名变量置空
                echo "<script>alert('删除成功！');location.href='studentManage.php';</script>";
            }
        }
    }
}

/**更新功能*/
if(@$_POST["btn"] == '更新') {                              //单击"更新"按钮
    $_SESSION['StuName'] = $StudentName;                   //将用户输入的姓名用 SESSION 保存
    if(!$tmp_file) {                                       //若没有上传文件，则不更新照片列
        $update_sql = "update XS set XB ='$Sex', CSSJ =TO_DATE('$Birthday', 'YYYY-MM-DD')
where XM ='$StudentName'";
        $upd_stmt = oci_parse($conn, $update_sql);
        oci_execute($upd_stmt);                            //执行更新操作
    } else {                                               //上传了新照片就要更新
        /*下面这段代码是 PHP 更新 Oracle 11g 中包含照片类图像数据记录的具体实现过程*/
        $lob = oci_new_descriptor($conn, OCI_D_LOB);
        $update_sql = "update XS set XB ='$Sex', CSSJ =TO_DATE('$Birthday', 'YYYY-MM-DD'),
ZP=EMPTY_BLOB() where XM ='$StudentName' RETURNING ZP INTO :ZP";
        $upd_stmt = oci_parse($conn, $update_sql);
        oci_bind_by_name($upd_stmt, ':ZP', $lob, -1, OCI_B_BLOB);
        oci_execute($upd_stmt, OCI_DEFAULT);               //执行带照片的更新操作
        if($lob->savefile($tmp_file))
            oci_commit($conn);
    }
    if(oci_num_rows($upd_stmt) != 0)                       //返回值不为 0 时，则表示操作成功
        echo "<script>alert('更新成功！');location.href='studentManage.php';</script>";
    else                                                   //返回值为 0 时，则表示操作失败
        echo "<script>alert('更新失败，请检查输入信息！');location.href='studentManage.php';</script>";
}

/**查询功能*/
if(@$_POST["btn"] == '查询') {                              //单击"查询"按钮
    $_SESSION['StuName'] = $StudentName;                   //将姓名传给其他页面
```

```
            $sql = "select XM, XB, TO_CHAR(CSSJ, 'YYYY-MM-DD') AS CSSJ, KCS from XS where XM
='$StudentName'";                                           //查找姓名对应的学生信息
            $stmt = oci_parse($conn, $sql);
            oci_execute($stmt);                             //执行查询
            if($result = oci_fetch_array($stmt)) {          //若查询返回的结果集不为空，则获取该学生信息
                    //将该学生信息存储到会话中返回
                    $_SESSION['XM'] = $result['XM'];        //姓名
                    $_SESSION['XB'] = $result['XB'];        //性别
                    $_SESSION['CSSJ'] = $result['CSSJ'];    //出生时间
                    $_SESSION['KCS'] = $result['KCS'];      //已修课程数
                    echo "<script>location.href='studentManage.php';</script>";
                                                            //返回前端页面，显示学生信息
            } else {
                    echo "<script>alert('该学生不存在！');location.href='studentManage.php';</script>";
            }
    }
?>
```

实习 1.5　成绩管理

实习 1.5.1　界面设计

"成绩管理"功能界面如图 P1.13 所示。

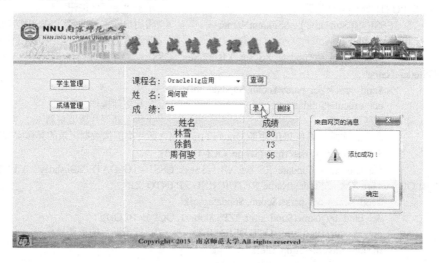

图 P1.13　"成绩管理"功能界面

它由源文件 scoreManage.php 实现，代码如下：

```
<html>
<head>
    <title>成绩管理</title>
</head>
<body bgcolor="D9DFAA">
<form method="post">
    <table>
        <tr>
```

```
        <td>
            课程名:
            <!-- 以下 JS 代码是为了保证在页面刷新后，下拉列表中仍然保持着之前的选中项 -->
            <script type="text/javascript">
            function setCookie(name, value) {
                var exp = new Date();
                exp.setTime(exp.getTime() + 24 * 60 * 60 * 1000);
                document.cookie = name + "=" + escape(value) + ";expires=" + exp.toGMTString();
            }
            function getCookie(name) {
                var regExp = new RegExp("(^| )" + name + "=([^;]*)(;|$)");
                var arr = document.cookie.match(regExp);
                if(arr == null) {
                    return null;
                }
                return unescape(arr[2]);
            }
            </script>
            <select name="kcm" id="select_1" onclick="setCookie('select_1',this.selectedIndex)">
            <?php
                echo "<option>请选择</option>";
                require "fun.php";                        //包含连接数据库的 PHP 文件
                $kcm_sql = "select distinct KCM from KC";  //查找所有的课程名
                $stmt = oci_parse($conn, $kcm_sql);
                oci_execute($stmt);                        //执行查询
                while($kcm_result = oci_fetch_array($stmt)) {   //输出课程名到下拉框中
                    echo "<option value=".$kcm_result['KCM'].">".$kcm_result['KCM']."</option>";
                }
            ?>
            </select>
            <script type="text/javascript">
                var selectedIndex = getCookie("select_1");
                if(selectedIndex != null) {
                    document.getElementById("select_1").selectedIndex = selectedIndex;
                }
            </script>
            <input name="btn" type="submit" value="查询">
        </td>
    </tr>
    <tr>
        <td>
            姓  名:
            <input type="text" name="xm" size="20">
        </td>
    </tr>
    <tr>
        <td>
            成  绩:
            <input type="text" name="cj" size="20">
            <input name="btn" type="submit" value="录入">
            <input name="btn" type="submit" value="删除">
```

```
                </td>
            </tr>
            <tr>
                <td align="left" width="400">
                    <table border=1 cellpadding="0" cellspacing="0" width="320">
                        <tr bgcolor=#CCCCC0>
                            <td align="center">姓名</td>
                            <td align="center">成绩</td>
                        </tr>
                        <?php
                            include "fun.php";                          //包含连接数据库的PHP文件
                            if(@$_POST["btn"] == '查询') {               //单击"查询"按钮
                                $CourseName = $_POST['kcm'];    //获取用户选择的课程名
                                $cj_sql = "select XM, CJ from CJ where KCM ='$CourseName'";
                                                                        //查找该课程对应的成绩单
                                $stmt = oci_parse($conn, $cj_sql);
                                oci_execute($stmt);                     //执行查询
                                while($cj_result = oci_fetch_array($stmt)) {    //获取查询结果集
                                    echo   "<tr><td   align=center>".$cj_result['XM']." </td><td
align=center>".$cj_result['CJ']."</td></tr>";                    //在表格中显示输出"姓名-成绩"信息
                                }
                            }
                        ?>
                    </table>
                </td>
            </tr>
        </table>
    </form>
</body>
</html>
```

在该页面上使用 PHP 脚本在初始就可从数据库课程表（KC）中查询出所有课程的名称，并将其加载到下拉列表中，方便用户操作选择。又可用 JavaScript 脚本将用户当前的选项保存在 Cookie 中，以保证在页面刷新后其"课程名"下拉列表中仍然保持着用户选中的课程名。

实习 1.5.2　功能实现

本实习"成绩管理"模块主要实现对数据库成绩表（CJ）中学生成绩记录的录入和删除操作，其功能实现的代码也写在源文件 scoreManage.php 中（紧接着 1.5.1 节页面 html 代码之后写），代码如下：

```
<?php
    $CourseName = $_POST['kcm'];                            //获取提交的课程名
    $StudentName = $_POST['xm'];                            //获取提交的姓名
    $Score = $_POST['cj'];                                  //获取提交的成绩
    $cj_sql = "select * from CJ where KCM ='$CourseName' and XM ='$StudentName'";
                                                            //先从数据库查询该学生这门课的成绩
    $statement = oci_parse($conn, $cj_sql);
    oci_execute($statement);                                //执行查询
    $c_result = oci_fetch_array($statement);                //取得结果集
    /**以下为各成绩管理操作按钮的功能代码*/
    /**成绩录入功能*/
    if(@$_POST["btn"] == '录入') {                           //单击"录入"按钮
```

```php
        if($c_result)                          //查询结果不为空，就表示该成绩记录已经存在，不可重复录入
            echo "<script>alert('该记录已经存在！');location.href='scoreManage.php';</script>";
        else {                                 //不存在才可以添加
            $insert_sql = "insert into CJ(XM, KCM, CJ) values('$StudentName', '$CourseName', '$Score')";
                                               //添加新记录
            $ins_stmt = oci_parse($conn, $insert_sql);
            oci_execute($ins_stmt);            //执行操作
            if(oci_num_rows($ins_stmt) != 0)   //返回值不为 0 时，则表示操作成功
                echo "<script>alert('添加成功！');location.href='scoreManage.php';</script>";
            else
                echo "<script>alert('添加失败，请确保有此学生！');location.href='scoreManage.php';</script>";
        }
    }

    /**删除功能*/
    if(@$_POST["btn"] == '删除') {             //单击"删除"按钮
        if($c_result) {                        //查询结果不为空，表示该成绩记录存在，可删除
            $delete_sql = "delete from CJ where XM ='$StudentName' and KCM ='$CourseName'";
                                               //删除该记录
            $del_stmt = oci_parse($conn, $delete_sql);
            oci_execute($del_stmt);            //执行操作
            if(oci_num_rows($del_stmt) != 0)   //返回值不为 0 时，则表示操作成功
                echo "<script>alert('删除成功！');location.href='scoreManage.php';</script>";
            else
                echo  "<script>alert('删除失败，请检查操作权限！');location.href='scoreManage.php';
</script>";
        } else                                 //不存在该记录，无法删除
            echo "<script>alert('该记录不存在！');location.href='scoreManage.php';</script>";
    }
?>
```

至此，这个基于 Windows 7 平台 PHP 5/Oracle 11g 的"学生成绩管理系统"已开发完成，读者还可以根据需要自行扩展其他功能。

实习 2 JavaEE 7/Oracle 11g 学生成绩管理系统

本实习基于 JavaEE 7（Struts 2.3）实现学生成绩管理系统，Web 服务器使用 Tomcat 8.x 访问 Oracle 11g。

实习 2.1 JavaEE 7 开发平台搭建

搭建完整文档

想了解 JavaEE 7 开发平台搭建的详细内容，可扫描右边的二维码。

实习 2.1.1 安装软件

1. 安装 JDK

虽然前面已安装过 JDK，但这里还要设置其环境变量。新建系统变量 JAVA_HOME，变量值设为 JDK 安装路径 "C:\Program Files\Java\jdk1.8.0_40"，然后在系统变量 Path 值字符串中加入路径 "%JAVA_HOME%\ bin;"。

选择任务栏 "开始" → "运行"，输入 "cmd" 后按回车键，在命令行中输入 "java -version"，如果环境变量设置成功就会出现 Java 的版本信息。

2. 安装 Tomcat

在官网 http://tomcat.apache.org/网页 Core 的 Windows Service Installer（手形鼠标所指）是一个安装版软件，双击启动安装向导。安装完成 Tomcat 会自行启动，打开浏览器输入 "http://localhost:8080" 按回车键进行测试。

3. 安装 MyEclipse

MyEclipse 企业级工作平台（MyEclipse Enterprise Workbench）是一个功能强大的 JavaEE 集成开发环境（IDE）。MyEclipse 在国内官网 http://www.myeclipseide.cn/index.html 提供下载 Windows 版 MyEclipse。双击启动安装向导， 按照向导的指引往下操作，安装过程从略。

实习 2.1.2 环境整合

1. 配置 MyEclipse 所用的 JRE

在 MyEclipse 中内嵌了 Java 编译器，但为了使用自行安装的 JDK，需要进行手动配置。

2. 集成 MyEclipse 2014 与 Tomcat 8

打开浏览器，输入 http://localhost:8080 后按回车键。如果配置成功，将出现 Tomcat 8 首页，表示 MyEclipse 2014 已与 Tomcat 8 集成。

实习 2.2　创建 Struts 2 项目

实习 2.2.1　创建 JavaEE 7 项目

启动 MyEclipse 2014，选择主菜单"File"→"New"→"Web Project"，出现如图 P2.1 所示的对话框，填写"Project name"栏（项目名）为 xscj，在"Java EE version"下拉列表中选 JavaEE 7 - Web 3.1，其余保持默认。

图 P2.1　创建 JavaEE 7 项目

单击"Next"按钮，在"Web Module"页中勾选"Generate web.xml deployment descriptor"（自动生成项目的 web.xml 配置文件）复选项；在"Configure Project Libraries"页中勾选"JavaEE 7.0 Generic Library"复选项，同时取消"JSTL 1.2.2 Library"复选项，如图 P2.2 所示。

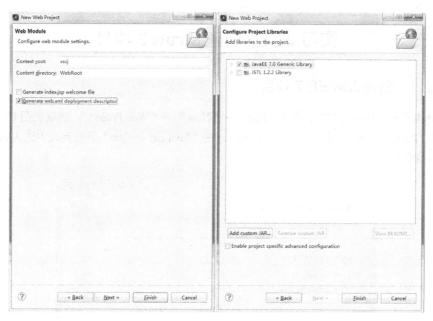

图 P2.2　项目设置

设置完成，单击"Finish"按钮，MyEclipse 会自动生成一个 JavaEE 7 项目。

实习 2.2.2　加载 Struts 2 包

登录 http://struts.apache.org/下载 Struts 2 完整版，本实习使用的是 Struts 2.3.20。将下载的文件 struts-2.3.20-all.zip 解压，得到文件夹包含的目录，如图 P2.3 所示。具体说明如下。

apps：包含基于 Struts 2 的示例应用，对学习者来说是非常有用的资料。

docs：包含 Struts 2 的相关文档，如 Struts 2 的快速入门、Struts 2 的 API 文档等内容。

lib：包含 Struts 2 框架的核心类库，以及 Struts 2 的第三方插件类库。

src：包含 Struts 2 框架的全部源代码。

在大多数情况下，使用 Struts 2 的 JavaEE 7 应用并不需要用到 Struts 2 的全部特性，开发 Struts 2 程序一般只需用到 lib 下的 9 个 jar 包，包括内容如下：

① 传统 Struts 2 的 5 个基本类库。

struts2-core-2.3.20.jar
xwork-core-2.3.20.jar
ognl-3.0.6.jar
commons-logging-1.1.3.jar
freemarker-2.3.19.jar

② 附加的 4 个库。

commons-io-2.2.jar
commons-lang3-3.2.jar
javassist-3.11.0.GA.jar
commons-fileupload-1.3.1.jar

将它们一起复制到项目的\WebRoot\WEB-INF\lib 路径下，右击项目名，从弹出的菜单中选择 "Refresh"选项进行刷新即可。

在 WebRoot/WEB-INF 目录下配置 web.xml 文件，代码如下：

```xml
<?xml version="1.0" encoding="UTF-8"?>
<web-app xmlns:xsi="http://www.w3.org/2001/XMLSchema-instance" xmlns="http://xmlns.jcp.org/xml/ns/javaee"
xsi:schemaLocation="http://xmlns.jcp.org/xml/ns/javaee    http://xmlns.jcp.org/xml/ns/javaee/web-app_3_1.xsd"    id=
"WebApp_ID" version="3.1">
    <display-name>xscj</display-name>
    <filter>
        <filter-name>struts2</filter-name>
        <filter-class>org.apache.struts2.dispatcher.ng.filter.StrutsPrepareAndExecuteFilter</filter-class>
        <init-param>
            <param-name>actionPackages</param-name>
            <param-value>com.mycompany.myapp.actions</param-value>
        </init-param>
    </filter>
    <filter-mapping>
        <filter-name>struts2</filter-name>
        <url-pattern>/*</url-pattern>
    </filter-mapping>
    <welcome-file-list>
        <welcome-file>main.jsp</welcome-file>
    </welcome-file-list>
</web-app>
```

实习 2.2.3　连接 Oracle 11g

1. 加载数据库驱动

操作与加载 Struts 2 包的方式一样。从网上下载得到 Oracle 11g 的 JDBC 驱动包 ojdbc7.jar，将其复制到项目的\WebRoot\WEB-INF\lib 路径下，右击项目名并进行刷新。当然，也可以将 Oracle 11g 驱动包与 Struts 2 的 9 个 jar 包一次性地加载到项目中。

2. 编写 JDBC 驱动类

编写用于连接 Oracle 11g 的 Java 类（JDBC 驱动类），在项目 src 下建立 org.easybooks.xscj.jdbc 包，并创建 OrclConn.java，代码如下：

```java
package org.easybooks.xscj.jdbc;
import java.sql.*;
public class OrclConn {
    public static Connection conns;        //连接对象（定义为"public static"便于程序随时获取和使用该连接）
    static {
        try {
            /**加载并注册 Oracle 11g 的 JDBC 驱动*/
            Class.forName("oracle.jdbc.driver.OracleDriver");
            /**创建到 Oracle 11g 的连接*/
            conns = DriverManager.getConnection("jdbc:oracle:thin:@localhost:1521:XSCJ", "SCOTT",
"Mm123456");
        }catch(Exception e) {
            e.printStackTrace();
        }
    }
}
```

3. 构造值对象

为了能用 Java 面向对象的方式访问 Oracle 11g，要预先创建"学生"、"课程"和"成绩"的值对象，它们都位于 src 下的 org.easybooks.xscj.vo 包中。

（1）"学生"值对象

Student.java 构建"学生"的值对象，代码如下：

```java
package org.easybooks.xscj.vo;
import java.util.*;
public class Student implements java.io.Serializable {
        private String xm;                    //姓名
        private String xb;                    //性别
        private Date cssj;                    //出生时间
        private int kcs;                      //课程数
        private String bz;                    //备注
        private byte[] zp;                    //照片（字节数组）
        public Student() { }                  //构造方法
        /**各属性的 getter/setter 方法*/
        /**xm（姓名）属性*/
        public String getXm() {               //getter 方法
            return this.xm;
        }
        public void setXm(String xm) {        //setter 方法
            this.xm = xm;
        }
        //省略其余属性的 getter/setter 方法
        …
}
```

Java 值对象是为实现对数据库面向对象的持久化访问而构造的，它有着固定的格式，包括属性声明、构造方法及各个属性的 getter/setter 方法，其实质就是一个 JavaBean。值对象的属性成员变量一般要与数据库表的字段一一对应，从而便于将 Java 对象操作映射为对数据库中表的操作。各属性的 getter/setter 方法书写形式类同，为节省篇幅，这里省略，可详见华信教育资源网。

（2）"课程"值对象

Course.java 构建"课程"的值对象，代码如下：

```java
package org.easybooks.xscj.vo;
public class Course implements java.io.Serializable {
        private String kcm;                   //课程名
        private int xs;                       //学时
        private int xf;                       //学分
        public Course() { }                   //构造方法
        /**各属性的 getter/setter 方法*/
        …
}
```

（3）"成绩"值对象

Score.java 构建"成绩"的值对象，代码如下：

```java
package org.easybooks.xscj.vo;
public class Score implements java.io.Serializable {
        private String xm;                    //姓名
        private String kcm;                   //课程名
```

```
        private int cj;                    //成绩
        public Score() { }                 //构造方法
        /**各属性的 getter/setter 方法*/
        …
}
```

实习 2.3　系统主页设计

实习 2.3.1　主界面

本系统主界面采用框架网页实现，下面先给出各前端网页的 html 源码。

1. 启动页

启动页面为 index.html，代码如下：

```
<html>
<head>
        <title>学生成绩管理系统</title>
</head>
<body topMargin="0" leftMargin="0" bottomMargin="0" rightMargin="0">
        <table width="675" border="0" align="center" cellpadding="0" cellspacing="0" style="width: 778px; ">
                <tr>
                        <td><img src="images/学生成绩管理系统.gif" width="790" height="97"></td>
                </tr>
                <tr>
                        <td><iframe src="main_frame.html" width="790" height="313"></iframe></td>
                </tr>
                <tr>
                        <td><img src="images/底端图片.gif" width="790" height="32"></td>
                </tr>
        </table>
</body>
</html>
```

　　页面分上、中、下三部分，其中，上、下两部分都只是一张图片，中间部分为一个框架页（代码加黑处为源文件名），运行时向框架页中加载具体的导航页和相应的功能界面。

2. 框架页

框架页为 main_frame.html，代码如下：

```
<html>
<head>
        <meta http-equiv="Content-type" content="text/html; charset=GB2312"/>
        <title>学生成绩管理系统</title>
</head>
<frameset cols="217,*">
        <frame frameborder=0 src="http://localhost:8080/xscj" name="frmleft" scrolling="no" noresize>
        <frame frameborder=0 src="body.html" name="frmmain" scrolling="no" noresize>
</frameset>
</html>
```

　　其中，代码加黑处"http://localhost:8080/xscj"默认装载的是系统导航页 main.jsp（因之前在 web.xml 文件中已配置了<welcome-file-list>元素的<welcome-file>），页面装载后位于框架左区。框架右区则用于显示各个功能界面，初始默认为 body.html，源码如下：

```
<html>
<head>
    <title>内容网页</title>
</head>
<body topMargin="0" leftMargin="0" bottomMargin="0" rightMargin="0">
    <img src="images/主页.gif" width="678" height="500">
</body>
</html>
```

这只是一个填充了背景图片的空白页，在运行时，系统会根据用户操作，往框架右区中动态加载不同功能的 JSP 页面来替换该页。在项目\WebRoot 目录下创建 images 文件夹，并放入用到的三幅图片资源："学生成绩管理系统.gif"、"底端图片.gif" 和 "主页.gif"。右击项目名，从弹出的菜单中选择 "Refresh" 选项进行刷新。

实习 2.3.2 功能导航

本系统的导航页上有两个按钮，单击后可分别进入"学生管理"和"成绩管理"两个不同功能的界面，如图 P2.4 所示。

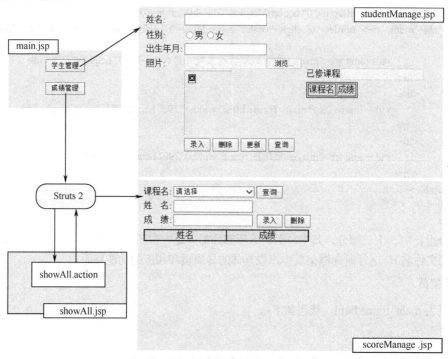

图 P2.4 功能导航

其中，"成绩管理"界面需要预先加载"课程名"下拉列表，这里通过 showAll.jsp 页面上的一个 Action（showAll）来实现，当单击"成绩管理"按钮时会触发这个 Action，在 Struts 2 控制下，调用相应的程序模块来实现加载功能，完成后再由 Struts 2 控制页面跳转到"成绩管理"功能界面（scoreManage.jsp）。

源文件 main.jsp 实现功能导航页面，代码如下：

```
<%@ page language="java" pageEncoding="gb2312"%>
<html>
```

```
<head>
        <title>功能选择</title>
</head>
<body bgcolor="D9DFAA">
<table bgcolor="D9DFAA" width="200" height="85">
        <tr>
                <td align="center">
                 <input type="button" value="学生管理" onclick="parent.frmmain.location='studentManage.jsp'">
                </td>
        </tr>
        <tr>
                <td align="center">
                 <input type="button" value="成绩管理" onclick="parent.frmmain.location='showAll.jsp'">
                </td>
        </tr>
</table>
</body>
</html>
```

其中，代码加黑处是两个导航按钮分别要定位到的 JSP 源文件：studentManage.jsp 实现"学生管理"功能界面（具体实现将在稍后介绍），showAll.jsp 上安置了一个 Action（showAll），它的功能是向"成绩管理"界面上的"课程名"下拉列表中加载所有课程的名称供用户选择。

编写 showAll.jsp 代码如下：

```
<%@ page language="java" pageEncoding="utf-8"%>
<%@ taglib prefix="s" uri="/struts-tags" %>
<html>
<head>
        <title>加载课程</title>
</head>
<body bgcolor="D9DFAA">
        <s:action name="showAll" executeResult="true"/>
</body>
</html>
```

打开 IE，在地址栏中输入 http://localhost:8080/xscj/index.html，显示如图 P2.5 所示的页面。

图 P2.5　"学生成绩管理系统"主页

在 src 下创建 struts.xml 文件，它是 Struts 2 的核心配置文件，负责管理各 Action 控制器到 JSP 页间的跳转，配置如下：

```xml
<?xml version="1.0" encoding="utf-8"?>
<!DOCTYPE struts PUBLIC
    "-//Apache Software Foundation//DTD Struts Configuration 2.0//EN"
    "http://struts.apache.org/dtds/struts-2.0.dtd">
<struts>
    <package name="default" extends="struts-default">
        <!-- 加载课程名 -->
        <action name="showAll" class="org.easybooks.xscj.action.ScoreAction" method="showAll">
            <result name="result">/scoreManage.jsp</result>
        </action>
    </package>
    <constant name="struts.multipart.saveDir" value="/tmp"></constant>
    <constant name="struts.enable.DynamicMethodInvocation" value="true" />
</struts>
```

配置文件中定义了 name 为 showAll 的 Action。当客户端发出 showAll.actionURL 请求时，Struts 2 会根据 class 属性调用相应的 Action 类（这里是 org.easybooks.xscj.action 包中的 ScoreAction 类）。method 属性指定该类中有一个 showAll()方法，将常量 struts.enable.DynamicMethodInvocation 的值设为 true，Struts 2 就会自动调用此方法来处理用户的请求，处理完成后，该方法返回 "result" 字符串，请求被转发到/scoreManage.jsp 页（"成绩管理"界面）。

实习 2.4 学生管理

实习 2.4.1 界面设计

"学生管理"功能界面如图 P2.6 所示。

图 P2.6 "学生管理"功能界面

它由源文件 studentManage.jsp 实现，代码如下：

```jsp
<%@ page language="java" pageEncoding="utf-8"%>
<%@ taglib prefix="s" uri="/struts-tags" %>
```

```
<html>
<head>
        <title>学生管理</title>
</head>
<body bgcolor="D9DFAA">
<s:set name="student" value="#request.student"/>
<s:form name="frm" method="post" enctype="multipart/form-data">
        <table>
            <tr>
                <td>
                    <table>
                        <tr>
                            <td>姓名:</td><td><input type="text" name="xm" value="<s:property value=
"#student.xm"/>"/></td>
                        </tr>
                        <tr>
                            <td><s:radio list="{'男','女'}" label="性别" name="student.xb" value=
"#student.xb"/></td>
                        </tr>
                        <tr>
                            <td>出生年月:</td><td><input type="text" name="student.cssj" value="<s:
date name="#student.cssj" format="yyyy-MM-dd"/>"/></td>
                        </tr>
                        <tr>
                            <s:file name="photo" accept="image/*" label="照片" onchange="document.
all['image'].src=this.value;"/>
                        </tr>
                        <tr>
                        <td></td>
                        <td><img      src="getImage.action?xm=<s:property      value="#student.xm"/>"
width="90" height="120"/></td>
                        </tr>
                        <tr>
                        <td></td>
                        <td>
                            <input name="btn1" type="button" value="录入" onclick="add()">
                            <input name="btn2" type="button" value="删除" onclick="del()">
                            <input name="btn3" type="button" value="更新" onclick="upd()">
                            <input name="btn4" type="button" value="查询" onclick="que()">
                        </td>
                    </tr>
                </table>
            </td>
            <td>
                <table>
                    <tr>
                        <td>已修课程<input  type="text"  name="student.kcs"  value="<s:property
value="#student.kcs"/>" disabled/></td>
                    </tr>
                    <tr>
                        <td align="left">
```

```
                                            <table border=1>
                                                <tr bgcolor=#CCCCC0>
                                                    <td>课程名</td>
                                                    <td align=center>成绩</td>
                                                </tr>
                                                <s:iterator value="#request.scoreList" id="sco">
                                                <tr>
                                                    <td><s:property value="#sco.kcm"/> </td>
                                                    <td align="center"><s:property value="#sco.cj"/></td>
                                                </tr>
                                                </s:iterator>
                                            </table>
                                        </td>
                                    </tr>
                                </table>
                            </td>
                        </tr>
                    </table>
                    <s:property value="msg"/>
    </s:form>
    </body>
    </html>
    <script type="text/javascript">
    function add() {                                         //用 add()方法录入学生信息
        document.frm.action="addStu.action";                //触发名为 addStu 的 Action
        document.frm.submit();
    }
    function del() {                                         //用 del()方法删除学生信息
        document.frm.action="delStu.action";                //触发名为 delStu 的 Action
        document.frm.submit();
    }
    function upd() {                                         //用 upd()方法更新学生信息
        document.frm.action="updStu.action";                //触发名为 updStu 的 Action
        document.frm.submit();
    }
    function que() {                                         //用 que()方法查询学生信息
        document.frm.action="queStu.action";                //触发名为 queStu 的 Action
        document.frm.submit();
    }
    </script>
```

这里，在紧接着网页 html 源码之后定义了一段 JavaScript 脚本，当用户单击页面上不同按钮时就会调用不同的 JavaScript 函数，这些函数分别触发其对应的 Action（代码加黑处）的功能。页面上控制器 getImage.action 则用于实时加载显示当前学生的照片，实现代码在 StudentAction 类的 getImage() 方法中（稍后介绍）。

实习 2.4.2 功能实现

1. 实现控制器

本实习的"学生管理"模块将对学生信息的增、删、改、查等操作功能都统一集中在控制器

StudentAction 类中实现，其源文件 StudentAction.java 位于 src 下的 org.easybooks.xscj.action 包中，代码如下：

```java
package org.easybooks.xscj.action;                    //Action 所在的包
/**导入所需的类和包*/
import java.sql.*;
import java.util.*;
import org.apache.struts2.ServletActionContext;
import org.easybooks.xscj.jdbc.*;
import org.easybooks.xscj.vo.*;
import com.opensymphony.xwork2.*;
import java.io.*;
import javax.servlet.ServletOutputStream;
import javax.servlet.http.HttpServletResponse;
public class StudentAction extends ActionSupport {
    /** StudentAction 的属性声明*/
    private String xm;                                //姓名
    private String msg;                               //页面操作的消息提示文字
    private Student student;                           //学生对象
    private Score score;                              //成绩对象
    private File photo;                              //照片
    /** addStu()方法实现录入学生信息*/
    public String addStu() throws Exception {
        //先检查 XS 表中是否已经有该学生的记录
        String sql = "select * from XS where XM ='" + getXm() + "'";
                                                      //getXm()获取 xm 属性值（页面提交）
        Statement stmt = OrclConn.conns.createStatement();
                                                      //获取静态连接，创建 SQL 语句对象
        ResultSet rs = stmt.executeQuery(sql);        //执行查询，返回结果集
        if(rs.next()) {                               //如果结果集不为空，则表示该学生记录已经存在
            setMsg("该学生已经存在！");
            return "result";
        }
        StudentJdbc studentJ = new StudentJdbc();     //创建 JDBC 业务逻辑对象
        Student stu = new Student();                  //创建"学生"值对象
        /*通过学生值对象收集表单数据*/
        stu.setXm(getXm());
        stu.setXb(student.getXb());
        stu.setCssj(student.getCssj());
        stu.setKcs(student.getKcs());
        stu.setBz(student.getBz());
        if(this.getPhoto() != null) {                 //有照片上传的情况
            FileInputStream fis = new FileInputStream(this.getPhoto());
                                                      //创建文件输入流，用于读取图片内容
            byte[] buffer = new byte[fis.available()]; //创建字节类型的数组，用于存放图片的二进制数据
            fis.read(buffer);                         //将图片内容读入到字节数组中
            stu.setZp(buffer);                        //给值对象设 zp（照片）属性值
        }
        if(studentJ.addStudent(stu) != null) {        //传给业务逻辑类以执行添加操作
            setMsg("添加成功！");
            Map request = (Map)ActionContext.getContext().get("request");
```

```
                                                   //获取上下文请求对象
            request.put("student", stu);           //将新加入的学生信息放到请求中，以便在页面上回显
        }else
            setMsg("添加失败，请检查输入信息！");
        return "result";
    }
    /** getImage()方法实现获取和显示当前学生的照片*/
    public String getImage() throws Exception {
        HttpServletResponse response = ServletActionContext.getResponse();
                                                   //创建 Servlet 响应对象
        StudentJdbc studentJ = new StudentJdbc();  //创建 JDBC 业务逻辑对象
        student = new Student();                    //创建"学生"值对象
        student.setXm(getXm());                     //用值对象获取学生姓名
        byte[] img = studentJ.getStudentZp(student); //通过业务逻辑对象获取该学生的照片
        response.setContentType("image/jpeg");     //设置响应的内容类型
        ServletOutputStream os = response.getOutputStream();
                                                   //Servlet 获取输出流
        if(img != null && img.length != 0) {       //如果存在照片数据
            for(int i = 0; i < img.length; i++) {
                    os.write(img[i]);              //将照片数据写入输出流中
            }
            os.flush();
        }
        return NONE;
    }
    /** delStu()方法实现删除学生信息*/
    public String delStu() throws Exception {
        //先检查 XS 表中是否存在该学生的记录
        boolean exist = false;                      //验证存在标识
        String sql = "select * from XS where XM ='" + getXm() + "'";
                                                   //查询 SQL 语句
        Statement stmt = OrclConn.conns.createStatement();
                                                   //获取静态连接，创建 SQL 语句对象
        ResultSet rs = stmt.executeQuery(sql);     //执行查询，返回结果集
        if(rs.next()) {                             //结果集不为空，则表示存在该学生
            exist = true;
        }
        if(exist) {                                 //如果存在即可进行删除操作
            StudentJdbc studentJ = new StudentJdbc();//创建 JDBC 业务逻辑对象
            Student stu = new Student();            //创建"学生"值对象
            stu.setXm(getXm());                     //通过值对象获取要删除的学生姓名
            if(studentJ.delStudent(stu) != null) {  //传给业务逻辑类以执行删除操作
                setMsg("删除成功！");
            }else
                setMsg("删除失败，请检查操作权限！");
        }else {
            setMsg("该学生不存在！");
        }
        return "result";
    }
    /** queStu()方法实现查询学生信息*/
```

```
public String queStu() throws Exception {
        //先检查 XS 表中是否存在该学生的记录
        boolean exist = false;                                      //验证存在标识
        String sql = "select * from XS where XM ='" + getXm() + "'";
                                                                    //查询 SQL 语句
        Statement stmt = OrclConn.conns.createStatement();
                                                                    //获取静态连接，创建 SQL 语句对象
        ResultSet rs = stmt.executeQuery(sql);                      //执行查询，返回结果集
        if(rs.next()) {                                             //结果集不为空，则表示存在该学生
            exist = true;
        }
        if(exist) {                                                 //存在即在表单中显示该学生信息
            StudentJdbc studentJ = new StudentJdbc();               //创建 JDBC 业务逻辑对象
            Student stu = new Student();                            //创建"学生"值对象
            stu.setXm(getXm());                                     //通过值对象获取要查找的学生姓名
            if(studentJ.showStudent(stu) != null) {                //传给业务逻辑类以执行查询操作
                setMsg("查找成功！");
                Map request = (Map)ActionContext.getContext().get("request");
                request.put("student", stu);         //将查到的学生信息放到请求中，以便在页面上显示
                /*以下为进一步查询该学生的成绩，页面生成成绩单*/
                ScoreJdbc scoreJ = new ScoreJdbc(); //该业务逻辑对象专门处理与成绩有关的 JDBC 操作
                Score sco = new Score();                            //创建"成绩"值对象
                sco.setXm(getXm());                                 //通过值对象获取要查询其成绩的学生姓名
                List<Score> scoList = scoreJ.showScore(sco);
                                                                    //查询该学生所有课程的成绩，存入列表
                request.put("scoreList", scoList);      //将查到的成绩记录放到请求中，以便在页面上显示
            }else
                setMsg("查找失败，请检查操作权限！");
        }else
            setMsg("该学生不存在！");
        return "result";
}
/** updStu()方法实现更新学生信息*/
public String updStu() throws Exception {
        StudentJdbc studentJ = new StudentJdbc();                   //创建 JDBC 业务逻辑对象
        Student stu = new Student();                                //创建"学生"值对象
        /*通过"学生"值对象收集表单数据*/
        stu.setXm(getXm());
        stu.setXb(student.getXb());
        stu.setCssj(student.getCssj());
        stu.setKcs(student.getKcs());
        stu.setBz(student.getBz());
        if(this.getPhoto() != null) {                               //有照片上传的情况
            FileInputStream fis = new FileInputStream(this.getPhoto());
                                                                    //创建文件输入流，用于读取图片内容
            byte[] buffer = new byte[fis.available()];   //创建字节类型的数组，用于存放照片的二进制数据
            fis.read(buffer);                                       //将照片数据读入到字节数组中
            stu.setZp(buffer);                                      //用值对象收集照片数据
        }
        if(studentJ.updateStudent(stu) != null) {                  //传给业务逻辑类以执行更新操作
            setMsg("更新成功！");
```

```
                        Map request = (Map)ActionContext.getContext().get("request");
                        request.put("student", stu);              //将更新后的新信息放到请求中, 以便在页面上回显
                }else
                        setMsg("更新失败, 请检查输入信息! ");
                return "result";
        }
        /**以下为 StudentAction 各属性的 getter/setter 方法*/
        …
}
```

2. 实现业务逻辑

业务逻辑中的方法直接与 JDBC 接口打交道, 以实现对 Oracle 11g 的操作, 它位于 org.easybooks. xscj.jdbc 包下, 本实习操作学生信息的业务逻辑都写在 StudentJdbc.java 中, 代码如下:

```
package org.easybooks.xscj.jdbc;                      //业务逻辑类所在的包
/**导入所需的类和包*/
import java.sql.*;
import org.easybooks.xscj.vo.*;
public class StudentJdbc {
        private PreparedStatement psmt = null;              //预处理 SQL 语句对象
        private ResultSet rs = null;                        //结果集对象
        /**录入学生*/
        public Student addStudent(Student student) {
                String sql = "insert into XS(XM, XB, CSSJ, KCS, BZ, ZP) values(?,?,?,?,?,?)";
                                                            //录入操作的 SQL 语句
                try {
                        psmt = OrclConn.conns.prepareStatement(sql);
                                                            //预编译语句
                        /*下面开始收集数据参数*/
                        psmt.setString(1, student.getXm());         //姓名
                        psmt.setString(2, student.getXb());         //性别
                        psmt.setTimestamp(3, new Timestamp(student.getCssj().getTime()));
                                                            //出生时间
                        psmt.setInt(4, student.getKcs());           //已修课程数
                        psmt.setString(5, student.getBz());         //备注
                        psmt.setBytes(6, student.getZp());          //照片
                        psmt.execute();                             //执行语句
                }catch(Exception e) {
                        e.printStackTrace();
                }
                return student;                             //返回"学生"值对象给 Action (StudentAction)
        }
        /**获取某个学生的照片*/
        public byte[] getStudentZp(Student student) {
                String sql = "select ZP from XS where XM ='" + student.getXm() + "'";
                                                            //该 SQL 语句从值对象中获取学生姓名
                try {
                        psmt = OrclConn.conns.prepareStatement(sql);
                                                            //获取静态连接, 预编译语句
                        rs = psmt.executeQuery();                   //执行语句, 返回所获得的学生照片
                        if(rs.next()) {                             //不为空则表示有照片
                                student.setZp(rs.getBytes("ZP"));   //值对象获取照片数据
```

```
                }
            }catch(Exception e) {
                e.printStackTrace();
            }
            return student.getZp();                    //通过值对象返回照片数据
        }
        /**删除学生*/
        public Student delStudent(Student student) {
            String sql = "delete from XS where XM ='" + student.getXm() + "'";
                                                       //SQL 语句从值对象中获取要删的学生姓名
            try {
                psmt = OrclConn.conns.prepareStatement(sql);
                                                       //预编译语句
                psmt.execute();                        //执行删除操作
            }catch(Exception e) {
                e.printStackTrace();
            }
            return student;                            //返回值对象
        }
        /**查询学生*/
        public Student showStudent(Student student) {
            String sql = "select * from XS where XM ='" + student.getXm() + "'";
                                                       //SQL 语句从值对象中获取要查找的学生姓名
            try {
                psmt = OrclConn.conns.prepareStatement(sql);
                                                       //预编译语句
                rs = psmt.executeQuery();              //执行语句，返回所查询的学生信息
                if(rs.next()) {                        //返回结果集不为空
                    //用"学生"值对象保存查询到的学生各项信息
                    student.setXb(rs.getString("XB")); //性别
                    student.setCssj(rs.getDate("CSSJ")); //出生时间
                    student.setKcs(rs.getInt("KCS"));  //已修课程数
                    student.setZp(rs.getBytes("ZP"));  //照片
                }
            }catch(Exception e) {
                e.printStackTrace();
            }
            return student;                            //返回"学生"值对象给 Action（StudentAction）
        }
        /**更新学生信息*/
        public Student updateStudent(Student student) {
            String sql = "update XS set XM=?, XB=?, CSSJ=?, KCS=?, BZ=?, ZP=? where XM ='" +
student.getXm() + "'";                                 //更新操作的 SQL 语句
            try {
                psmt = OrclConn.conns.prepareStatement(sql);
                                                       //预编译语句
                /*下面开始收集数据参数*/
                psmt.setString(1, student.getXm());    //姓名
                psmt.setString(2, student.getXb());    //性别
                psmt.setTimestamp(3, new Timestamp(student.getCssj().getTime()));
                                                       //出生时间
```

```
                psmt.setInt(4, student.getKcs());            //已修课程数
                psmt.setString(5, student.getBz());          //备注
                psmt.setBytes(6, student.getZp());           //照片
                psmt.execute();                              //执行语句
            }catch(Exception e) {
                e.printStackTrace();
            }
            return student;                                  //返回值对象给 Action
        }
}
```

3. 配置 struts.xml

在 struts.xml 中加入如下代码：

```xml
<!-- 录入学生 -->
<action name="addStu" class="org.easybooks.xscj.action.StudentAction" method="addStu">
    <result name="result">/studentManage.jsp</result>
</action>
<!-- 获取照片 -->
<action name="getImage" class="org.easybooks.xscj.action.StudentAction" method="getImage"/>
<!-- 删除学生 -->
<action name="delStu" class="org.easybooks.xscj.action.StudentAction" method="delStu">
    <result name="result">/studentManage.jsp</result>
</action>
<!-- 查找学生 -->
<action name="queStu" class="org.easybooks.xscj.action.StudentAction" method="queStu">
    <result name="result">/studentManage.jsp</result>
</action>
<!-- 更新学生 -->
<action name="updStu" class="org.easybooks.xscj.action.StudentAction" method="updStu">
    <result name="result">/studentManage.jsp</result>
</action>
```

实习 2.5　成绩管理

实习 2.5.1　界面设计

"成绩管理"功能界面如图 P2.7 所示。

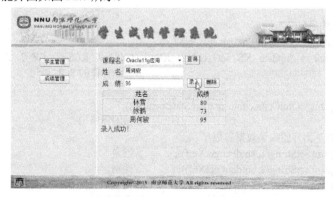

图 P2.7　"成绩管理"功能界面

它由源文件 scoreManage.jsp 实现，代码如下：

```
<%@ page language="java" pageEncoding="utf-8"%>
<%@ taglib prefix="s" uri="/struts-tags" %>
<html>
<head>
    <title>成绩管理</title>
</head>
<body bgcolor="D9DFAA">
<s:set name="student" value="#request.student"/>
<s:form name="frm" method="post" enctype="multipart/form-data">
    <table>
        <tr>
            <td>
                课程名:
                <!-- 以下 JS 代码是为了保证在页面刷新后，下拉列表中仍然保持着之前的选中项 -->
                <script type="text/javascript">
                function setCookie(name, value) {
                    var exp = new Date();
                    exp.setTime(exp.getTime() + 24 * 60 * 60 * 1000);
                    document.cookie = name + "=" + escape(value) + ";expires=" + exp.toGMTString();
                }
                function getCookie(name) {
                    var regExp = new RegExp("(^| )" + name + "=([^;]*)(;|$)");
                    var arr = document.cookie.match(regExp);
                    if(arr == null) {
                        return null;
                    }
                    return unescape(arr[2]);
                }
                </script>
                <select name="score.kcm" id="select_1" onclick="setCookie('select_1',this.selectedIndex)">
                    <option selected="selected">请选择</option>
                    <s:iterator id="cou" value="#request.courseList">
                        <option value="<s:property value="#cou.kcm"/>">
                            <s:property value="#cou.kcm"/>
                        </option>
                    </s:iterator>
                </select>
                <script type="text/javascript">
                    var selectedIndex = getCookie("select_1");
                    if(selectedIndex != null) {
                        document.getElementById("select_1").selectedIndex = selectedIndex;
                    }
                </script>
                <input name="btn1" type="button" value="查询" onclick="que()">
            </td>
        </tr>
        <tr>
            <td>
                姓    名:
                <input type="text" name="xm" size="19">
```

```
                              </td>
                          </tr>
                          <tr>
                              <td>
                                  成    绩:
                                  <input type="text" name="cj" size="19">
                                   <input name="btn2" type="button" value="录入" onclick="add()">
                                  <input name="btn3" type="button" value="删除" onclick="del()">
                              </td>
                          </tr>
                          <tr>
                              <td align="left" width="400">
                                  <table border=1 cellpadding="0" cellspacing="0" width="310">
                                      <tr bgcolor=#CCCCC0>
                                          <td align="center">姓名</td>
                                          <td align="center">成绩</td>
                                      </tr>
                                      <s:iterator value="#request.kcscoreList" id="kcsco">
                                          <tr>
                                              <td align="center"><s:property value="#kcsco.xm"/> </td>
                                              <td align="center"><s:property value="#kcsco.cj"/></td>
                                          </tr>
                                      </s:iterator>
                                  </table>
                              </td>
                          </tr>
                      </table>
                  <s:property value="msg"/>
              </s:form>
          </body>
      </html>
      <script type="text/javascript">
      function que() {                                          //用 que()方法查询某门课的成绩
          document.frm.action="queSco.action";                 //触发名为 queSco 的 Action
          document.frm.submit();
      }
      function add() {                                          //用 add()方法录入学生成绩
          document.frm.action="addSco.action";                 //触发名为 addSco 的 Action
          document.frm.submit();
      }
      function del() {                                          //用 del()方法删除学生成绩
          document.frm.action="delSco.action";                 //触发名为 delSco 的 Action
          document.frm.submit();
      }
      </script>
```

这里同样采用 JavaScript 脚本函数实现在同一个页面上多个按钮各自触发不同 Action 的功能。

实习 2.5.2　功能实现

1．实现控制器

本实习的"成绩管理"模块，将对成绩的查询、录入和删除操作功能都统一集中在控制器

ScoreAction 类中实现，其源文件 ScoreAction.java 也位于 src 下的 org.easybooks.xscj.action 包中，代码
如下：

```java
package org.easybooks.xscj.action;                    //Action 所在的包
/**导入所需的类和包*/
import java.util.*;
import java.sql.*;
import org.easybooks.xscj.jdbc.*;
import org.easybooks.xscj.vo.*;
import com.opensymphony.xwork2.*;
public class ScoreAction extends ActionSupport {
    /** ScoreAction 的属性声明*/
    private String xm;                                //姓名
    private int cj;                                   //成绩
    private String msg;                               //页面操作的消息提示文字
    private Score score;                              //成绩对象
    /**showAll()方法实现预加载信息（课程名）*/
    public String showAll() {
        Map request = (Map)ActionContext.getContext().get("request");
        request.put("courseList", allCou());         //将查询到的课程名放到请求中，以便在页面上加载
        return "result";
    }
    /** queSco()方法实现查询某门课的成绩*/
    public String queSco() {
        Map request = (Map)ActionContext.getContext().get("request");
        request.put("kcscoreList", curSco());        //将查询到的成绩记录放到 Map 容器中
        return "result";
    }
    /** addSco()方法实现录入成绩*/
    public String addSco() throws Exception {
        //先检查 CJ 表中是否已有该学生这门课的成绩记录
        String sql = "select * from CJ where XM ='" + getXm() + "' and KCM ='" + score.getKcm() + "'";
                                                     //查询的 SQL 语句
        Statement stmt = OrclConn.conns.createStatement();
                                                     //获取静态连接，创建 SQL 语句对象
        ResultSet rs = stmt.executeQuery(sql);       //执行查询
        if(rs.next()) {                              //返回结果不为空，则表示记录存在
            setMsg("该记录已经存在！ ");
            return "reject";                         //拒绝录入，回到初始页
        }
        ScoreJdbc scoreJ = new ScoreJdbc();          //创建 JDBC 业务逻辑对象
        Score sco = new Score();                     //创建"成绩"值对象
        /*用"成绩"值对象存储和传递录入的内容*/
        sco.setXm(getXm());
        sco.setKcm(score.getKcm());
        sco.setCj(getCj());
        if(scoreJ.addScore(sco) != null) {           //传给业务逻辑类以执行录入操作
            setMsg("录入成功！ ");
        }else
            setMsg("录入失败，请确保有此学生！ ");
        /*实时加载显示操作结果*/
```

```
                    Map request = (Map)ActionContext.getContext().get("request");
                    request.put("courseList", allCou());
                    request.put("kcscoreList", curSco());
                    return "result";
            }
        /** delSco()方法实现删除成绩*/
        public String delSco() throws Exception {
                //先检查 CJ 表中是否存在该学生这门课的成绩记录
                String sql = "select * from CJ where XM ='" + getXm() + "' and KCM ='" + score.getKcm() + "'";
                                                            //查询的 SQL 语句
                Statement stmt = OrclConn.conns.createStatement();
                                                            //获取静态连接，创建 SQL 语句对象
                ResultSet rs = stmt.executeQuery(sql);      //执行查询
                if(!rs.next()) {                            //返回结果集为空，则表示记录不存在，无法删除
                    setMsg("该记录不存在！ ");
                    return "reject";                        //拒绝删除操作，回初始页
                }
                //存在即可进行删除操作
                ScoreJdbc scoreJ = new ScoreJdbc();         //创建 JDBC 业务逻辑对象
                Score sco = new Score();                    //创建"成绩"值对象
                sco.setXm(getXm());
                sco.setKcm(score.getKcm());
                if(scoreJ.delScore(sco) != null) {          //传给业务逻辑类以执行删除操作
                    setMsg("删除成功！ ");
                }else
                    setMsg("删除失败，请检查操作权限！ ");
                /*实时加载显示操作结果*/
                Map request = (Map)ActionContext.getContext().get("request");
                request.put("courseList", allCou());
                request.put("kcscoreList", curSco());
                return "result";
            }
        /**加载课程名列表（用于刷新页面）*/
        public List allCou() {
                ScoreJdbc scoreJ = new ScoreJdbc();
                List<Course> couList = scoreJ.showCourse();  //查询所有的课程信息
                return couList;                              //返回课程名列表
            }
        /**加载当前课的成绩表（用于刷新页面）*/
        public List curSco() {
                ScoreJdbc scoreJ = new ScoreJdbc();          //创建 JDBC 业务逻辑对象
                Score kcsco = new Score();                   //创建"成绩"值对象
                kcsco.setKcm(score.getKcm());                //用值对象传递课程名
                List<Score> kcscoList = scoreJ.queScore(kcsco); //查询符合条件的成绩记录，存入列表
                return kcscoList;                            //返回成绩表
            }
        /**以下为 ScoreAction 各属性的 getter/setter 方法（略）*/
            ...
    }
```

2. 实现业务逻辑

本实习中操作成绩记录的业务逻辑都写在 ScoreJdbc.java 中，代码如下：

```java
package org.easybooks.xscj.jdbc;                          //业务逻辑类所在的包
/**导入所需的类和包*/
import java.sql.*;
import java.util.*;
import org.easybooks.xscj.vo.*;
public class ScoreJdbc {
    private PreparedStatement psmt = null;                //预处理 SQL 语句对象
    private ResultSet rs = null;                          //结果集对象
    /**查询某学生的成绩*/
    public List showScore(Score score) {
        CallableStatement stmt = null;                    //可调用 SQL 语句对象
        try {
            stmt = OrclConn.conns.prepareCall("{call CJ_PROC(?)}");
                                                          //调用 CJ_PROC 存储过程
            stmt.setString(1, score.getXm());             //输入存储过程参数
            stmt.executeUpdate();                         //执行存储过程
        }catch(Exception e) {
            e.printStackTrace();
        }
        //视图已生成
        String sql = "select * from XMCJ_VIEW";
        //创建一个 ArrayList 容器，将从视图中查询的学生成绩记录存放在容器中
        List scoreList = new ArrayList();
        try {
            psmt = OrclConn.conns.prepareStatement(sql);
            rs = psmt.executeQuery();                     //执行语句，返回所查询的学生成绩
            //读取 ResultSet 数据，放入 ArrayList 中
            while(rs.next()) {
                Score kcscore = new Score();
                //用"成绩"值对象存储查询结果
                kcscore.setKcm(rs.getString("KCM"));
                kcscore.setCj(rs.getInt("CJ"));
                scoreList.add(kcscore);                   //将 kcscore 对象放入 ArrayList 中
            }
        }catch(Exception e) {
            e.printStackTrace();
        }
        return scoreList;                                 //返回成绩列表
    }
    /**查询所有课程*/
    public List showCourse() {
        String sql = "select * from KC";                 //从 KC 表中查询所有课程名称
        List courseList = new ArrayList();                //用于存放课程名列表的 List
        try {
            psmt = OrclConn.conns.prepareStatement(sql);
            rs = psmt.executeQuery();                     //执行查询
            /*读出所有课程名并放入 courseList 中*/
            while(rs.next()) {
```

```
                    Course course = new Course();              //创建 "课程" 值对象
                    course.setKcm(rs.getString("KCM"));          //用值对象存储课程名
                    courseList.add(course);                      //将课程信息加入 ArrayList 中
                }
        }catch(Exception e) {
                e.printStackTrace();
        }
        return courseList;                                       //返回课程列表
}
/**查询某门课的成绩*/
public List queScore(Score score) {
        String sql = "select * from CJ where KCM ='" + score.getKcm() + "'";
        //创建一个 ArrayList 容器，将从 CJ 表中查询的成绩记录存放在容器中
        List kcscoreList = new ArrayList();
        try {
                psmt = OrclConn.conns.prepareStatement(sql);
                rs = psmt.executeQuery();                        //执行语句，返回查到的成绩信息
                //读取 ResultSet 数据，放入 ArrayList 中
                while(rs.next()) {
                        Score kcscore = new Score();
                        //用 "成绩" 值对象存储查询结果
                        kcscore.setXm(rs.getString("XM"));
                        kcscore.setKcm(rs.getString("KCM"));
                        kcscore.setCj(rs.getInt("CJ"));
                        kcscoreList.add(kcscore);                //将 kcscore 对象放入 ArrayList 中
                }
        }catch(Exception e) {
                e.printStackTrace();
        }
        return kcscoreList;                                      //返回成绩列表
}
/**录入成绩*/
public Score addScore(Score score) {
        String sql = "insert into CJ(XM, KCM, CJ) values(?,?,?)";
                                                                 //录入的 SQL 语句
        try {
                psmt = OrclConn.conns.prepareStatement(sql);
                                                                 //预编译语句
                psmt.setString(1, score.getXm());                //姓名
                psmt.setString(2, score.getKcm());               //课程名
                psmt.setInt(3, score.getCj());                   //成绩
                psmt.execute();                                  //执行录入操作
        }catch(Exception e) {
                e.printStackTrace();
        }
        return score;
}
/**删除成绩*/
public Score delScore(Score score) {
        String sql = "delete from CJ where XM ='" + score.getXm() + "' and KCM ='" + score.getKcm() + "'";
                                                                 //删除的 SQL 语句
```

```
            try {
                psmt = OrclConn.conns.prepareStatement(sql);
                                                                //预编译语句
                psmt.execute();                                 //执行删除操作
            }catch(Exception e) {
                e.printStackTrace();
            }
            return score;
        }
    }
```

3. 配置 struts.xml

在 struts.xml 中加入代码如下：

```xml
    <!-- 查询某门课成绩 -->
    <action name="queSco" class="org.easybooks.xscj.action.ScoreAction" method="queSco">
        <result name="result">/showAll.jsp</result>
    </action>
    <!-- 录入成绩 -->
    <action name="addSco" class="org.easybooks.xscj.action.ScoreAction" method="addSco">
        <result name="result">/scoreManage.jsp</result>
        <result name="reject">/showAll.jsp</result>
    </action>
    <!-- 删除成绩 -->
    <action name="delSco" class="org.easybooks.xscj.action.ScoreAction" method="delSco">
        <result name="result">/scoreManage.jsp</result>
        <result name="reject">/showAll.jsp</result>
    </action>
```

至此，这个基于 JavaEE 7（Struts 2）/Oracle 11g 的"学生成绩管理系统"已开发完成，读者还可以根据需要自行扩展其他功能。

实习 3 Python 3.7/Oracle 11g学生成绩管理系统

本系统是基于 Python 3.7（以下简称 Python）及其 GUI 库 Tkinter 实现的学生成绩管理系统，通过 Python3.7 的 cx_Oracle 驱动访问后台的 Oracle 11g。

实习 3.1　Python 环境安装

想了解 Python 环境安装的详细内容，可扫描右边的二维码。

实习 3.1.1　安装 Python 环境

1. 安装 Python 3.7

（1）下载 python 安装文件

在 Python 官方网站 https://www.python.org/downloads/windows/中获取对应的 Python 安装文件，下载后得到的文件名为 python-3.7.0-amd64.exe。

安装完整文档

（2）安装 Python

双击下载包，进入 Python 安装向导，把 Python 安装目录加入 Windows 环境的 Path 变量路径中。

（3）设置环境变量

将 Python 安装目录加入 Windows 环境的 Path 变量中。

2. 安装 PyCharm

PyCharm 是由 JetBrains 打造的一款 Python IDE，是目前比较流行的 Python 程序的开发环境，本实习将使用它来开发 Python 程序

安装过程结束后显示 Pycharm 安装完成并可运行。在选择是否指定位置导入扩展库时，选择"Do not import settings"选项，单击"OK"按钮。系统进入 PyCharm 自定义 UI 主题界面，用户可以选择"Skip Remaining and Set Defaults"选项跳过，或者选择"IntelliJ"选项提前设置开发环境的界面风格。

3. 创建 PyCharm 工程

（1）启动 PyCharm 出现如图 P3.1 所示界面。

其中，"Create New Project"表示创建新的工程。"Open"是打开已有的工程。

工程是 Python 组织文件的工具，必须先创建工程，然后才能在工程下建立、运行 Python 源程序文件。一般来说，用 Python 解决一个应用问题，需要使用很多个文件配合才能完成，如菜单、窗口、图片、多个 Python 文件等，这些文件可通过工程组织起来。

（2）选择"Create New Project"选项，系统显

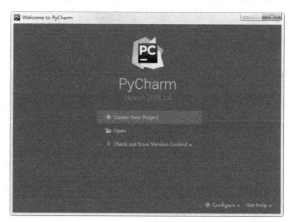

图 P3.1　选择工程创建和打开工程

示如图 P3.2 所示。

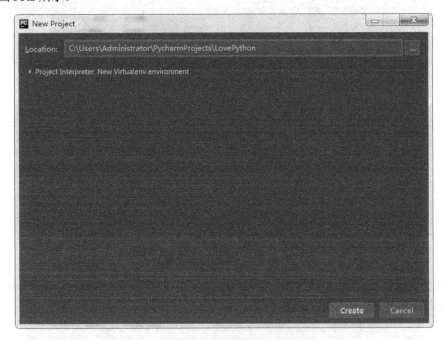

图 P3.2　确定工程存放目录

这里指定当前创建的工程存放目录。不同的工程存放不同目录，用户可根据情况自行选择。例如，修改当前创建工程的目录为"C:\Users\Administrator\PycharmProjects\LovePython"，单击"Create"按钮，出现如图 P3.3 所示的 PyCharm 欢迎对话框。

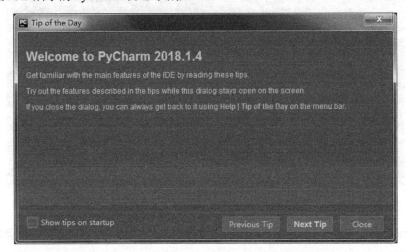

图 P3.3　Pycharm 欢迎对话框

（3）单击"Close"按钮，系统进入 PyCharm 当前创建的工程开发环境，如图 P3.4 所示。

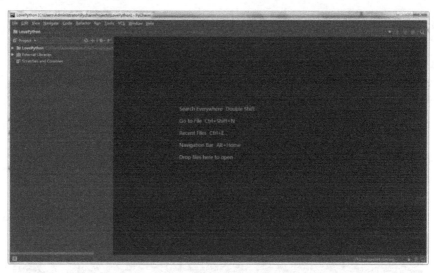

图 P3.4 当前创建的工程开发环境

（4）改变界面背景颜色。选择"flle"→"Settings"，并选择"Appearance & Behavior"项的"Appearance"选项，系统显示如图 P3.5 所示。

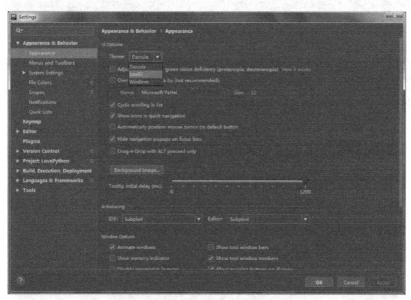

图 P3.5 更换开发环境界面的背景色

在"Theme"列表中选择"IntelliJ"选项后，单击"OK"按钮，界面背景颜色就会发生变化。

实习 3.1.2 安装 Oracle 驱动

1. 下载 Oracle 11g 客户端

由于 Python3.7 需要调用 Oracle 11g 底层的 API（包含在 oci.dll 文件中）来工作，所以必须首先安装 Oracle 11g 的客户端函数库。Oracle 官方以 Oracle Instant Client 客户软件的形式提供该函数库，官网地址 https://www.oracle.com/database/technologies/instant-client/winx64-64- downloads.html，下载 Oracle

11g 对应版本的客户端，得到压缩包 instantclient-basic-windows.x64-11.2.0. 4.0.zip。

2. 安装 Oracle 客户端

下载 Oracle 客户端后，按以下步骤安装。

（1）解压下载得到的压缩包，这里解压到 C:\instantclient_11_2。

（2）设置环境变量。

此处需要设置 3 个环境变量：TNS_ADMIN、NLS_LANG 和 Path。下面是具体的设置步骤。

① 打开"环境变量"对话框。

右击桌面"计算机"图标，选择"属性"选项，在弹出的"控制面板主页"中选择"高级系统设置"链接项，并在弹出的"系统属性"对话框中单击"环境变量"按钮，打开"环境变量"对话框，操作过程如图 P3.6 所示。

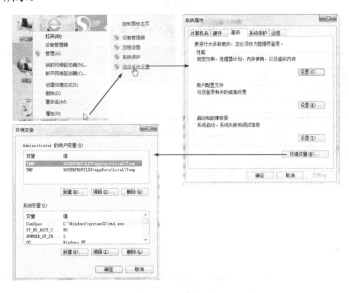

图 P3.6　打开"环境变量"对话框

② 新建系统变量（TNS_ADMIN、NLS_LANG）。

在"系统变量"列表下单击"新建"按钮，并在弹出的对话框中输入变量名和变量值，如图 P3.7 所示，单击"确定"按钮。

③ 设置 Path 变量。

在"系统变量"列表中找到名为"Path"的变量，单击"编辑"按钮，在"变量值"字符串中加入路径"C:\instantclient_11_2;"，见图 P3.7，单击"确定"按钮。

（3）重启 Windows。这一步很重要，必须重启。

3. 安装 Python 的 Oracle 驱动包

安装好客户端后，再从 https://www.lfd.uci.edu/~gohlke/pythonlibs/ 获取 Oracle 的驱动包文件 cx_Oracle-6.4.1-cp37-cp37m-win_amd64.whl，在 Windows 命令行下输入：

```
pip install D:\Python\software\DB\cx_Oracle-6.4.1-cp37-cp37m-win_amd64.whl
```

其中 D:\Python\software\DB\ 是作者存放驱动包文件的路径，读者请使用自己实际存放的路径，如图 P3.8 所示。

新建系统变量

变量名(N): TNS_ADMIN

变量值(V): C:\instantclient_11_2

确定　取消

TNS_ADMIN变量

新建系统变量

变量名(N): NLS_LANG

变量值(V): SIMPLIFIED CHINESE_CHINA.ZHS16GBK

确定　取消

NLS_LANG变量

编辑系统变量

变量名(N): Path

变量值(V): rver 5.6\bin;C:\instantclient_11_2;

确定　取消

Path变量

图 P3.7　设置环境变量

```
管理员: C:\windows\system32\cmd.exe

vpython                7.4.4
UTK                    8.1.1
wcwidth                0.1.7
webencodings           0.5.1
widgetsnbextension     3.3.0

C:\Users\Administrator>pip install D:\Python\software\DB\cx_Oracle-6.4.1-cp37-cp
37m-win_amd64.whl
Processing d:\python\software\db\cx_oracle-6.4.1-cp37-cp37m-win_amd64.whl
Installing collected packages: cx-Oracle
Successfully installed cx-Oracle-6.4.1

C:\Users\Administrator>
```

图 P3.8　安装 Oracle 的驱动包

安装完可使用"python -m pip list"命令或者在 PyCharm 中通过主菜单"File"→"Settings",打开"Settings"对话框,在"Project Interpreter"选项页查看验证 cx_Oracle 是否已经装上,如图 P3.9 所示。

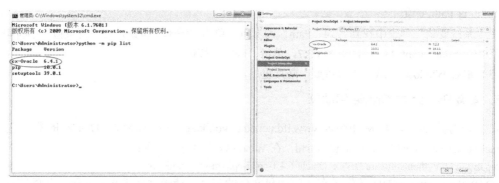

图 P3.9　cx_Oracle 安装成功

实习 3.2　开发前的准备工作

实习 3.2.1　创建 Python 源文件

在当前创建工程（工程目录为"C:\Users\Administrator\PycharmProjects\LovePython"）下创建 Python 源程序文件：

选择"LovePython"工程名，右击选择"New"→"Python File"，如图 P3.10 所示。

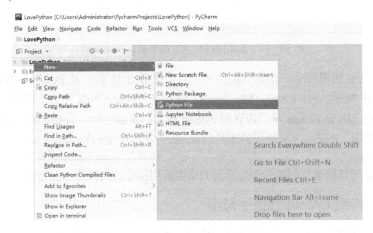

图 P3.10　创建 Python 源程序文件

系统显示新建 Python 文件的对话框，如图 P3.11 所示。输入 xscj 作为 Python 源文件名称。单击"OK"按钮，系统显示该程序的编辑窗口选项卡，对应的文件为 xscj.py，其中，.py 就是 Python 的源程序扩展名。

图 P3.11　新建 Python 文件对话框

接下来就可以在 xscj.py 的编辑窗口中编写 Python 程序了。

实习 3.2.2　系统界面设计

本实习使用 Tkinter 来制作"学生成绩管理系统"的界面，界面总体效果的草图设计如图 P3.12 所示。

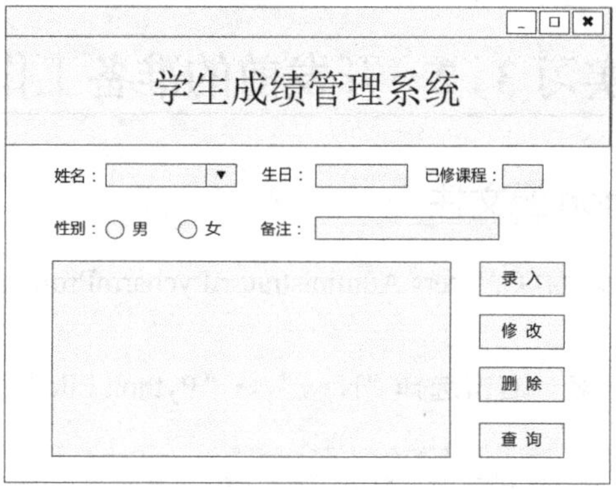

图 P3.12 "学生成绩管理系统"界面的草图设计

Tkinter 是 Python 的图形用户界面（GUI）库，其所使用的 Tk 接口是 Python 的标准 GUI 工具包接口。Tkinter 可以在 Windows、Linux、Macintosh，以及绝大多数 UNIX 平台下使用，其新版本还可以实现本地窗口风格。由于 Tkinter 早已内置到 Python 语言的安装包中，只要安装好 Python 之后就能直接导入其模块来使用，Python 3 所使用的库名为 tkinter，在程序中的导入语句如下：

```
from tkinter import *                                    # 导入 tkinter 模块的所有内容
```

这样导入后就可以快速地创建带图形界面的桌面应用程序，其操作十分方便。

实习 3.2.3   构造 Oracle 连接字符串

在稍后编程中会使用 Python 访问 Oracle 的连接字符串，该字符串遵循如下格式：

'用户名/密码@计算机名/数据库服务名'

其中，用户名、密码就是本书安装 Oracle 11g 数据库时所设置的用户密码（SCOTT/Mm123456），计算机名是运行 Oracle 11g 的主机名（作者的为 SMONGO），而数据库服务名需要通过执行查询语句获得。

为方便操作，使用当前流行的一款通用数据库操作工具 Navicat Premium 12 来访问 Oracle 11g，在其中创建连接需要设置参数如图 P3.13 所示。

图 P3.13   Navicat Premium 连 Oracle 11g 的参数配置

连接上之后执行查询语句:

select value from v$parameter where name like '%service_name%';

执行结果如图 P3.14 所示,"XSCJ.domain"就是数据库服务名。

图 P3.14　查询得到数据库服务名

最终构造出的 Oracle 11g 的连接字符串为:

SCOTT/Mm123456@SMONGO/XSCJ.domain

请读者根据自己所安装 Oracle 环境的实际情况,执行如上的查询操作,并对照以上格式去构造自己的连接字符串。

实习 3.3　Python 程序开发

实习 3.3.1　界面及功能实现

与 C#、VB.NET、Qt 等专业 GUI 桌面开发语言不同的是,Tkinter 并无集成的界面设计器,故无法使用拖曳控件的方式实现程序界面,界面设计布局的代码只能与程序功能实现的代码写在一起,位于同一个源文件中。

本实习项目仅有唯一一个源文件就是 xscj.py,代码如下:

```python
from tkinter import *
import cx_Oracle                                        # 导入对 Oracle 11g 操作的驱动库
import tkinter.ttk                                      # (1)
import tkinter.messagebox                               # 用于消息框功能
master = Tk()                                           # (2)
master.title('学生信息管理系统')
master.geometry("550x450")
mainlogo = PhotoImage(file = "D:\Python\student.gif")   # 载入界面标题背景图资源
mylabel = Label(master, image = mainlogo, compound = TOP)  # (3)
mylabel.grid(row = 0, column = 0, columnspan = 7, padx = 20)  # (4)
    # 连接 Oracle 11g 数据库
```

```
conn = cx_Oracle.connect('SCOTT/Mm123456@SMONGO/XSCJ.domain')
                                                    # 这里填写的连接字符串就是第 3.2.3 节所构造的
cur = conn.cursor()
        # 定义程序中要用到的各个变量
v_name = StringVar()                                    # 姓名
v_sex = IntVar()                                        # 性别
v_birth = StringVar()                                   # 生日
v_course = IntVar()                                     # 已修课程
v_note = StringVar()                                    # 备注
v_list = StringVar()                                    # 与学生信息列表框关联
        # 表单"姓名"栏
Label(master, text = '姓名：').grid(row = 1, column = 0, padx = 20)
cb = tkinter.ttk.Combobox(master, width = 10, textvariable = v_name)
cb.grid(row = 1, column = 1, columnspan = 2, padx = 5, pady = 15)
# 表单"生日"栏
Label(master, text = '生日：').grid(row = 1, column = 3, sticky = W)
Entry(master, width = 10, textvariable = v_birth).grid(row = 1, column = 4, padx = 10, pady = 15)
# 表单"已修课程"栏
Label(master, text = '已修课程：').grid(row = 1, column = 5, sticky = W)
Entry(master, width = 5, textvariable = v_course).grid(row = 1, column = 6, padx = 10, pady = 15)
# 表单"性别"栏
Label(master, text = '性别：').grid(row = 2, column = 0, padx = 20)
Radiobutton(master, text = '男', variable = v_sex, value = 1).grid(row = 2, column = 1)
Radiobutton(master, text = '女', variable = v_sex, value = 0).grid(row = 2, column = 2)
# 表单"备注"栏
Label(master, text = '备注：').grid(row = 2, column = 3, sticky = W)
Entry(master, textvariable = v_note).grid(row = 2, column = 4, columnspan = 2, padx = 10, pady = 15)
# 学生信息列表控件
lb = Listbox(master, width = 50, listvariable = v_list)
lb.grid(row = 3, column = 0, rowspan = 4, columnspan = 5, sticky = W, padx = 20, pady = 15)
                                                                                    # （5）
v_list.set('................姓名.......................生日.........................已修课程...............')    # 模拟数据网格的表头标题
lb.itemconfig(0, bg='YellowGreen')                      # 设置列表框中标题行的背景色
def init():                                             # 初始化函数（用于加载数据库中所有学生的姓名）
        cur.execute('select distinct(XM) from XS')
        row = cur.fetchall()
        cb["values"] = row
        que_student()
def ins_student():                                      # "录入学生信息"功能函数
        cur.execute("insert into XS values('" + v_name.get() + "'," + str(v_sex.get()) + ",to_date('" + v_birth.get() +
"','YYYY-MM-DD HH24:MI:SS')," + str(v_course.get()) + ",'" + v_note.get() + "',null)")
        conn.commit()
        tkinter.messagebox.showinfo('提示', v_name.get() + ' 的信息录入成功！')
        v_name.set('')
        init()                                                                      # （6）
def upt_student():                                      # "修改学生信息"功能函数
        cur.execute("update XS set XB=" + str(v_sex.get()) + ",CSSJ=to_date('" + v_birth.get() + "','YYYY-MM-DD
HH24:MI:SS'),KCS=" + str(v_course.get()) + ",BZ='" + v_note.get() + "' where XM='" + v_name.get() + "'")
        conn.commit()
        tkinter.messagebox.showinfo('提示', v_name.get() + ' 的信息修改成功！')
        v_name.set('')
```

```
        init()
    def del_student():                                    # "删除学生信息" 功能函数
        cur.execute("delete from XS where XM='" + v_name.get() + "'")
        conn.commit()
        tkinter.messagebox.showinfo('提示', v_name.get() + ' 的信息已经删除！')
        v_name.set('')
        init()
    def que_student():                                    # "查询学生信息" 功能函数
        if v_name.get() == '':                            # 若不选择指定姓名，则默认查询所有学生信息
            cur.execute('select * from XS')
        else:
            cur.execute("select * from XS where XM='" + v_name.get() + "'")
        row = cur.fetchall()
        lb.delete(1, END)                                 # 先要将列表中原来旧的记录清除
        if cur.rowcount != 0:
            for i in range(cur.rowcount):
                lb.insert(END, ' ' + row[i][0] + ' ' + str(row[i][2]).split(' ')[0] + ' ' + str(row[i][3]) + ' ')

        if cur.rowcount == 1:                             # 如果查询的是单独某个学生的信息，要填写更新表单
            v_name.set(row[0][0])                         # 姓名
            if row[0][1] == 1:                            # 性别
                v_sex.set(1)
            else:
                v_sex.set(0)
            v_birth.set(row[0][2])                        # 生日
            v_course.set(row[0][3])                       # 已修课程
            v_note.set(row[0][4])                         # 备注
        else:                                             # 表单中默认显示的内容
            v_name.set('')
            v_sex.set(1)
            v_birth.set('1970-01-01 00:00:00')
            v_course.set(0)
            v_note.set('')
    Button(master, text = '录    入', width = 10, command = ins_student).grid(row = 3, column = 5, columnspan = 2,
sticky = W, padx = 10, pady = 5)
    Button(master, text = '修    改', width = 10, command = upt_student).grid(row = 4, column = 5, columnspan = 2,
sticky = W, padx = 10, pady = 5)
    Button(master, text = '删    除', width = 10, command = del_student).grid(row = 5, column = 5, columnspan = 2,
sticky = W, padx = 10, pady = 5)
    Button(master, text = '查    询', width = 10, command = que_student).grid(row = 6, column = 5, columnspan = 2,
sticky = W, padx = 10, pady = 5)
    init()
    mainloop()
```

相关程序语句说明如下。

（1）引入 Tkinter 中的 ttk 组件。这里引入 ttk 是为了使用下拉列表控件来显示学生姓名。ttk 是 Python3.7 对其自身 GUI 的一个扩充，使用 ttk 以后的组件，同 Windows 操作系统的外观一致性更高，看起来也会舒服很多。ttk 的很多组件同 Tkinter 标准控件都是相同的，在这种情况下，ttk 将覆盖 Tkinter 原来的组件，代之以 ttk 的新特性。

（2）Tkinter 使用 Tk 接口创建 GUI 程序的主窗口界面，调用方法为：

窗口对象名 = Tk()

这样一句代码就可建好一个默认的主窗口，如果还需要编制主窗口的其他一些属性，可以调用窗口对象的方法，例如：

窗口对象名.title(标题名)	# 设置窗口标题
窗口对象名.geometry(宽 x 高+偏移量)	# 设置窗口尺寸

在定义好程序主窗口后，就可以往其中加入其他组件。

（3）这里设置标签的"compound"属性值为 TOP，表示将标题图片置于界面顶部。

（4）columnspan：这是 grid()方法的一个重要参数，作用是设置控件横向跨越的列数，即控件占据的宽度，这里设置图片标签框架的 columnspan 值为 7（横跨 7 列），使标题图片占满整个界面的顶部空间。

（5）rowspan：这也是 grid()方法的参数，作用与 columnspan 类同，但设置的是控件纵向跨越的行数，即控件占据的高度。本例设置学生信息列表框占据界面上的 4 行 5 列（rowspan = 4, columnspan = 5），为其留出左下方比较大的一片区域，看起来会很美观。实际应用中的界面设计，可通过灵活使用 rowspan 与 columnspan，就能制作出复杂丰富的图形界面来。

（6）在每次对数据库记录进行了录入、修改或删除之类的更新操作后，都要执行 init()函数以重新加载显示数据库中的全体学生信息，这是为了保证界面显示与后台数据库实际状态的同步。

实习 3.3.2 运行效果

右击 xscj.py，选择"Run 'xscj'"选项运行 Python 程序，出现的界面效果如图 P3.15 所示，用户既可以通过界面录入、修改学生信息，也可以查询和删除特定学生的信息。

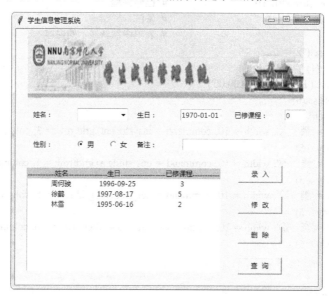

图 P3.15 程序运行效果

至此，这个基于 Python 3.7/Oracle 11g 的"学生成绩管理系统"已开发完成，读者还可以根据需要自行扩展其他的功能。

实习 *4* Android/Oracle 11g 学生成绩管理系统

本系统是用 Android Studio 3.5（以下简称 Android）开发移动端、Java Servlet 和 Tomcat 9.0 做 Web 端服务器的，移动端 Android 程序通过 HTTP 与 Web 服务器交互来访问后台的 Oracle 11g。

实习 4.1　Android Studio 3.5 开发环境的搭建

想了解 Android 开发环境搭建的详细内容，可扫描右边的二维码。

实习 4.1.1　基本原理

当前实际的互联网应用系统大多采用如下"移动端—Web 服务器—后台数据库"的 3 层架构方式，如图 P4.1 所示，在保证安全性的同时又能提高系统的性能和可用性。

搭建完整文档

Andriod　　　　　　　　Web　　　　　　　　　DB

图 P4.1　互联网应用的通用架构

在这种架构下，移动端是通过 HTTP 协议，由 Web 服务器间接操作数据库的。Android 为 HTTP 编程提供了 HttpURLConnection 类，它的功能非常强大，具有广泛的通用性，可用它连接 Java/Java EE、.NET、PHP 等几乎所有主流平台的 Web 服务器，为简单起见，本实习所用 Web 服务器是基于 Tomcat 9.0 的 Java Servlet 程序，由它来操作后台 DB 服务器上的 Oracle 11g，向移动前端返回信息，整个系统共涉及 3 台计算机，具体内容如下。

- **移动端**：华硕笔记本（192.168.0.183，Win10）。装有 Android 3.5 和 Eclipse，运行 Android 移动端。
- **Web 服务器**：联想笔记本（192.168.0.138，Win7 64 位），装有 Tomcat 9.0 和 JDK。部署开发好的 Java Servlet 服务器程序。
- **DB 服务器**：华硕笔记本（192.168.0.252，Windows Server 2012 R2 标准版 64 位），装有 Oracle 11g。

运行时系统的工作流程如图 P4.2 所示。

使用 JSON 格式在 Web 服务器与移动端之间传输数据，这也是目前绝大多数互联网应用的真实情形。为能更深刻地理解互联网的这种架构和应用模式，建议读者最好准备 3 台计算机来进行实验，当然，如果条件实在不具备，也可以在一台计算机上模拟完成。

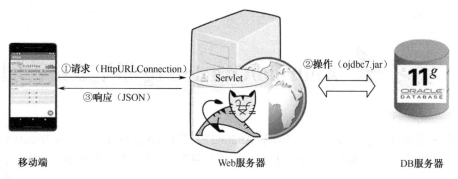

图 P4.2　系统工作流程

实习 4.1.2　开发工具安装

本实习移动端程序开发需要 Android Studio、服务器端程序开发需要 Eclipse，而这些工具的运行本身又离不开 JDK，服务器端程序的运行还需要以 Tomcat 为载体，故整个系统所需的开发工具种类比较庞杂，在环境配置上需要花费不少时间和精力，不过读者也不用怕，只要按照下面介绍的步骤按部就班地进行就可以了。

1.　安装 JDK

在移动端计算机上安装 JDK。

2.　安装 Android Studio

在移动端计算机上安装 Android Studio。

3.　安装 Eclipse

使用最新的 Eclipse IDE 作为开发 Web 端 Java 程序的工具，目前官方只提供 Eclipse 安装器的下载，下载地址为 https://www.eclipse.org/downloads/，获取文件名为 eclipse-inst-win64.exe。

实际安装时先必须确保计算机处于联网状态，然后启动 eclipse-inst-win64.exe 选择要安装的 Eclipse IDE 类型，选择 "Eclipse IDE for Enterprise Java Developers" 选项（Jave EE 版），安装全过程要始终确保联网，以实时下载所需的文件。

4.　安装 Tomcat

本实习需要安装两个 Tomcat，一个位于移动端开发机器，另一个位于 Web 服务器计算机。其中，移动端开发机器上的 Tomcat 主要作用是供 Eclipse 开发过程中调试 Web 程序之用，实际运行时还必须将程序部署到 Web 服务器上的 Tomcat 中才行。

5.　配置 Eclipse 环境中的 Tomcat

将 Tomcat 与 Eclipse IDE 整合起来，才能从 Eclipse 环境启动 Tomcat 来调试运行程序。

> 👓👓注意：
> Eclipse 环境使用的 Tomcat 与从开发环境外部直接启动的 Tomcat 是两个不同的 Web 服务器实例，但它们共用同一个端口（同一时刻两者只能启动一个）。

实习 4.2　Web 应用开发和部署

实习 4.2.1　创建动态 Web 项目

服务端的 Web 程序使用 Java 的 Servlet 实现，在 Eclipse IDE 环境下开发，选择"File"→"New"→"Dynamic Web Project"，出现如图 P4.3 所示对话框，给项目命名为"MyServlet"。

在"Web Module"页勾选"Generate web.xml deployment descriptor"复选项，单击"Finish"按钮，如图 P4.4 所示。

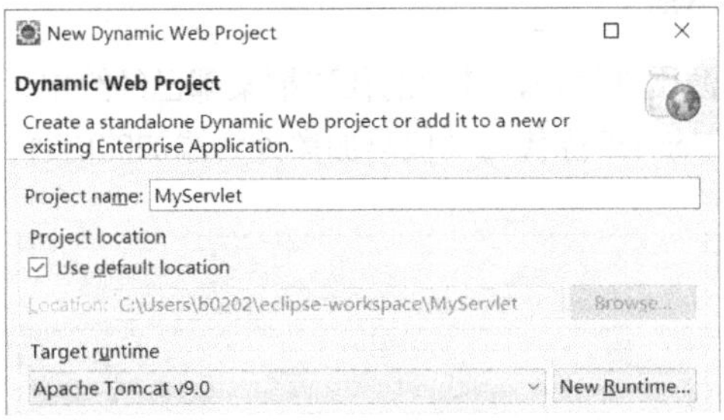

图 P4.3　创建动态 Web 项目 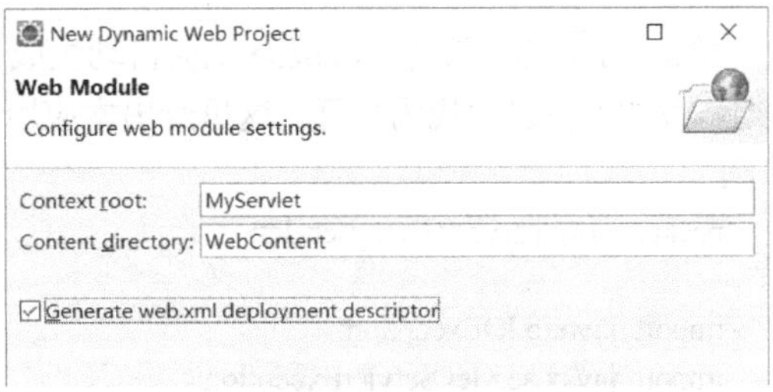　　　　　　　　　图 P4.4　自动生成 web.xml 文件

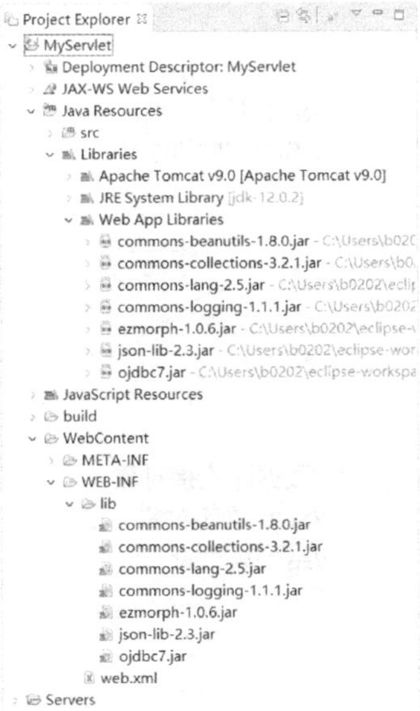

图 P4.5　项目目录的细节

项目创建完成后，在 Eclipse 开发环境左侧的树状视图中，可看到该项目的组成目录结构，这个运行在 Web 端的程序负责接收 Android 程序发来的请求，根据 Android 程序的要求去操作后台的 Oracle 11g 数据库，故离不开 JDBC 驱动包，这里使用的是 ojdbc7.jar；又由于 Web 服务程序是以 JSON 格式向移动端返回数据的，故还需要使用到 JSON 相关的包，可从网络下载获得，一共有 6 个.jar 包，具体内容如下：

```
commons-beanutils-1.8.0.jar
commons-collections-3.2.1.jar
commons-lang-2.5.jar
commons-logging-1.1.1.jar
ezmorph-1.0.6.jar
json-lib-2.3.jar
```

将它们连同数据库驱动 ojdbc7.jar 包一起复制到项目的 lib 目录中，直接刷新即可，最终形成的项目目录细节如图 P4.5 所示。

实习 4.2.2　编写 Servlet 程序

现在 Eclipse IDE 已经支持在 src 下直接创建 Servlet 源文件模板，自动生成 Servlet 的代码框架即可运行，不需要再配置 web.xml。在项目 src 下创建包 org.easybooks.myservlet，右击此包，选择"New"→"Servlet"，在弹出的对话框向导中输入 Servlet 类名，于多个页面上根据需要配置 Servlet 的具体属性（这里都使用默认），如图 P4.6 所示。

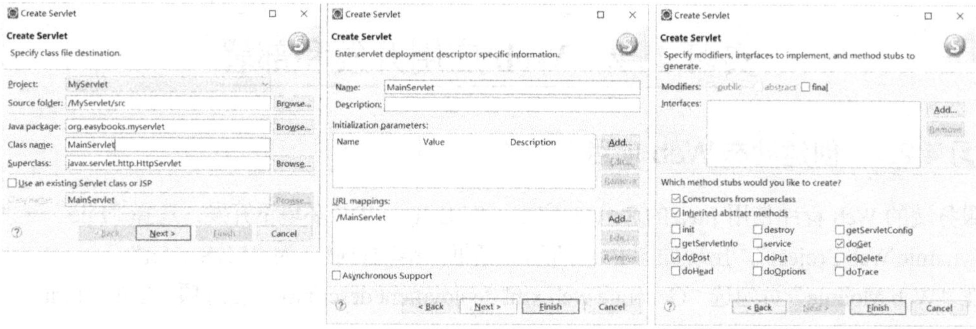

图 P4.6　创建 Servlet

单击"Finish"按钮，Eclipse 就会自动生成 Servlet 源文件模板，其中的代码框架都已经给出了，只须修改加入自己的代码即可。这里给出本应用使用的 Servlet 源代码（代码加黑处为添加的内容），如下：

```java
package org.easybooks.myservlet;

import java.io.IOException;
import javax.servlet.ServletException;
import javax.servlet.annotation.WebServlet;
import javax.servlet.http.HttpServlet;
import javax.servlet.http.HttpServletRequest;
import javax.servlet.http.HttpServletResponse;
import java.io.*;                                    //IO 操作的库
import java.sql.*;                                   //SQL 操作的库
import net.sf.json.*;                                //JSON 操作的库

/**
 * Servlet implementation class MainServlet
 */
@WebServlet("/MainServlet")
public class MainServlet extends HttpServlet {
    private static final long serialVersionUID = 1L;
    private Connection conn = null;                  //数据库连接对象
    private Statement stmt = null;                   //SQL 语句对象
    private ResultSet rs = null;                     //结果集对象

    /**
     * @see HttpServlet#HttpServlet()
     */
    public MainServlet() {
        super();
        // TODO Auto-generated constructor stub
    }

    /**
     * @see HttpServlet#doGet(HttpServletRequest request, HttpServletResponse response)
     */
    protected void doGet(HttpServletRequest request, HttpServletResponse response) throws ServletException,
IOException {
```

```
                // TODO Auto-generated method stub
                response.setCharacterEncoding("utf-8");                    //必须有这句，否则中文显示为???
                response.setContentType("application/json");               //设置以 JSON 格式向移动端返回数据
                //创建 JSON 数据结构                                        // （1）
                JSONObject jobj = new JSONObject();                        //创建 JSON 对象
                JSONArray jarray = new JSONArray();                        //创建 JSON 数组对象
                //访问 Oracle 11g 数据库读取内容
            try {
                Class.forName("oracle.jdbc.driver.OracleDriver");          //加载 Oracle 11g 数据库驱动类
                conn = DriverManager.getConnection("jdbc:oracle:thin:@SMONGO:1521:XSCJ", "SCOTT",
"Mm123456");                                                              //获取到 Oracle 11g 数据库的连接
                stmt = conn.createStatement();
                //解析移动端请求中的数据项                                   // （2）
                String data = request.getParameter("data");                //数据项（可以是备注、学生姓名）
                String nm = request.getParameter("nm");                    //当前要操作（修改、删除）的学生姓名
                String opt = request.getParameter("opt");                  //所要执行的操作
                if(!(data == null||data.length() <= 0)) {
                    if(opt.equals("upt")) {                                //修改学生信息
                        String sql = "UPDATE XS SET BZ = '" + data + "' WHERE XM = '" + n
m + "'";
                        stmt.executeUpdate(sql);
                    }
                    if(opt.equals("del")) {                                //删除学生信息
                        String sql = "DELETE FROM XS WHERE XM = '" + nm + "'";
                        stmt.executeUpdate(sql);
                    }
                }
                if(opt != null && opt.equals("que") && !(data == null||data.length() <= 0))
                    rs = stmt.executeQuery("SELECT * FROM XS WHERE XM = '" + data + "'");
                                                                           //查询某学生的信息记录
                else
                    rs = stmt.executeQuery("SELECT * FROM XS");    // （3）
                int i = 0;
                while (rs.next()) {                                        //遍历查询结果
                    JSONObject jstu = new JSONObject();                    //临时 JSON，存储结果集中为一条记录
                    jstu.put("name", rs.getString("XM").toString().trim()); //姓名
                    jstu.put("birth", rs.getDate("CSSJ").toString());      //生日
                    jstu.put("note", rs.getString("BZ") == null ? " " : rs.getString("BZ"));
                                                                           //备注
                    jarray.add(i, jstu);                                   //将单个 JSON 对象添加进数组
                    i++;
                }
                jobj.put("list", jarray);                                  //将 JSON 数组再封装入 JSON 对象
            } catch (ClassNotFoundException e) {
                jobj.put("err", e.getMessage());
            } catch (SQLException e) {
                jobj.put("err", e.getMessage());
            } finally {
                try {
                    if (rs != null) {
                        rs.close();                                        //关闭 ResultSet 对象
```

```
                            rs = null;
                        }
                        if (stmt != null) {
                            stmt.close();                               //关闭 Statement 对象
                            stmt = null;
                        }
                        if (conn != null) {
                            conn.close();                               //关闭 Connection 对象
                            conn = null;
                        }
                    } catch (SQLException e) {
                        jobj.put("err", e.getMessage());
                    }
                }
                PrintWriter return_to_client = response.getWriter();
                return_to_client.println(jobj);                         //将 JSON 对象返回移动端
                return_to_client.flush();
                return_to_client.close();
        }


        /**
         * @see HttpServlet#doPost(HttpServletRequest request, HttpServletResponse response)
         */
        protected void doPost(HttpServletRequest request, HttpServletResponse response) throws ServletException,
IOException {
                // TODO Auto-generated method stub
                doGet(request, response);
        }


}
```

相关程序语句说明如下。

（1）本程序中一共创建了两个 JSON 数据结构：一个为 JSON 对象 jobj；另一个为 JSON 数组 jarray。程序从后台 Oracle 11g 数据库中读取的数据会先遍历包装为一个个临时的 JSON 对象（jstu），将这些 JSON 对象存入数值 jarray，然后将数组 jarray 再封装入一个总的 JSON 对象 jobj（"list"）中，最后将这个总的 JSON 对象返回给移动端。

（2）移动端请求中有三个数据项（在请求的 URL 地址后携带，以&分隔）：data 是要修改的数据项内容，也可表示要查询的学生姓名；nm 是要对其执行操作，如修改、删除操作的学生姓名；opt 则表示所要执行的操作类型，有 upt（修改）、del（删除）和 que（查询）三个选项，服务器程序就是根据以上三个数据项的取值来知道移动端所要执行的操作的。例如：

```
data='考上研究生'&nm='周何骏'&opt='upt'
```

表示将数据库中姓名为'周何骏'的学生备注信息修改为'考上研究生'。

（3）如果用户发来空信息（未输入任何内容），则直接读取返回数据库中所有学生的信息。

实习 4.2.3　打包部署 Web 项目

1. 项目打包

将编写完成的 Servlet 程序打包成.war 文件。用 Eclipse 对项目打包的基本操作为：右击项目

MyServlet，选择"Export"→"WAR file"，从弹出对话框中选择打包.war 文件的存放路径，如图 P4.7
所示，单击"Finish"按钮即可。

图 P4.7　打包项目

将打包形成的.war 文件直接复制到 Web 服务器上 Tomcat（注意不是本地 Eclipse 开发环境的
Tomcat）的 webapps 目录下。

2. 测试 Web 服务器

打包部署完成，启动 Web 服务器上的 Tomcat，可先在客户端用浏览器访问 http://192.168.0.138:8
080/MyServlet/MainServlet 测试是否成功，如果出现如图 P4.8 所示页面，上面以 JSON 格式字符串显
示出 Oracle 11g 数据库中存储的学生信息记录，就表示 Web 服务器环境已经搭建成功了。

图 P4.8　测试 Web 服务器

实习 4.3　移动端 Android 程序开发

开发部署好 Web 服务器端程序后，接下来继续开发移动端 Android 程序。

实习 4.3.1　创建 Android 工程

在之前安装好的 Android Studio 环境中创建 Android 工程，步骤如下。

（1）启动 Android Studio 后出现如图 P4.9 所示窗口，选择"Start a new Android Studio project"选
项创建新的 Android 工程。

（2）在"Choose your project"页选择"Basic Activity"选项（最基本的 Activity 类型），如图 P4.10
所示，单击"Next"按钮进入下一步。

图 P4.9　创建一个新的 Android Studio 工程

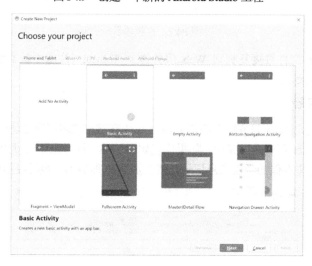

图 P4.10　选择 Activity 类型

（3）在"Configure your project"页填写应用程序名等相关的信息，这里输入程序名为"xscj"，如图 P4.11 所示。填写完毕后单击"Finish"按钮。

图 P4.11　填写应用程序名等信息

稍等片刻，系统显示开发界面，Android 工程创建成功。

实习 4.3.2　设计界面

在 Android 工程 content_main.xml 文件的设计（Design）模式下拖曳设计 Android 程序界面，如图 P4.12 所示。

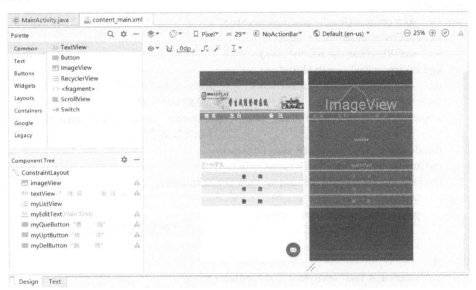

图 P4.12　Android 程序界面

在界面顶部以一个图像视图（ImageView）来显示"学生成绩管理系统"的标题图片，该图片文件名为 student.gif，放置在项目工程的资源目录\xscj\app\src\main\res\drawable 下；接下来的文本视图（TextView）显示"姓名　生日　备注"列表标题；其下是一个列表框（ListView）控件，用于显示 Oracle 11g 数据库中存放的学生信息记录，背景设为绿色；列表框下的编辑框（EditText）是供用户输入要更新修改的信息内容或要查询的学生姓名的；底部的三个按钮可分别执行查询、修改和删除操作。

实习 4.3.3　编写移动端代码

移动端的程序代码全部位于 MainActivity.java 源文件中，代码如下：

```
package com.easybooks.xscj;
...
//导入 Android 内置的 JSON 库
import org.json.JSONArray;
import org.json.JSONException;
import org.json.JSONObject;

public class MainActivity extends AppCompatActivity implements AdapterView.OnItemClickListener {
    private ListView myListView;                  //列表框（显示 Oracle 11g 数据库的学生信息）
    private List<String> list;                    //存储学生信息的 List 结构，与列表框绑定
    private ArrayAdapter<String> adapter;         //Array 适配器，用来给列表框绑定数据源
    private EditText myEditText;                   //编辑框（提供给用户输入更新的信息内容）
    private HttpURLConnection conn = null;         //HTTP 连接对象（Android 程序与服务器交互的工具）
```

```java
        private InputStream stream = null;                    //输入流（存放获取到的响应内容）
        private Button myQueButton;                           // "查询" 按钮
        private Button myUptButton;                           // "修改" 按钮
        private Button myDelButton;                           // "删除" 按钮
        private String cname;                                 //当前用户所操作的学生姓名（点选列表项确定）


        @Override
        protected void onCreate(Bundle savedInstanceState) {
            super.onCreate(savedInstanceState);
            setContentView(R.layout.activity_main);
            myListView = findViewById(R.id.myListView);
            myListView.setOnItemClickListener(this);          //绑定列表项单击事件监听
            list = new ArrayList<>();                         //创建 List 结构
            adapter = new ArrayAdapter<String>(this, R.layout.support_simple_spinner_dropdown_item, list);
                                                              //创建数据适配器
            myEditText = findViewById(R.id.myEditText);
            myQueButton=findViewById(R.id.myQueButton);
            myQueButton.setOnClickListener(new View.OnClickListener() {
                @Override
                public void onClick(View view) {
                    onSubmitClick("que");                     //单击 "查询" 按钮时执行
                }
            });
            myUptButton = findViewById(R.id.myUptButton);
            myUptButton.setOnClickListener(new View.OnClickListener() {
                @Override
                public void onClick(View view) {
                    onSubmitClick("upt");                     //单击 "修改" 按钮时执行
                }
            });
            myDelButton=findViewById(R.id.myDelButton);
            myDelButton.setOnClickListener(new View.OnClickListener() {
                @Override
                public void onClick(View view) {
                    onSubmitClick("del");                     //单击 "删除" 按钮时执行
                }
            });
            connToWeb();                                      //发起对 Web 服务器的连接（自定义方法）
            ...
        }
        ...
        /////////////////////////////////////////////////////
        //连接 Web 服务器的方法
        public void connToWeb() {
            new Thread(new Runnable() {                       //连接服务器是耗时操作，必须放入子线程
                @Override
                public void run() {
                    try {
                        URL url = new URL("http://192.168.0.138:8080/MyServlet/MainServlet");
                                                              //Web 端 Servlet 地址
                        conn = (HttpURLConnection) url.openConnection();   //获取 HTTP 连接对象
```

```
                    conn.setRequestMethod("GET");      //请求方式为 GET（从指定的资源请求数据）
                    conn.setConnectTimeout(3000);      //连接超时时间
                    conn.setReadTimeout(9000);         //读取数据超时时间
                    conn.connect();                    //开始连接 Web 服务器
                    stream = conn.getInputStream();    //获取服务器的响应（输入）流
                    refresh_UI(stream);       //移动端对获取输入流的解析和刷新
                                              //前端 UI 的 Message-Handler 操作全都封装
                                              //为了避免代码冗余
            } catch (Exception e) {
            } finally {
                try {
                    if (stream != null) {
                        stream.close();                //关闭输入流
                        stream = null;
                    }
                    conn.disconnect();                 //断开连接
                    conn = null;
                } catch (Exception e) {
                }
            }
        }
    }).start();
}

public void refresh_UI(InputStream in) {
    BufferedReader bufReader = null;
    try {
        bufReader = new BufferedReader(new InputStreamReader(in));      //输入流数据放入读取缓存
        StringBuilder builder = new StringBuilder();
        String str = "";
        while ((str = bufReader.readLine()) != null) {
            builder.append(str);                       //从缓存对象中读取数据，并拼接为字符串
        }
        Message msg = Message.obtain();
        msg.what = 1000;
        msg.obj = builder.toString();                  //通过 Message 传递给主线程
        myHandler.sendMessage(msg);                    //通过 Handler 发送
    } catch (IOException e) {
    } finally {
        try {
            if (bufReader != null) {
                bufReader.close();                     //关闭读取缓存
                bufReader = null;
            }
        } catch (IOException e) {
        }
    }
}

private Handler myHandler = new Handler() {
    public void handleMessage(Message message) {
```

```
            try {
                JSONObject jObj = new JSONObject(message.obj.toString());
                                            //获取返回消息中的 JSON 对象
                JSONArray jArray = jObj.getJSONArray("list");
                                            //取出 JSON 对象中封装的 JSON 数组
                list.clear();
                for (int i = 0; i < jArray.length(); i++) {          //遍历、逐条解析学生信息
                    JSONObject jStu = jArray.getJSONObject(i); //当前学生信息存储在临时的 JSON 中
                    String name = jStu.getString("name");       //姓名
                    String birth = jStu.getString("birth");        //生日
                    String note = jStu.getString("note");         //备注
                    if (name.length() == 3)                       //分两种情形是为了列表能对齐显示
                        list.add(name + "          " + birth + "          " + note);
                    else
                        list.add(name + "             " + birth + "          " + note);
                }
                myListView.setAdapter(adapter);                   //将界面列表框绑定适配器（数据源）
            } catch (JSONException e) {
                myEditText.setText(e.getMessage());
            }
        }
    }
};

@Override                                              //用户选择列表项时触发
public void onItemClick(AdapterView<?> adapterView, View view, int pos, long id) {
    myEditText.setText(list.get(pos).split("       ")[2]);          //备注信息显示在编辑框中
    cname = list.get(pos).split("            ")[0];                  //获取当前选中的学生姓名
}

public void onSubmitClick(final String opt) {                     //用户单击按钮时执行的提交方法
    new Thread(new Runnable() {
        @Override
        public void run() {
            try {
                URL url = new URL("http://192.168.0.138:8080/MyServlet/MainServlet?data=" + myE
ditText.getText().toString() + "&nm=" + cname + "&opt=" + opt);      //请求 URL 要携带的参数
                conn = (HttpURLConnection) url.openConnection();
                conn.setRequestMethod("GET");
                conn.setConnectTimeout(3000);
                conn.setReadTimeout(9000);
                conn.connect();
                stream = conn.getInputStream();
                refresh_UI(stream);
            } catch (Exception e) {
            } finally {
                try {
                    if (stream != null) {
                        stream.close();
                        stream = null;
                    }
                    conn.disconnect();
```

```
                              conn = null;
                      } catch (Exception e) {
                      }
                   }
               }
         }).start();
      }
   }
```

从以上代码可以看到,初始启动 Android 程序时会默认执行 connToWeb()方法连接到 Web 服务器,这个方法的请求 URL 中不带任何参数,服务器默认将后台 Oracle 11g 数据库中所有的学生信息查询出来包装进 JSON 返回给移动端显示。当用户从移动界面上选择学生记录或输入内容,单击相应的提交按钮后,程序执行的是 onSubmitClick(final String opt)方法,这个方法的实现代码与 connToWeb()方法几乎完全一样,唯一的不同在于其请求 URL 后携带了参数信息,服务器正是根据这些参数信息来决定移动端用户所要求的具体操作类型、操作对象和操作数据内容的。

编写完 Android 主程序代码后,不要忘记在工程 AndroidMainifest.xml 中添加 "android:usesCleartextTraffic=true"(允许 http 明文传输)及 "<uses-permission android:name=android.permission.INTERNET/>"(打开互联网访问权限):

```
<?xml version="1.0" encoding="utf-8"?>
<manifest xmlns:android="http://schemas.android.com/apk/res/android"
     package="com.easybooks.xscj">

    <application
         android:allowBackup="true"
         android:icon="@mipmap/ic_launcher"
         android:label="@string/app_name"
         android:roundIcon="@mipmap/ic_launcher_round"
         android:supportsRtl="true"
         android:usesCleartextTraffic="true"                          //允许 http 明文传输
         android:theme="@style/AppTheme">
         <activity
              ...
         </activity>
    </application>
    <uses-permission android:name="android.permission.INTERNET"/>     //打开互联网访问权限
</manifest>
```

实习 4.3.4　运行效果

最终移动端程序运行的界面效果如图 P4.13 所示,用户可以通过前端 APP 界面查询、修改或删除后台 Oracle 11g 数据库中的学生信息。

至此,这个基于 Android/Oracle 11g 的 "学生成绩管理系统" 已开发完成,读者还可以根据需要自行扩展其他的功能。

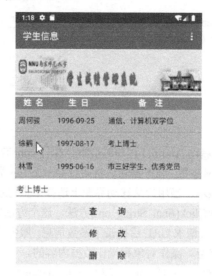

图 P4.13　移动端 APP 程序运行效果

实习 5 Visual C# /Oracle 11g 学生成绩管理系统

近年来，微软.NET 越来越流行，已成为与 PHP、Java EE 并驾齐驱的主流应用开发平台。本实习基于最新的.NET 4.5.2，以 Visual Studio 2015（VS 2015）作为开发环境，采用 C#编程语言实现"学生成绩管理系统"，仍以 Oracle 11g 作为后台数据库，最终开发出来的系统是 C/S 模式的 Windows 桌面 GUI 应用程序。

实习 5.1 ADO.NET 架构原理

同其他.NET 开发语言一样，在 Visual C#语言中对数据库的访问是通过.NET 框架中的 ADO.NET 实现的。ADO.NET 提供了面向对象的数据库视图，封装了许多数据库属性和关系，隐藏了数据库访问的细节。.NET 应用程序可以在完全"不知道"这些细节的情况下连接到各种数据源，并进行检索、操作和更新数据。如图 P5.1 所示为 ADO.NET 架构。

在 ADO.NET 中，数据集与数据提供程序（数据提供器）是两个非常重要且相互关联的核心组件。它们之间的关系如图 P5.2 所示，（a）是数据提供程序，（b）是数据集。

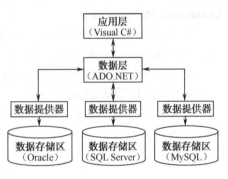

图 P5.1　ADO.NET 架构

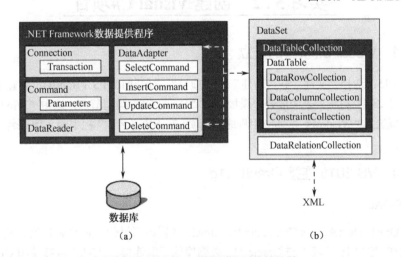

图 P5.2　数据集与数据提供程序的关系

（1）数据集（DataSet）

数据集相当于内存中暂存的数据库，不仅可以包括多张表，还可以包括表之间的关系和约束。ADO.NET 允许将不同类型的表复制到同一个数据集中，甚至还允许将表与 XML 文档组合到一起协同操作。

一个 DataSet 由 DataTableCollection（数据表集合）和 DataRelationCollection（数据关系集合）两部分组成。其中，DataTableCollection 包含该 DataSet 中的所有 DataTable（数据表）对象，DataTable 类在 System.Data 命名空间中定义，表示内存驻留数据的单个表。每个 DataTable 对象都包含一个由 DataColumnCollection 表示的列集合，以及由 ConstraintCollection 表示的约束集合，这两个集合共同定义了表的架构。此外还包含了一个由 DataRowCollection 表示的行集合，其中包含表中的数据。DataRelationCollection 则包含该 DataSet 中存在的所有表与表之间的关系。

（2）数据提供程序（Provider）

.NET Framework 数据提供程序用于连接数据库、执行命令和检索结果，可以使用它直接处理检索到的结果，或将其放入 DataSet 对象中，以便与来自多个源的数据或在层之间进行远程处理的数据组合在一起，以特殊方式向用户公开。

数据提供程序包含 4 种核心对象，它们的作用如下。

① Connection。指建立与特定数据源的连接。在进行数据库操作之前，首先要建立对数据库的连接，Oracle 11g 数据库的连接对象为 OracleConnection 类，其中包含了建立连接所需要的连接字符串（ConnectionString）属性。

② Command。指对数据源操作命令的封装。Oracle 11g 数据库的.NET Framework 数据提供程序包括一个 OracleCommand 对象，其中 Parameters 属性给出了 SQL 命令参数集合。

③ DataReader。指使用 DataReader 可以实现对特定数据源中的数据进行高速、只读、只向前的访问。Oracle 11g 数据提供程序包括一个 OracleDataReader 对象。

④ DataAdapter。指利用连接对象（Connection）连接数据源，使用命令对象（Command）规定的操作（SelectCommand、InsertCommand、UpdateCommand 或 DeleteCommand）将从数据源中检索出数据送往数据集，或者将数据集中经过编辑后的数据送回数据源。

实习 5.2　创建 Visual C#项目

实习 5.2.1　Visual C#项目的建立

启动 VS 2015，选择"文件"→"新建"→"项目"，打开如图 P5.3 所示的"新建项目"对话框。在窗口左侧"已安装"树状列表中展开"模板"→"Visual C#"类型节点，选中"Windows"子节点，在窗口中间区域选择"Windows 窗体应用程序"选项，在下方"名称"栏中输入项目名 xscj，单击"确定"按钮即可。

实习 5.2.2　VS 2015 连接 Oracle 11g

1. 安装 ODAC

ODAC（Oracle Data Access Components，Oracle 数据访问组件）是 Oracle 官方提供的数据库组件，可以实现在 VS 2015 环境下与 Oracle 11g 数据库的无缝连接。ODAC 直接使用 Oracle 系统调用接口（OCI），它是一种允许应用程序开发人员使用第三方开发语言存取 Oracle 数据服务器的过程或函数，以及控制所有的 SQL 语句执行状态的应用程序接口（API）。OCI 不仅可以通过一个动态运行库（ORA*.DLL）提供一个标准的数据库存取库及函数，用以在应用程序中建立连接，也可以使用 ODAC 的 Net 选项且无须在客户机上安装 Oracle 11g 客户端。在这种情况下，ODAC 仅需要 TCP/IP 协议的支持，就可以创建真正的、最小的数据库应用程序。读者可从 Oracle 官网下载 ODAC，地址为 https://www.oracle.com/database/technologies/dotnet-odacmsi-downloads.html，可获得可执行文件
ODTforVS2015_183000.exe，双击启动安装向导，如图 P5.4 所示。

图 P5.3　创建 Visual C#项目

图 P5.4　进入 ODAC 安装向导

单击"下一步"按钮，在接下来的界面单击"安装"按钮开始安装进程，稍候片刻，出现如图 P5.5
所示的"安装已完成"界面，其上显示了配置文件所在的路径，这个路径很有用，需要读者记录下
来，在配置 Oracle 系统连接参数时会用到。

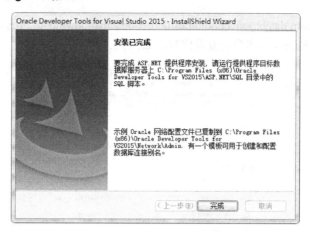

图 P5.5　安装完成

单击"完成"按钮结束安装。

2. 配置 Oracle 连接参数

进入安装目录 C:\Program Files (x86)\Oracle Developer Tools for VS2015\Network\Admin\（这个就是上图安装完后提示的目录路径）中，有一个 tnsnames.ora 文件，打开并在其末尾添加配置语句如下：

```
XSCJ =
  (DESCRIPTION =
    (ADDRESS = (PROTOCOL = TCP)(HOST = SMONGO)(PORT = 1521))
    (CONNECT_DATA =
      (SERVER = DEDICATED)
      (SERVICE_NAME = XSCJ.domain)
    )
  )
```

3. 添加引用

在项目中添加引用，安装完 ODAC 后就可以看到在引用管理器列表中多了个 Oracle.ManagedDataAccess 项，如图 P5.6 所示，将其添加进项目引用中来。

图 P5.6　添加引用

4. 配置连接字符串

在"解决方案资源管理器"中展开项目"xscj"的树状目录，双击打开配置文件"App.config"，在其中配置<connectionStrings>节点，利用"键/值"对存储数据库连接字符串，代码如下：

```
<?xml version="1.0" encoding="utf-8" ?>
<configuration>
    <connectionStrings>
        <add  name="ConnectionString"  connectionString=  "Data  Source=XSCJ;User  ID=SCOTT;
Password=Mm123456"
            providerName="System.Data.OracleClient" />
    </connectionStrings>
    <startup>
        <supportedRuntime version="v4.0" sku=".NETFramework,Version=v4.5.2" />
    </startup>
</configuration>
```

在编程时只需导入命名空间 Oracle.ManagedDataAccess.Client 即可编写连接、访问 Oracle 11g 数据库的代码。

实习5.3 系统主界面设计

实习 5.3.1 总体布局

本系统是桌面窗体应用程序，其主界面总体布局分为三大块，如图 P5.7 所示。

图 P5.7 "学生成绩管理系统"主界面的总体布局

整个主界面分上、中、下三部分，其中上、下两部分各是一张 PictureBox（图片框）；中间部分为 TabControl 控件，它可作为容器使用，包含多个可切换的 TabPage（选项页）。向上部的 PictureBox 中加载图片"学生成绩管理系统"；向下部的 PictureBox 中加载图片"底端图片"；设置 TabControl 控件的 TabPages 属性，在"TabPage 集合编辑器"对话框中添加两个选项页（tabPage1 和 tabPage2），将它们的 Text 属性分别设为"学生管理"和"成绩管理"，运行程序时可通过单击相应的选项卡在这两个页面之间进行切换。

实习 5.3.2 详细设计

下面通过用鼠标从工具箱中拖曳控件的方式，分别设计"学生管理"和"成绩管理"这两个不同功能选项页的界面。

1. "学生管理"选项页的界面

"学生管理"选项页的界面设计如图 P5.8 所示。

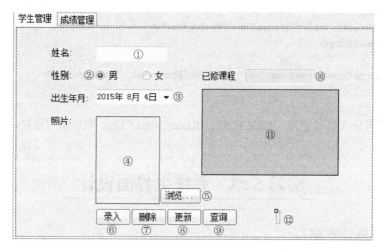

图 P5.8 "学生管理"选项页的界面设计

为便于说明，这里对图中的关键控件都进行了编号，各控件的类别、名称与属性在表 P5.1 中列出。

表 P5.1 "学生管理"选项页的界面控件设置

编 号	类 别	名 称	属 性
①	TextBox	tBxXm	Text 值清空
②	RadioButton	rBtnMale 和 rBtnFemale	两者的 Text 属性分别设为"男"和"女"
③	DateTimePicker	dTPCssj	—
④	PictureBox	pBxZp	—
⑤	Button	btnLoadPic	Text 属性设为"浏览…"
⑥	Button	btnIns	Text 属性设为"录入"
⑦	Button	btnDel	Text 属性设为"删除"
⑧	Button	btnUpd	Text 属性设为"更新"
⑨	Button	btnQue	Text 属性设为"查询"
⑩	TextBox	tBxKcs	BackColor 属性设为 LightGray
⑪	DataGridView	dGVKcCj	AutoSizeColumnsMode 属性设为 DisplayedCells
⑫	Label	lblMsg1	Text 值清空

2. "成绩管理"选项页的界面

"成绩管理"选项页的界面设计如图 P5.9 所示。

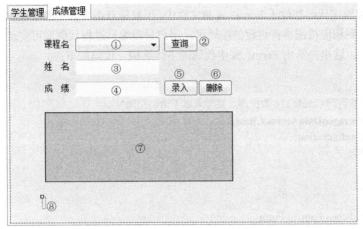

图 P5.9 "成绩管理"选项页的界面设计

各控件的编号、类别、属性名称与属性在表 P5.2 中列出。

表 P5.2 "成绩管理"选项页的界面控件设置

编 号	类 别	名 称	属 性
①	ComboBox	cBxKcm	DropDownStyle 属性设为 DropDownList
②	Button	btnQueCj	Text 属性设为"查询"
③	TextBox	tBxName	Text 值清空
④	TextBox	tBxCj	Text 值清空
⑤	Button	btnInsCj	Text 属性设为"录入"
⑥	Button	btnDelCj	Text 属性设为"删除"
⑦	DataGridView	dGVXmCj	AutoSizeColumnsMode 属性设为 Fill RowHeadersVisible 属性设为 False
⑧	Label	lblMsg2	Text 值清空

实习 5.4 学生管理

实习 5.4.1 程序主体结构

"学生管理"功能的运行效果如图 P5.10 所示。

图 P5.10 "学生管理"功能的运行效果

本实习的全部程序代码都位于 Form1.cs 源文件中,用鼠标双击界面上的按钮就会自动打开该文件的编辑窗,并定位到相应按钮事件过程的编辑区,用户只需编写过程代码即可实现特定的功能。为使读者有个总的印象,这里先给出 Form1.cs 中代码的主体结构,代码如下:

```
using System;
…
/**为使程序能够访问 Oracle 11g 数据库,要导入以下命名空间*/
using Oracle.ManagedDataAccess.Client;
using System.Configuration;
using System.IO;

namespace xscj
{
    public partial class Form1 : Form
    {
        /**获取 Oracle 11g 数据库连接字符串(位于项目 App.config 文件中,见实习第 6.2.2 节)*/
        protected string connStr = ConfigurationManager.ConnectionStrings["xscj. Properties.Settings.
ConnectionString"].ConnectionString;
        protected string filename = "";                  //存储照片的文件名
        public Form1()
        {
            InitializeComponent();
        }

        private void Form1_Load(object sender, EventArgs e)
        {
            …
        }
        …
    }
}
```

其中,加黑代码是需要用户自己添加的,为节约篇幅,省略了一些系统自动生成的代码。

实习 5.4.2　功能实现

1. 录入学生信息

双击"录入"按钮,编写其事件过程代码如下:

```
private void btnIns_Click(object sender, EventArgs e)
{
    OracleConnection conn = new OracleConnection(connStr);            //创建 Oracle 系统连接
    string orclStr;
    if (filename != "")                                              //如果选择了照片
    {
        orclStr = "insert into XS values(:Name, :Sex, :Born, 0, NULL, :Photo)";
                                                                     //设置 SQL 语句(带照片插入)
    }
    else
    {                                                                //如果没选择照片
        orclStr = "insert into XS values(:Name, :Sex, :Born, 0, NULL, NULL)";
                                                                     //设置 SQL 语句(不带照片插入)
```

```
    }
    OracleCommand cmd = new OracleCommand(orclStr, conn);          //新建操作数据库的命令对象
    /*为命令添加参数*/
    cmd.Parameters.Add(":Name", OracleDbType.Char, 8).Value = tBxXm.Text.Trim();          //姓名
    if (rBtnMale.Checked)                                          //性别
        cmd.Parameters.Add(":Sex", OracleDbType.Char, 2).Value = rBtnMale.Text.Trim();
    else
        cmd.Parameters.Add(":Sex", OracleDbType.Char, 2).Value = rBtnFemale.Text.Trim();
    cmd.Parameters.Add(":Born", OracleDbType.Date).Value = dTPCssj.Value;          //出生时间
    if (filename != "")                                           //如果选择了照片则加入参数"Photo"
    {
        FileStream fs = new FileStream(filename, FileMode.Open, FileAccess.Read);
        MemoryStream ms = new MemoryStream();
        byte[] data = new byte[fs.Length];
        fs.Read(data, 0, (int)fs.Length);
        cmd.Parameters.Add(":Photo", OracleDbType.Blob);          //这里选择 Blob 类型
        cmd.Parameters[":Photo"].Value = data;                    //给"Photo"参数赋值
        filename = "";
    }
    try
    {
        conn.Open();                                              //打开数据库连接
        cmd.ExecuteNonQuery();                                    //执行 SQL 语句
        this.btnQue_Click(null, null);                            //查询后回显示该学生信息
        lblMsg1.Text = "添加成功！";
    }
    catch
    {
        lblMsg1.Text = "添加失败，请检查输入信息！";
    }
    finally
    {
        conn.Close();                                             //关闭数据库连接
    }
}
```

录入的学生如果有照片，还要提供让用户浏览和选择照片上传的功能。双击"浏览"按钮，编写事件过程代码如下：

```
private void btnLoadPic_Click(object sender, EventArgs e)
{
    OpenFileDialog opfDlg = new OpenFileDialog();                 //打开文件对话框
    opfDlg.InitialDirectory = Environment.GetFolderPath(Environment.SpecialFolder.Personal);
    opfDlg.Filter = "JPEG 图片|*.jpg|GIF 图片|*.gif|全部文件|*.*";   //过滤显示图片文件的类型
    if(opfDlg.ShowDialog(this)==DialogResult.OK)
    {
        filename = opfDlg.FileName;                               //取得照片文件名
        pBxZp.Image = Image.FromFile(filename);                  //将所选照片显示在图片框中
    }
}
```

2. 删除学生信息

双击"删除"按钮，编写其事件过程代码如下：

```csharp
private void btnDel_Click(object sender, EventArgs e)
{
    OracleConnection conn = new OracleConnection(connStr);              //创建 Oracle 系统连接
    string orclStr = "Delete From XS where XM =:Name";                  //设置删除的 SQL 语句
    OracleCommand cmd = new OracleCommand(orclStr, conn);               //新建操作数据库的命令对象
    cmd.Parameters.Add(":Name", OracleDbType.Char, 8).Value = tBxXm.Text.Trim();
                                                                        //添加参数
    try
    {
        conn.Open();                                                    //打开数据库连接
        int a = cmd.ExecuteNonQuery();                                  //执行 SQL 语句
        if (a == 1)                                                     //返回值为 1 时，则表示操作成功
        {
            this.btnQue_Click(null, null);
            lblMsg1.Text = "删除成功！";
        }
        else
        {
            lblMsg1.Text = "该学生不存在！";
        }
    }
    catch
    {
        lblMsg1.Text = "删除失败，请检查操作权限！";
    }
    finally
    {
        conn.Close();                                                   //关闭数据库连接
    }
}
```

3. 更新学生信息

双击"更新"按钮，编写其事件过程代码如下：

```csharp
private void btnUpd_Click(object sender, EventArgs e)
{
    OracleConnection conn = new OracleConnection(connStr);              //创建 Oracle 系统连接
    string orclStr = "update XS set";                                  //设置修改学生信息的 SQL 语句
    orclStr += " CSSJ=TO_DATE('" + dTPCssj.Value + "', 'YYYY-MM-DD hh24:mi:ss'),";
                                                                        //更新"出生时间"字段
    if (filename != "")                                                 //如果选择了照片
    {
        orclStr += " ZP =:Photo,";                                      //更新"照片"字段
    }
    if (rBtnMale.Checked)                                               //更新"性别"字段
        orclStr += "XB ='" + rBtnMale.Text.Trim() + "'";
    else
        orclStr += "XB ='" + rBtnFemale.Text.Trim() + "'";
orclStr += " where XM ='" + tBxXm.Text.Trim() + "'";
```

```
OracleCommand cmd = new OracleCommand(orclStr, conn);              //新建操作数据库的命令对象
/*读取新照片*/
FileStream fs = new FileStream(filename, FileMode.Open, FileAccess.Read);
MemoryStream ms = new MemoryStream();
byte[] data = new byte[fs.Length];
fs.Read(data, 0, (int)fs.Length);
cmd.Parameters.Add(":Photo", OracleDbType.Blob);                   //这里选择 Blob 类型
cmd.Parameters[":Photo"].Value = data;                            //给:Photo 参数赋值
filename = "";
try
{
    conn.Open();                                                  //打开数据库连接
    cmd.ExecuteNonQuery();                                        //执行 SQL 语句
    this.btnQue_Click(null, null);                               //查询后回显该学生的信息
    lblMsg1.Text = "更新成功！ ";
}
catch
{
    lblMsg1.Text = "更新失败，请检查输入信息！ ";
}
finally
{
    conn.Close();                                                //关闭数据库连接
}
}
```

4. 查询学生信息

双击"查询"按钮，编写其事件过程代码如下：

```
private void btnQue_Click(object sender, EventArgs e)
{
    OracleConnection conn = new OracleConnection(connStr);        //创建 Oracle 系统连接
    string orclStrSelect = "select XM, XB, TO_CHAR(CSSJ, 'YYYY-MM-DD') AS CSSJ, KCS, ZP from XS
where XM ='" + tBxXm.Text.Trim() + "'";                          //设置查询 SQL 语句
    string orclStrView = "select KCM AS 课程名, CJ AS 成绩 from XMCJ_VIEW";
                                                                 //查询视图的 SQL 语句
    try
    {
        /**查询学生基本信息*/
        conn.Open();                                             //打开数据库连接
        OracleCommand myCommand = new OracleCommand(orclStrSelect, conn);
        //创建 DataReader 对象以读取学生信息
        OracleDataReader reader = myCommand.ExecuteReader();
        if (reader.Read())                                       //读取数据不为空
        {
            /*查询到的学生信息赋值给界面上的各表单控件显示*/
            tBxXm.Text = reader["XM"].ToString();                //姓名
            string sex = reader["XB"].ToString();                //性别
            if (sex == "男")
                rBtnMale.Checked = true;
            else
                rBtnFemale.Checked = true;
```

```
                    string birthday = reader["CSSJ"].ToString();                    //出生时间
                    dTPCssj.Value = DateTime.ParseExact(birthday, "yyyy-MM-dd", null);
                    tBxKcs.Text = reader["KCS"].ToString();                          //课程数
                    //读取照片
                    if (pBxZp.Image != null)
                        pBxZp.Image.Dispose();
                    byte[] data = (byte[])reader["ZP"];
                    MemoryStream ms = new MemoryStream(data);
                    pBxZp.Image = Image.FromStream(ms);                              //照片
                    ms.Close();
                    lblMsg1.Text = "查找成功！";
                }
                else
                {
                    lblMsg1.Text = "该学生不存在！";
                    tBxXm.Text = "";
                    rBtnMale.Checked = true;
                    dTPCssj.Value = DateTime.Now;
                    pBxZp.Image = null;
                    tBxKcs.Text = "";
                    dGVKcCj.DataSource = null;
                    return;
                }
                /**执行存储过程*/
                OracleCommand proCommand = new OracleCommand();                      //创建 SQL 命令对象
                /*设置 SQL 命令各参数*/
                proCommand.Connection = conn;                                        //所用的数据连接
                proCommand.CommandType = CommandType.StoredProcedure;                //命令类型为"存储过程"
                proCommand.CommandText = "CJ_PROC";                                  //存储过程名
                OracleParameter OrclXm = proCommand.Parameters.Add("xm", OracleDbType.Char, 8);
                                                                                     //添加存储过程的参数
                OrclXm.Direction = ParameterDirection.Input;                         //参数类型为"输入参数"
                OrclXm.Value = tBxXm.Text.Trim();
                proCommand.ExecuteNonQuery();                                        //执行命令，生成视图
                /**访问视图*/
                OracleDataAdapter mda = new OracleDataAdapter(orclStrView, conn);
                DataSet ds = new DataSet();
                mda.Fill(ds, "XMCJ_VIEW");                                           //将视图数据读取到数据集中
                dGVKcCj.DataSource = ds.Tables["XMCJ_VIEW"].DefaultView;             //动态绑定数据源
            }
            catch
            {
                lblMsg1.Text = "查找失败，请检查操作权限！";
            }
            finally
            {
                conn.Close();                                                        //关闭数据库连接
            }
        }
```

实习 5.5　成绩管理

实习 5.5.1　课程名加载

"成绩管理"功能的运行效果如图 P5.11 所示。

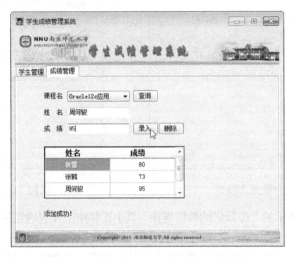

图 P5.11　"成绩管理"功能的运行效果

界面初始显示时，要向"课程名"下拉列表中预先加载所有的课程名称，这个操作可通过为组合框 cBxKcm 控件配置数据源来实现。

具体操作步骤如下：

（1）在 cBxKcm 控件的属性窗口中，从 DataSource 属性的下拉选项中选择"添加项目数据源"选项，进入"数据源配置向导"对话框，如图 P5.12 所示，选中"数据库"图标，单击"下一步"按钮。

（2）在如图 P5.13 所示的"选择数据库模型"页中选择"数据集"，单击"下一步"按钮，在如图 P5.14 所示的"添加连接"对话框中设置数据连接参数。

图 P5.12　进入"数据源配置向导"对话框

图 P5.13　选择数据库模型　　　　　　　　　　　　图 P5.14　设置连接参数

（3）在如图 P5.15 所示的"选择您的数据连接"页中选择刚刚设置的连接，单击"下一步"按钮，跟着向导往下走。

（4）在如图 P5.16 所示的"选择数据库对象"页中，勾选 KC 表的 KCM（课程名）列，单击"完成"按钮。

图 P5.15　选择数据连接　　　　　　　　　　　　图 P5.16　选择数据库对象

（5）最后，在窗体设计模式下，单击"课程名"组合框右上角的 ◁ 箭头，可看到它已经与 KC 表的 KCM 列绑定，如图 P5.17 所示。

完成后，就可以在"成绩管理"选项页的界面初始显示时自动加载数据库中已有课程名的列表。

图 P5.17　数据源绑定成功

实习 5.5.2　功能实现

1. 查询成绩

双击"查询"按钮，编写其事件过程代码如下：

```
private void btnQueCj_Click(object sender, EventArgs e)
{
        OracleConnection conn = new OracleConnection(connStr);              //创建 Oracle 系统连接
        string orclStr = "select XM AS  姓名, CJ AS  成绩  from CJ where KCM ='" + cBxKcm.SelectedValue + "'";
                                                                            //设置查询 SQL 语句
        try
        {
            conn.Open();                                                    //打开数据库连接
            OracleDataAdapter mda = new OracleDataAdapter(orclStr, conn);
            DataSet ds = new DataSet();
            mda.Fill(ds, "KCCJ");                                           //将查询数据读取到数据集中
            dGVXmCj.DataSource = ds.Tables["KCCJ"].DefaultView;             //动态绑定数据源
        }
        catch
        {
            lblMsg2.Text = "查找数据出错！";
        }
        finally
        {
            conn.Close();                                                   //关闭数据连接
        }
}
```

2. 录入成绩

双击"录入"按钮，编写其事件过程代码如下：

```
private void btnInsCj_Click(object sender, EventArgs e)
{
    //先查询是否已有该成绩记录，避免重复录入
    if (SearchScore(cBxKcm.SelectedValue.ToString(), tBxName.Text.Trim()))
```

```
        {
            lblMsg2.Text = "该记录已经存在！ ";
            return;
        }
        else
        {
            OracleConnection conn = new OracleConnection(connStr);              //创建 Oracle 系统连接
            String orclStr = "insert into CJ(XM, KCM, CJ) values('" + tBxName.Text.Trim() + "','" + cBxKcm.
SelectedValue + "'," + tBxCj.Text.Trim() + ")";                               //设置插入 SQL 语句
            try
            {
                conn.Open();                                                   //打开数据库连接
                OracleCommand cmd = new OracleCommand(orclStr, conn);   //新建操作数据库命令对象
                if (cmd.ExecuteNonQuery() > 0)                          //命令执行返回>0 时，则表示操作成功
                {
                    lblMsg2.Text = "添加成功！ ";
                    tBxName.Text = "";
                    tBxCj.Text = "";
                    this.btnQueCj_Click(null, null);                    //查询后回显成绩表信息
                }
                else
                    lblMsg2.Text = "添加失败，请确保有此学生！ ";
            }
            catch
            {
                lblMsg2.Text = "操作数据出错！ ";
            }
            finally
            {
                conn.Close();                                          //关闭连接
            }
        }
    }
```

上面代码中用到 SearchScore()方法来预先判断是否已有该成绩记录，该方法是用户自定义的方法，写在 Form1.cs 源文件中，代码如下：

```
/**自定义方法用于查询数据库已有的成绩记录，决定是否执行进一步操作*/
protected bool SearchScore(string kc, string xm)
{
    bool exist = false;                                              //记录存在标识
    OracleConnection conn = new OracleConnection(connStr);           //创建 Oracle 系统连接
string orclStr = "select * from CJ where KCM ='" + kc + "' and XM ='" + xm + "'";
                                                                     //查询 SQL 语句
    conn.Open();                                                     //打开数据库连接
    OracleCommand cmd = new OracleCommand(orclStr, conn);            //新建操作数据库命令对象
    OracleDataReader reader = cmd.ExecuteReader();                   //读取数据
    if (reader.Read())                                               //读取不为空时，则表示存在该记录
        exist = true;
    conn.Close();                                                    //关闭连接
    return exist;                                                    //返回存在标识
}
```

3. 删除成绩

双击"删除"按钮，编写其事件过程代码如下：

```
private void btnDelCj_Click(object sender, EventArgs e)
{
    //先查询是否有该成绩记录，有该记录才能删
    if (SearchScore(cBxKcm.SelectedValue.ToString(), tBxName.Text.Trim()))
    {
        OracleConnection conn = new OracleConnection(connStr);          //创建 Oracle 系统连接
        String orclStr = "delete from CJ where XM ='" + tBxName.Text + "' and KCM ='" + cBxKcm.SelectedValue
+ "'";
                                                                        //设置删除的 SQL 语句
        try
        {
            conn.Open();                                                //打开数据库连接
            OracleCommand cmd = new OracleCommand(orclStr, conn);
            if (cmd.ExecuteNonQuery() > 0)                              //命令执行返回>0 时，则表示操作成功
            {
                lblMsg2.Text = "删除成功！ ";
                tBxName.Text = "";
                this.btnQueCj_Click(null, null);                        //查询后回显成绩表信息
            }
            else
                lblMsg2.Text = "删除失败，请检查操作权限！ ";
        }
        catch
        {
            lblMsg2.Text = "操作数据出错！ ";
        }
        finally
        {
            conn.Close();                                               //关闭数据库连接
        }
    }
    else
        lblMsg2.Text = "该记录不存在！ ";
}
```

至此，这个基于 Visual C#/Oracle 11g 的"学生成绩管理系统"已开发完成，读者还可以根据需要自行扩展其他功能。

实习6 ASP.NET 4/Oracle 11g 学生成绩管理系统

近年来，微软.NET 越来越流行，已成为与 PHP、JavaEE 并驾齐驱的三大主流 Web 应用开发平台之一。本实习基于最新 ASP.NET 4，采用 C#编程语言实现"学生成绩管理系统"，开发工具使用 Visual Studio，仍以 Oracle 11g 作为后台数据库。

实习 6.1　ADO.NET 架构原理

想了解 ADO.NET 架构原理的详细内容，可扫描右边的二维码。

ASP.NET 提供了 ADO.NET 技术，它提供了面向对象的数据库视图，封装了许多数据库属性和关系，隐藏了数据库访问的细节。ASP.NET 应用程序可以在完全"不知道"这些细节的情况下连接到各种数据源，并检索、操作和更新数据。

架构原理文档

在 ADO.NET 中，数据集与数据提供程序（数据提供器）是两个非常重要且相互关联的核心组件。

微软在 ASP.NET 4 及之前版本的.NET 框架中内置了 Oracle 11g 的数据提供程序，它使用 System.Data.OracleClient 命名空间。

实习 6.2　创建 ASP.NET 项目

想了解创建 ASP.NET 项目的详细内容，可扫描右边的二维码。

创建完整文档

实习 6.2.1　ASP.NET 项目的建立

启动 Visual Studio，选择"文件"→"新建"→"项目"，打开"新建项目"对话框。在窗口左侧"已安装的模板"树状列表中展开"Visual C#"类型节点，选中"Web"子节点，在对话框中间区域选择"ASP.NET 空 Web 应用程序"选项，在下方"名称"栏中输入项目名 xscj，单击"确定"按钮即可创建一个 ASP.NET 项目。

实习 6.2.2　ASP.NET 4 连接 Oracle 11g

ASP.NET 4 默认不支持 System.Data.OracleClient，所以需要添加引用后才可以使用该命名空间连接数据库。在"解决方案资源管理器"中右击项目名，选择"添加引用"选项，弹出"添加引用"对话框，在".NET"选项页上选择"System.Data.OracleClient"选项后，单击"确定"按钮。此时展开项目树，可在"引用"目录下看到新添加的命名空间。

双击打开项目中的配置文件"Web.config"，在其中配置<connectionStrings>节点，并利用"键/值"对存储数据库连接字符串，代码如下：

```
<?xml version="1.0" encoding="utf-8"?>
…
<configuration>
    <connectionStrings>
        <add name="ConnectionString" connectionString="Data Source=XSCJ;Persist Security Info=True;
```

```
User ID=SCOTT;Password=Mm123456;Unicode=True"
                providerName="System.Data.OracleClient" />
        </connectionStrings>
        <system.web>
            <compilation debug="true" targetFramework="4.0" />
        </system.web>
</configuration>
```

这样，在编程时只需导入命名空间 System.Data.OracleClient，即可编写连接、访问 Oracle 11g 数据库的代码。

实习 6.3 系统主页设计

想了解系统主页设计的详细内容，可扫描右边的二维码。

完整主页设计

实习 6.3.1 主界面

本系统主界面采用框架网页实现，下面先给出各前端网页的 html 源码。

1. 启动页

启动页面为 index.htm，代码如下：

```
<!DOCTYPE html>
<html xmlns="http://www.w3.org/1999/xhtml">
<head>
<meta http-equiv="Content-Type" content="text/html; charset=utf-8"/>
    <title>学生成绩管理系统</title>
</head>
<body topmargin="0" leftmargin="0" bottommargin="0" rightmargin="0">
    <table width="675" border="0" align="center" cellpadding="0" cellspacing="0" style="width: 778px; ">
        <tr>
            <td><img src="images/学生成绩管理系统.gif" width="790" height="97"></td>
        </tr>
        <tr>
            <td><iframe src="main_frame.htm" width="790" height="313"></iframe></td>
        </tr>
        <tr>
            <td><img src="images/底端图片.gif" width="790" height="32"></td>
        </tr>
    </table>
</body>
</html>
```

页面分上、中、下三部分，其中上、下两部分各是一张图片，中间部分为框架页（加黑代码为源文件名），运行时将向框架页中加载具体的导航页和相应功能界面。

2. 框架页

框架页为 main_frame.htm，代码如下：

```
<!DOCTYPE html>
<html xmlns="http://www.w3.org/1999/xhtml">
<head>
<meta http-equiv="Content-Type" content="text/html; charset=utf-8"/>
```

```
            <title>学生成绩管理系统</title>
        </head>
    <frameset cols="217,*">
        <frame frameborder=0 src="http://localhost:2010/main.aspx" name="frmleft" scrolling="no" noresize>
        <frame frameborder=0 src="body.htm" name="frmmain" scrolling="no" noresize>
    </frameset>
</html>
```

其中，加黑代码"http://localhost:2010/main.aspx"默认装载的是系统导航页 main.aspx，页面装载后位于框架左区。

框架右区用于显示各个功能界面，初始默认为 body.htm，源码如下：

```
<!DOCTYPE html>
<html xmlns="http://www.w3.org/1999/xhtml">
<head>
<meta http-equiv="Content-Type" content="text/html; charset=utf-8"/>
    <title>内容网页</title>
</head>
<body topmargin ="0" leftmargin="0" bottommargin="0" rightmargin="0">
    <img src="images/主页.gif" width="678" height="500">
</body>
</html>
```

这只是一个填充了背景图片的空白页，在运行时系统会根据用户操作，向框架右区中动态加载不同功能的 ASP 页面来替换该页。

在项目树状目录下添加新建文件夹 images，放入三幅图片资源："学生成绩管理系统"、"底端图片"和"主页"。

实习 6.3.2　功能导航

本系统的导航页上有两个按钮，单击后可以分别进入"学生管理"和"成绩管理"两个不同功能的页面。

下面先来创建导航页。

在"解决方案资源管理器"中，右击项目"xscj"→"添加"→"新建项"，弹出"添加新项"对话框。

选中"Web 窗体"，在下方"名称"栏中输入 main.aspx，单击"添加"按钮，在项目中创建一个 ASP 文件（后面创建 ASP 源文件也都用同样的操作方式，不再赘述）。

在项目树状目录中双击 main.aspx，单击中央设计区左下角 图 源 图标，编辑其页面源码，代码如下：

```
<%@ Page Language="C#" AutoEventWireup="true" CodeBehind="main.aspx.cs" Inherits="xscj.main" %>
<!DOCTYPE html>
<html xmlns="http://www.w3.org/1999/xhtml">
<head id="Head1" runat="server">
<meta http-equiv="Content-Type" content="text/html; charset=utf-8"/>
    <title>功能选择</title>
</head>
<body bgcolor="D9DFAA">
    <form id="form1" runat="server">
        <table bgcolor="D9DFAA" width="200" height="85">
            <tr>
                <td align="center"><asp:Button ID="btnStuMgr" runat="server" Text="学生管理" /></td>
            </tr>
```

```
    <tr>
        <td align="center"><asp:Button ID="btnScoMgr" runat="server" Text="成绩管理" /></td>
    </tr>
</table>
</form>
</body>
</html>
```

单击设计区左下角 ￼ 设计 图标，可看到导航页的效果；分别双击"学生管理"和"成绩管理"按钮，进入过程代码编辑区，输入实现功能导航的代码（加黑代码需要用户自己编写），代码如下：

```
using System;
…
namespace xscj
{
    public partial class main : System.Web.UI.Page
    {
            …
        protected void btnStuMgr_Click(object sender, EventArgs e)
        {
            Response.Write("<script>parent.frmmain.location='studentManage.aspx'</script>");
                                //定位到"学生管理"功能页面
        }
        protected void btnScoMgr_Click(object sender, EventArgs e)
        {
            Response.Write("<script>parent.frmmain.location='scoreManage.aspx'</script>");
                                //定位到"成绩管理"功能页面
        }
    }
}
```

选中项目树状目录中的 index.htm 项，右击选择"在浏览器中查看"选项，即可启动项目，系统自动打开 IE，显示如图 P6.1 所示的页面。

图 P6.1   "学生成绩管理系统"主页

实习 6.4　学生管理

学生管理的详细内容，可扫描右边的二维码。

完整学生管理

实习 6.4.1　界面设计

创建并设计"学生管理"功能页，文件名为 studentManage.aspx，界面设计如图 P6.2 所示。

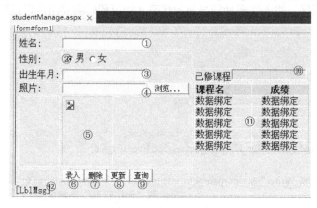

图 P6.2　"学生管理"界面设计

为便于说明，这里对图中的关键控件进行了编号，各控件的编号类别、名称及作用在表 P6.1 中列出。

表 P6.1　"学生管理"界面的控件

编　号	类　别	名　称	作　用
①	TextBox	xm	输入（显示）姓名
②	RadioButtonList	xb	选择（显示）性别
③	TextBox	cssj	输入（显示）出生日期
④	FileUpload	photo	选择照片上传
⑤	Image	Image1	加载显示学生照片
⑥	Button	btnIns	录入学生记录
⑦	Button	btnDel	删除学生记录
⑧	Button	btnUpd	修改学生信息
⑨	Button	btnQue	查询学生信息
⑩	TextBox	kcs	显示该学生已修的课程数（只读）
⑪	GridView	StuGdV	显示该学生已修课的成绩单
⑫	Label	LblMsg	页面操作信息提示

实习 6.4.2　功能实现

1. 基本操作功能

在界面表单中填写学生的各项信息，单击"录入"按钮将学生记录保存数据库；"姓名"栏填写学生姓名，单击"查询"按钮，在表单中显示所查的学生信息；修改后单击"更新"按钮，将修改的学生信息保存到数据库；单击"删除"按钮可删除数据库中该学生的记录。

2. 照片读取显示

"学生管理"功能的运行效果如图 P6.3 所示。

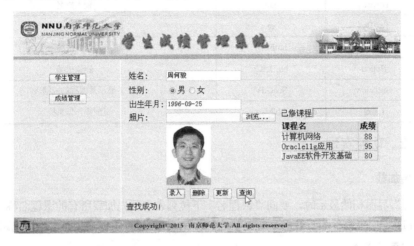

图 P6.3　"学生管理"功能运行效果

实习 6.5　成绩管理

想了解成绩管理的详细内容，可扫描右边的二维码。

完整成绩管理

实习 6.5.1　界面设计

创建并设计"成绩管理"功能页，文件名为 scoreManage.aspx，界面设计如图 P6.4 所示。

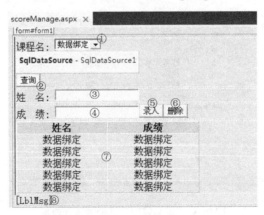

图 P6.4　"成绩管理"界面设计

各控件的编号、类别、名称及作用在表 P6.2 中列出。

表 P6.2　"成绩管理"界面的控件

编　　号	类　　别	名　　称	作　　用
①	DropDownList	kcm	加载所有课程名供用户选择

续表

编　号	类　别	名　称	作　用
②	Button	btnQueCj	查询某课程的成绩
③	TextBox	xm	输入姓名
④	TextBox	cj	输入成绩
⑤	Button	btnInsCj	录入成绩
⑥	Button	btnDelCj	删除成绩
⑦	GridView	ScoGdV	显示某课程的成绩表
⑧	Label	LblMsg	页面操作信息提示

实习 6.5.2　功能实现

1. 课程名加载

"成绩管理"界面初始显示时，要向"课程名"下拉列表中预先加载所有的课程名称，这可通过为下拉列表 DropDownList 控件配置数据源来实现。完成后，就可以在页面显示时自动加载课程名的列表。

2. 成绩记录的操作

在项目树状目录中双击 scoreManage.aspx，单击 ⬚ 设计 图标切换到设计模式，双击其上各功能按钮进入各自的代码编辑区编写功能代码。本实习的"成绩管理"模块包括对某课程成绩的查询、学生成绩记录的录入和删除等基本操作，其程序代码于项目的 scoreManage.aspx.cs 源文件中。

"成绩管理"功能的运行效果如图 P6.5 所示。

图 P6.5　"成绩管理"功能的运行效果

至此，这个基于 ASP.NET 4/Oracle 11g 的"学生成绩管理系统"已开发完成，读者还可以根据需要自行扩展其他功能。

附录 A XSCJ 数据库样本数据

XSCJ 数据库样本数据如表 A.1～A.3 所示。

表A.1 学生信息表（XSB）样本数据

学 号	姓 名	性 别	出生时间	专业	总学分	备 注
151101	王林	男	1997-2-10	计算机	50	
151102	程明	男	1998-2-1	计算机	50	
151103	王燕	女	1996-10-6	计算机	50	
151104	韦严平	男	1997-8-26	计算机	50	
151106	李方方	男	1997-11-20	计算机	50	
151107	李明	男	1997-5-1	计算机	54	提前修完"数据结构"，并获学分
151108	林一帆	男	1996-8-5	计算机	52	已提前修完一门课
151109	张强民	男	1996-8-11	计算机	50	
151110	张蔚	女	1998-7-22	计算机	50	三好生
151111	赵琳	女	1997-3-18	计算机	50	
151113	严红	女	1996-8-11	计算机	48	有一门课不及格，待补考
151201	王敏	男	1996-6-10	通信工程	42	
151202	王林	男	1996-1-29	通信工程	40	有一门课不及格，待补考
151203	王玉民	男	1997-3-26	通信工程	42	
151204	马琳琳	女	1996-2-10	通信工程	42	
151206	李计	男	1996-9-20	通信工程	42	
151210	李红庆	男	1996-5-1	通信工程	44	已提前修完一门课，并获得学分
151216	孙祥欣	男	1996-3-19	通信工程	42	
151218	孙研	男	1997-10-9	通信工程	42	
151220	吴薇华	女	1997-3-18	通信工程	42	
151221	刘燕敏	女	1996-11-12	通信工程	42	
151241	罗林琳	女	1997-1-30	通信工程	50	转专业学习

表A.2 课程表（KCB）样本数据

课程号	课程名	开课学期	学 时	学 分
101	计算机基础	1	80	5
102	程序设计与语言	2	68	4
206	离散数学	4	68	4
208	数据结构	5	68	4

课 程 号	课 程 名	开 课 学 期	学 时	学 分
210	计算机原理	5	85	5
209	操作系统	6	68	4
212	数据库原理	7	68	4
301	计算机网络	7	51	3
302	软件工程	7	51	3

表 A.3 成绩表（CJB）样本数据

学 号	课程号	成 绩	学 号	课程号	成 绩	学 号	课程号	成 绩
151101	101	80	151107	101	78	151111	206	76
151101	102	78	151107	102	80	151113	101	63
151101	206	76	151107	206	68	151113	102	79
151103	101	62	151108	101	85	151113	206	60
151103	102	70	151108	102	64	151201	101	80
151103	206	81	151108	206	87	151202	101	65
151104	101	90	151109	101	66	151203	101	87
151104	102	84	151109	102	83	151204	101	91
151104	206	65	151109	206	70	151210	101	76
151102	102	78	151110	101	95	151216	101	81
151102	206	78	151110	102	90	151218	101	70
151106	101	65	151110	206	89	151220	101	82
151106	102	71	151111	101	91	151221	101	76
151106	206	80	151111	102	70	151241	101	90